Fritz Leonhardt

Vorlesungen über Massivbau

Vierter Teil

Nachweis der Gebrauchsfähigkeit

Rissebeschränkung, Formänderungen,
Momentenumlagerung und Bruchlinientheorie
im Stahlbetonbau

Von F. Leonhardt

Zweite Auflage

Springer-Verlag
Berlin · Heidelberg · New York 1978

Dr.-Ing. Dr.-Ing. E.h. dr. techn. h.c. FRITZ LEONHARDT
em. Professor am Institut für Massivbau der Universität Stuttgart

Mit 172 Abbildungen

ISBN-13: 978-3-540-08625-3   e-ISBN-13: 978-3-642-61884-0
DOI:10.1007/978-3-642-61884-0

Dieses Werk ist urheberrechtlich geschützt. Die dadurch begründeten Rechte, insbesondere die der Übersetzung, des Nachdrucks, des Vortrags, der Entnahme von Abbildungen und Tabellen, der Funksendung, der Mikroverfilmung oder der Vervielfältigung auf anderen Wegen und der Speicherung in Datenverarbeitungsanlagen, bleiben, auch bei nur auszugsweiser Verwertung, vorbehalten. Eine Vervielfältigung dieses Werkes oder von Teilen dieses Werkes ist auch im Einzelfall nur in den Grenzen der gesetzlichen Bestimmungen des Urheberrechtsgesetzes der Bundesrepublik Deutschland vom 9. September 1965 in der Fassung vom 24. Juli 1985 zulässig. Sie ist grundsätzlich vergütungspflichtig. Zuwiderhandlungen unterliegen den Strafbestimmungen des Urheberrechtsgesetzes.

© Springer-Verlag, Berlin/Heidelberg 1978

Die Wiedergabe von Gebrauchsnamen, Handelsnamen, Warenbezeichnungen usw. in diesem Buch berechtigt auch ohne besondere Kennzeichnung nicht zu der Annahme, daß solche Namen im Sinne der Warenzeichen- und Markenschutz-Gesetzgebung als frei zu betrachten wären und daher von jedermann benutzt werden dürften.

Sollte in diesem Werk direkt oder indirekt auf Gesetze, Vorschriften oder Richtlinien, (z.B. DIN, VDI, VDE) Bezug genommen oder aus Ihnen zitiert worden sein, so kann der Verlag keine Gewähr für Richtigkeit, Vollständigkeit oder Aktualität übernehmen. Es empfiehlt sich, gegebenenfalls für die eigenen Arbeiten die vollständigen Vorschriften oder Richtlinien in der jeweils gültigen Fassung hinzuzuziehen.

Offsetdruck: Mercedes-Druck, Berlin; Bindearbeiten: Lüderitz & Bauer, Berlin
2362/3020

Vorwort

Die Erfahrungen mit Stahlbetonbauten im letzten Jahrzehnt lehrten uns, daß wir uns mehr als bisher mit dem Verhalten der Tragwerke im Gebrauchszustand, also unter den ständigen oder häufigen Einwirkungen, beschäftigen müssen. Bei der hohen Ausnutzung der Baustoffe und den immer kühner werdenden Entwürfen der Ingenieure genügt es nicht mehr, die Bemessung allein für die Tragfähigkeit mit vorgeschriebener Sicherheit durchzuführen, vielmehr muß auch ein einwandfreies Verhalten im Gebrauchszustand gewährleistet werden. Hier spielen die bei der Bemessung vorausgesetzten Risse im Beton eine wesentliche Rolle, weil jeder sichtbar werdende Riß beim Laien den Eindruck einer beginnenden Zerstörung oder einer Gefahr erweckt. Die Bewehrung muß daher so bemessen und angeordnet werden, daß die Rißbreiten auf ein in der Regel unsichtbares Maß beschränkt werden. Auch Durchbiegungen haben wiederholt zu Schäden oder zu einer Beeinträchtigung der Gebrauchsfähigkeit geführt. Dieser vierte Teil ist daher hauptsächlich den wissenschaftlichen Grundlagen für entsprechende Gebrauchsfähigkeitsnachweise gewidmet.

Die Grundlagen für die Berechnung von Rißbreiten im Beton haben trotz vieler Forschungsarbeiten noch keinen befriedigenden Stand erreicht. Der Verfasser versucht, in diesem Band einige neue Gedanken zur Rissebeschränkung einzuführen, und geht damit über das hinaus, was er in den vergangenen Jahren in Vorlesungen behandelt hat. Er hinterläßt damit seine Einsichten und Erkenntnisse als Anregung und in der Hoffnung, daß auf diesem Gebiet weitere Forschungsarbeiten bald die nötige Abklärung bringen. Der Stoff ist trotzdem so behandelt, daß auch der in der Praxis stehende Ingenieur im Bedarfsfall damit arbeiten kann und auf alle Fälle brauchbarere Ergebnisse erhält als bei Anwendung früherer Regeln. Die Bemessung der Bewehrung für Rissebeschränkung in der Praxis sollte ohnehin in der Zukunft möglichst mit einfachen Kurventafeln vorgenommen werden. Vorschläge solcher Tafeln sind hier enthalten.

Die Berechnung der Formänderungen von Tragwerken beherrschen wir seit langem, wenn wir es mit homogenen, isotropen Baustoffen zu tun haben, die sich nach bekannten Verformungsgesetzen verhalten. Beim Verbundbaustoff Stahlbeton können wir entsprechend die Formänderungen für den Zustand I, also für den Zustand vor dem Auftreten von Rissen im Beton, ausreichend genau berechnen. Für Formänderungen im Zustand II (Zugzone des Betons gerissen) haben wir bisher meist die Querschnittswerte unter Ausschluß der auf Zug beanspruchten Betonflächen angesetzt und die Mitwirkung des Betons in Zugzonen durch einen empirischen Faktor berücksichtigt. In der Praxis zeigte sich bald, daß die so für Zustand II berechneten Formänderungen, z.B. Durchbiegungen, in den meisten Fällen viel zu groß ermittelt waren, entsprechend wurden häufig Decken und Unterzüge zu stark überhöht, was zu Beanstandungen führte. Durch Versuche war längst bekannt, daß sich die Rißbildung über einen erheblichen Lastbereich erstreckt und daß unter ständigen oder häufigen Lasten die Rißbildung nur teilweise zustande kommt, so daß die Formänderungen weit hinter denen für den voll entwickelten Zustand II zurückbleiben. Auch hier war es also nötig, für diesen Rißbildungsbereich neue Wege zu beschreiten, um zu wirklichkeitsnahen Ermittlungen der im Gebrauchsbereich entstehenden Formänderungen der Stahlbetontragwerke zu gelangen. Dies ist hier versuchsweise geschehen, auch hier ist eine weitere Abklärung erwünscht.

Natürlich sind die Grundlagen zur Ermittlung von Formänderungen der Stahlbetontragwerke auch für den Zustand I und den "nackten" Zustand II sowohl für Biegung als auch für Schub und Torsion dargestellt. Auch der Fall kombinierter Biegung, Querkraft und Torsion ist nach den Vorschlägen von B. Thürlimann und P. Lüchinger, Zürich, behandelt. Für den Rißbildungsbereich sind in der Praxis anwendbare Regeln gegeben. Für dieses Gebiet wäre es erwünscht, für die Praxis Hilfstafeln der Momenten-Krümmungsbeziehungen oder Tafeln zur direkten Ermittlung von Durchbiegungen einfacher Platten und Balken herauszubringen. Solche Tafeln sollen demnächst in einem Handbuch des CEB/FIP verfügbar sein.

Die Formänderungen werden nicht nur für den elastischen Bereich der Zustände I und II behandelt, sondern auch für den plastischen Bereich (Zustand III). Im Zusammenhang mit den Formänderungen werden die durch unterschiedliche Steifigkeiten entstehenden oder planmäßig herbeigeführten Momentenumlagerungen beschrieben. Dabei wird besonders hervorgehoben, daß die für den elastischen Bereich des Zustandes II schon unter Gebrauchslasten nachweisbare Momentenumlagerung in vielen Fällen zu konstruktiven und wirtschaftlichen Vorteilen führt.

Den Abschluß bildet ein von Prof. E. Mönnig bearbeitetes Kapitel über die Bruchlinientheorie, ein für Flächentragwerke anwendbares Traglastverfahren, das den Studenten hier zur Kenntnis gebracht wird, weil diese Theorie in unseren Nachbarländern gern angewandt wird.

Dieser vierte Teil der VORLESUNGEN ist in vielen Abschnitten besonders für Vertiefer im Massivbau gedacht, die sich in die Feinheiten der Berechnung und Bemessung hauptsächlich für Gebrauchsfähigkeit einarbeiten wollen. Er soll darüber hinaus Anregungen für die weitere Entwicklung geben.

Bei dem angeführten Schrifttum haben wir uns wieder auf die für die Entwicklung grundlegenden Arbeiten und auf wesentliche neuere Beiträge beschränkt.

Bei der Erstellung des Manuskriptes hat Herr Dipl.-Ing. W. Dietrich in verdienstvoller Weise mitgewirkt. Prof. E. Mönnig hat mit der ihm eigenen Gründlichkeit, Sorgfalt und Sachkenntnis die Texte überprüft und korrigiert. Der Verfasser dankt Frau M. Martenyi für die pünktliche Herstellung der vielen Zeichnungen und insbesondere Frau I. Paechter für das geduldige und sorgfältige Herstellen der Reinschrift sowie Herrn cand. ing. M. Neuser für seine Hilfe. Besonderer Dank gebührt wieder dem Verlag für sein Bemühen, den Preis dieser Vorlesungsumdrucke mäßig und damit für Studenten erschwinglich zu halten, ohne seine Anforderungen an die Qualität zu senken.

Stuttgart, August 1976   F. Leonhardt

Vorwort zur zweiten Auflage

Im Februar 1977 wurde ein Nachdruck mit einigen Korrekturen aufgelegt, der auch rasch zur Neige ging. Inzwischen war jedoch im Rahmen des CEB (Comité Euro-International du Béton) die Rissebeschränkung, Kapitel 2 in diesem Teil 4, intensiv beraten und für die "Internationale Mustervorschrift" (Model Code) neu gefaßt worden.

Aus diesem Grunde mußte eine 2. Auflage bearbeitet werden, um die Veränderungen im Kapitel 2 zu berücksichtigen.

Stuttgart, Dezember 1977   F. Leonhardt

Inhaltsverzeichnis

1. Nachweise für Gebrauchsfähigkeit 1
   1.1 Anforderungsgrade der Nutzung im Gebrauchsbereich 1
   1.2 Grenzwerte des Verhaltens der Tragwerke................................ 2

2. Rissebeschränkung, Begrenzung der Rißbreiten 3
   2.1 Einführung 3
      2.1.1 Rißbildung und Zweck der Rissebeschränkung 3
      2.1.2 Arten der Risse... 4
      2.1.3 Zur Definition der Rißbreite w................................ 7
   2.2 Vorgänge bei der Rißbildung 7
      2.2.1 Spannungssprung im Stahl und Verbundstörung beim 1. Riß 7
      2.2.2 Rißabstände in bewehrten Zugzonen - Rißbildungsgrade 11
      2.2.3 Rißabstände bei relativ zu d niedrigen Zugzonen 14
      2.2.4 Wirkungszone der Bewehrung F_{bw} 14
   2.3 Ermittlung der Rißabstände für die Praxis 16
      2.3.1 Einführung von k-Faktoren 16
   2.4 Ermittlung der Rißbreiten.. 18
      2.4.1 Die Entwicklung der Rißbreite bei Erstbelastung 18
      2.4.2 Einfluß von Lastwiederholungen und Lastdauer 22
      2.4.3 Die kritische Rißbreite 23
      2.4.4 Formeln für die kritische Rißbreite 23
   2.5 Einfluß der Abweichung der Bewehrungsrichtung von der Spannungsrichtung auf die Rißbreite 25
   2.6 Rißbreitenbeschränkung nach DIN 1045 25
      2.6.1 Herleitung der Formel 25
      2.6.2 kein Rißnachweis für $\mu_z \leq 0,3\%$ - ein Irrtum 26
   2.7 Praktische Anwendung der Erkenntnisse zur Rissebeschränkung bei Zug und Biegung 27
      2.7.1 Diagramme für Rissebeschränkung bei Zug durch Zwangspannungen oder Lastspannungen 27
      2.7.2 Diagramme für Biegung und Biegung mit Längskraft (Zug oder Druck).. 30
      2.7.3 Einfluß von Schwinden und Temperatur auf die Rißbreite 33
      2.7.4 Rissebeschränkung bei Spannbetonträgern mit beschränkter, mäßiger bzw. teilweiser Vorspannung 34
   2.8 Beschränkung von Schubrißbreiten 36
      2.8.1 Schubrißbreiten in Stegen von Balken.......................... 36
      2.8.2 Schubrißbreiten in Platten oder dicken Stegen 38

2.9	Beschränkung der Torsions-Rißbreiten		39
	2.9.1	Vorbemerkung	39
	2.9.2	Die maßgebende Stahlspannung σ_{eT}	39
	2.9.3	Berechnung der Rißbreiten bei Torsion für $(90°+0°)$-Bewehrung	40
	2.9.4	Rißbreiten bei Torsion für $45°$-Bewehrung	42
2.10	Beschränkung der Breite von Oberflächenrissen infolge von Eigenspannungen		42
2.11	Rißbreitenbeschränkung ohne Bewehrung		42
2.12	Beispiele der Anwendung		44
2.13	Praktische Hinweise, Nachweisgrenzen		56
	2.13.1	Nachweis der Rissebeschränkung kann entfallen	56
	2.13.2	Stababstände der Bewehrungen	57
2.14	Mindestbewehrungen		57

3. Formänderungen der Betontragwerke - Allgemeines ... 61

3.1	Zweck der Berechnung von Formänderungen		61
	3.1.1	Für die Sicherung der Gebrauchsfähigkeit	61
	3.1.2	Für die Sicherung der Tragfähigkeit	61
3.2	Ursachen, Arten, Rechengrößen und Streuung der Formänderungen		61
	3.2.1	Ursachen und Arten	61
	3.2.2	Rechenwerte der Steifigkeiten	62
		3.2.2.1 Baustoffkennwerte E_e und E_b	62
		3.2.2.2 Querschnittswerte	65
	3.2.3	Streuung der Steifigkeiten	66
	3.2.4	Schwind- und Kriechbeiwerte	66
3.3	Die Mitwirkung des Betons zwischen den Rissen		67
	3.3.1	Einfluß von Art und Grad der Beanspruchung auf die mittlere Dehnung von Zugstäben	67
	3.3.2	Annahmen für die rechnerische Erfassung der Mitwirkung des Betons zwischen den Rissen	70
3.4	Annahmen für die Streubreite der Steifigkeiten		72
3.5	Annahmen für die Berücksichtigung von Lastwiederholungen		73

4. Verformungen durch Längskraft, Dehnsteifigkeit ... 75

4.1	Verkürzung von Druckgliedern bei mittigem Druck Kurzzeit und Dauerlast		75
4.2	Verlängerung von Zuggliedern bei mittigem Zug		79
	4.2.1	Zustand I bei Kurzzeit- und Dauerlast	79
	4.2.2	Zustand II bei Kurzzeit- und Dauerlast	80

5. Verformungen durch Biegung, Biegesteifigkeit
- ohne Schubverformung und ohne Längskraft - ... 85

5.1	Grundlagen zum Verständnis, einfach dargestellt	85
5.2	Biegesteifigkeit im Zustand I	88
5.3	Biegesteifigkeit im Rißbildungsbereich - nur für $\mu < 0,7\%$ von Bedeutung	89
5.4	Biegesteifigkeit im Zustand II, abgeschlossene Rißbildung	90
5.5	Biegesteifigkeit im nackten Zustand II	91
5.6	Verlauf der Biegesteifigkeiten bei steigender Biegebeanspruchung	95

5.7		Die Berechnung von Durchbiegungen f_o bei Erst- und Kurzzeitlast	96
	5.7.1	Verschiedene Abhängigkeiten	96
	5.7.2	Ermittlung der anfänglichen Durchbiegung f_o	97
	5.7.3	Vereinfachte Verfahren für f_o	99
	5.7.4	Verminderung der anfänglichen Durchbiegung durch Druckgurtbewehrung	101
5.8		Berechnung der Durchbiegung bei Dauerlast (Kriechen u. Schwinden)	101
	5.8.1	Durchbiegung infolge Kriechen des Betons und Einfluß von Biegedruckbewehrung	101
	5.8.2	Durchbiegung infolge Schwinden des Betons im Zustand II	104
5.9		Weitere Hinweise zur Durchbiegung	106
	5.9.1	Durchbiegung bei Biegung mit Längskraft und bei besonderen Querschnitten	106
	5.9.2	Einige Hilfsmittel für verschiedene statische Systeme und Belastungen	106
5.10		Verhütung von Schäden durch Durchbiegungen von Stahlbetontragwerken und Begrenzung der Durchbiegung	109
	5.10.1	Häufige Schadensarten und Abhilfe	109
	5.10.2	Vorbeugung gegen Schäden	112
	5.10.3	Begrenzung der Durchbiegungen und Schlankheiten ℓ/d	112

6. Verformungen durch Querkraft, Schubverformungen, Schubsteifigkeiten ... 113

6.1		Überblick, praktische Bedeutung	113
6.2		Schubverformungen im Zustand I (in der Praxis vernachlässigbar)	114
6.3		Schubverformungen im Zustand II	115
	6.3.1	Wichtige Vorbemerkung	115
	6.3.2	Theoretische Grundformeln für die Schubsteifigkeit im nackten Zustand II mit dem Modell des Fachwerkes mit parallelen Gurten	116
	6.3.3	Empirische Anpassung der Grundformel für Zustand II an die wirklichen Verhältnisse mit erweiterter Fachwerkanalogie	119
6.4		Nachträgliche Schubverformungen durch Kriechen und Schwinden des Betons im Zustand II	121
6.5		Einige Angaben zur Beurteilung der Schubsteifigkeit	122
	6.5.1	Verhältnis der Schubsteifigkeiten im Zustand II und Zustand I	123
	6.5.2	Verhältnis der Anteile der Durchbiegung aus Schub und Biegung zur Beurteilung der Grenze für die Berücksichtigung der Schubverformung	124

7. Verformungen durch Torsion, Torsionssteifigkeiten ... 127

7.1		Überblick, praktische Bedeutung	127
7.2		Torsionssteifigkeit im Zustand I	130
7.3		Torsionssteifigkeit im Zustand II, einschließlich Rißbildungsbereich	131
	7.3.1	Abgrenzung des Rißbildungsbereiches	131
	7.3.2	Grundformeln für die Torsionssteifigkeit im nackten Zustand II	132
	7.3.3	Empirische Anpassung der Grundformel für Zustand II im Rißbildungsbereich und bis zul M_T	136
7.4		Nachträgliche Torsionsverformungen durch Kriechen und Schwinden des Betons im Zustand II	139
7.5		Verhältnis zwischen Torsions- und Biegesteifigkeit	140

7.6		Torsions- und Biegesteifigkeiten bei Torsion mit Biegung und Querkraft	141
	7.6.1	Vorbemerkung	141
	7.6.2	Gegenseitige Beeinflussung von T, M und Q	143
	7.6.3	Vorläufige Empfehlung zur Berechnung der Verformungen bei T, M und Q	146
7.7		Einfluß der Vorspannung auf Torsionsverformungen	147

8. Formänderungen im plastischen Bereich (Zustand III) ... 149

8.1		Zweck der Betrachtung des Zustandes III	149
8.2		Biegeverformungen im Zustand III	149
8.3		Plastische Gelenke, Gelenkrotation	154
8.4		Rotation bei Biegung mit Längsdruckkraft (M und N)	162
8.5		Momentenumlagerung in statisch unbestimmt gelagerten Tragwerken	162
	8.5.1	Momentenverteilung im Zustand II	162
	8.5.2	Momentenumlagerung im Zustand III	165
	8.5.3	Vereinfachte, linearisierte Methode für Momentenumlagerung	171

9. Bruchlinientheorie für Flächentragwerke, vorzugsweise für Platten (Yield line theory), Von E. Mönnig ... 175

9.1	Vorbemerkung	175
9.2	Einleitung	176
9.3	Die Bruchlinien	177
9.4	Die Schnittgrößen	178
9.5	Besondere Verhältnisse an Plattenecken	182
9.6	Ermittlung der Traglast als maßgebendes Bruchmoment	183
9.7	Einschränkungen für die Anwendung der Bruchlinientheorie	185
9.8	Beispiel	186

Schrifttumverzeichnis ... 189

**Inhalt der weiteren Teile zum Werk LEONHARDT
„Vorlesungen über Massivbau":**

I. Teil: <u>Grundlagen zur Bemessung im Stahlbetonbau</u>

1. Einführung
2. Beton
3. Betonstahl
4. Verbundbaustoff Stahlbeton
5. Tragverhalten von Stahlbetontragwerken
6. Grundlagen für die Sicherheitsnachweise
7. Bemessung für Biegung mit Längskraft
8. Bemessung für Querkräfte
9. Bemessung für Torsion
10. Bemessung von Stahlbeton-Druckgliedern

II. Teil: <u>Sonderfälle der Bemessung im Stahlbetonbau</u>

1. Bewehrung schiefwinklig zur Richtung der Beanspruchung
2. Wandartige Träger, Konsolen, Scheiben
3. Einleitung konzentrierter Lasten oder Kräfte
4. Betongelenke
5. Durchstanzen von Platten
6. Bemessung bei schwingender oder sehr häufiger Belastung
7. Leichtbeton für Tragwerke

III. Teil: <u>Grundlagen zum Bewehren im Stahlbetonbau</u>

1. Allgemeines über Entwurf und Konstruktion
2. Schnittgrößen
3. Allgemeines zum Bewehren
4. Verankerungen der Bewehrungsstäbe
5. Stoßverbindungen der Bewehrungsstäbe
6. Umlenkkräfte infolge Richtungsänderungen von Zug- oder Druckgliedern
7. Zur Bewehrung in biegebeanspruchten Bauteilen
8. Platten
9. Balken und Plattenbalken
10. Rippendecken, Kassettendecken und Hohlplatten
11. Rahmenecken
12. Wandartige Träger oder Scheiben
13. Konsolen
14. Druckglieder
15. Krafteinleitungsbereiche
16. Fundamente

V. Teil: <u>Spannbeton</u>

VI. Teil: <u>Grundlagen zum Bau von Massivbrücken</u>

Bezeichnungen

DIN 1080 regelt die im Stahlbetonbau anzuwendenden Bezeichnungen; im folgenden ein Auszug hieraus mit einigen englischen Fachausdrücken. Außerdem sind zusätzliche Bezeichnungen angeführt, die in diesem 4. Teil benützt werden.

Fußzeiger

- Ursache:

k	Kriechen	creep
s	Schwinden	shrinkage
t	Zeitdauer oder Zeitpunkt	time
T	Temperatur	temperature

- Art:

B	Biegung	bending, flexure
D	Druck	compression
S	Schub	shear
T	Torsion	torsion
Z	Zug	tension
Zw	Zwang	restraint

- Richtung, Ort:

b	Beton	concrete
e	Betonstahl	reinforcing steel
o	oben	top
u	unten	bottom
z	Spannstahl	prestressing steel
L	Längsbewehrung	longitudinal reinforcement
Bü	Bügel	stirrup
S	Wendelbewehrung oder Schubbewehrung	helical or shear reinforcement

- Sonstiges:

i	bezeichnet "ideelle" Größen	transformed values
n	netto	net
R	bezeichnet den Rechenwert einer Festigkeit	characteristic strength
R	für die Schnittgröße bei Rißlast	referring to cracking load
U	kennzeichnet Kraft- oder Schnittgrößen, bei denen die Tragfähigkeit erschöpft ist, z.B. Bruchlast	ultimate
o	Anfangszeit, $t = 0$, zum Grundsystem gehörig	value at time = 0, initial values
∞	zum Zeitpunkt $t = \infty$	value at time = ∞
95	95 %-Fraktile	

Kopfzeiger

'	auf Druckbewehrung zu beziehen	referring to compression steel
I	Zustand I	uncracked state
II	Zustand II	cracked state
IIo	nackter Zustand II	naked cracked state (without tension stiffening)
III	Zustand III, plastischer Bereich	plastic state

Hauptzeichen

- Querschnittswerte:

b	Breite bei Rechteckquerschnitten	width
b_o	Stegbreite bei Plattenbalken	web width, web thickness
b_m	mitwirkende Breite bei Plattenbalken	effective width of T-beams
d	Kreisdurchmesser, Plattendicke, Balkenhöhe, Wanddicke	diameter, overall depth
$d_e, \emptyset$	Durchmesser eines Bewehrungsstabes	diameter of reinforcing bar
d_o	Gesamthöhe bei Plattenbalken	overall depth
d_w	Höhe der Wirkungszone F_{bw}	depth of effective tension zone
d_z	Höhe der Biegezugzone	depth of flexural tension zone
$e =$	$M/N =$ Ausmitte e der Längskraft N	excentricity of force N
e	Abstand von Bewehrungsstäben	spacing of reinforcing bars
$e_{Bü}$	Abstand von senkrechten Bügeln	spacing of stirrups
F	Querschnittsfläche	cross-sectional area
F_b	Betonquerschnitt (brutto)	area of concrete
F_{bZ}	Betonzugzone	tension zone of concrete
F_{bw}	Wirkungszone der Bewehrung	effective tension zone around reinforcing bars
$F_i =$	$F_b + (n-1) F_e =$ ideeller Querschnitt	transformed section
F_n	Betonquerschnitt (netto)	
$F_m =$	$b_m \cdot d_m =$ Kernfläche bei Torsion	kern area for torsion
F_e	Stahlquerschnitt (meist Gurtbewehrung, Längsbewehrung)	area of tension reinforcement
$F_{e,S}$	Querschnitt der Schubbewehrung	area of transverse reinforcement, $\sim\sim$ shear reinforcement
$F_{e,L}$	Querschnitt der Längsbewehrung	area of longitudinal reinforcement
$F_{e,Bü}$	Querschnitt eines Bügels	area of stirrup
$F_{e,s}$	Querschnitt eines Schrägstabes	area of bent up bar
f_e	auf eine Längeneinheit bezogener Stahlquerschnitt	area of steel bars related to unity of length
$f_{e,w}$	Querschnitt einer Wendelbewehrung	area of helical reinforcement
h	Abstand des Schwerpunkts der Zuggurtbewehrung vom gedrückten Rand, Nutzhöhe	effective depth
h'	desgleichen für Druckgurtbewehrung	
i	$\sqrt{J/F} =$ Trägheitshalbmesser	radius of gyration, $\sim\sim$ inertia

Bezeichnungen   XIII

J	Trägheitsmoment	moment of inertia, second moment of area
K	Steifigkeit	rigidity or stiffness
s	Stablänge, Strecke	length of a member
S	Statisches Moment einer Fläche	first moment of area, static moment of a section
u	Umfang eines Stabes bzw. $u = 2(b_m + d_m)$ = Umfang der Kernfläche bei Torsion	circumference of a bar
ü	Betondeckung	concrete cover
W	Widerstandsmoment	modulus of section, section modulus
x	Abstand der Nullinie vom gedrückten Rand	depth of neutral axis
y	Abstand von der Schwerlinie des Betonquerschnitts	
z	Abstand der Druckgurtresultierenden von der Zuggurtresultierenden, innerer Hebelarm	lever arm
μ	Bewehrungsgrad, z.B. $= \dfrac{F_e}{b \cdot h}$ wird meist in % angegeben: $\mu\,[\%] = \dfrac{100\,F_e}{b \cdot h}$ = Bewehrungsprozentsatz	percentage of reinforcement
$\mu_o =$	$\dfrac{F_e}{b\,d}$ = Bewehrungsgrad bezogen auf den vollen Betonquerschnitt	
$\mu_z =$	$\dfrac{F_e}{F_{bZ}}$ = Bewehrungsgrad bezogen auf die Betonzugzone	
$\mu_{zw} =$	$\dfrac{F_e}{F_{bw}}$ = Bewehrungsgrad bezogen auf die Wirkungszone F_{bw} der Bewehrung	
$\mu_{zz} =$	$\dfrac{2600}{\sigma_{ew}} \sqrt{\mu_z\,[\%]}$ = bezogener dimensionsloser Bewehrungsgrad	

- Kennwerte für Werkstoffe

E	Elastizitätsmodul	Young's modulus, modulus of elasticity
E_b	Elastizitätsmodul des Betons	
E_e	Elastizitätsmodul des Stahles	
f_R	bezogene Rippenfläche bei Rippenstahl	
ϵ_s	Schwindbeiwert	
φ	Kriechbeiwert	
G	Gleitmodul, Schubmodul	shear modulus
n =	E_e/E_b = Verhältnis der beiden Elastizitätsmodule	
R	Reifegrad der Betonerhärtung	maturity degree of concrete hardening
μ	Querdehnzahl = $\dfrac{\text{Querdehnung}}{\text{Längsdehnung}}$	Poisson's ratio
α_T	Temperaturdehnzahl	coefficient of (thermal) expansion

β	Festigkeit eines Baustoffes	strength of materials
β_Z	Zugfestigkeit	tensile strength
β_p	Prismendruckfestigkeit des Betons	prism strength in compression
β_w	Würfeldruckfestigkeit des Betons	cube strength
β_{w28}	Würfeldruckfestigkeit nach 28 Tagen	cube strength at 28 days
β_c	Zylinderdruckfestigkeit des Betons	cylinder strength in compression
β_{bZ}	Zugfestigkeit des Betons (vereinfacht auch β_Z)	tensile strength
β_{BZ}	Biegezugfestigkeit	bending tensile strength
β_R	Rechenwert der Betondruckfestigkeit	characteristic strength
β_S	Streckgrenze des Stahles	yield strength
$\beta_{0,2}$	0,2 % Dehngrenze des Stahles	0,2 % yield strength
$\beta_{\tau 1}$	Verbundfestigkeit zwischen Stahl und Beton	bond strength

- Lastgrößen: (große Buchstaben entsprechen Einzellasten, kleine Buchstaben sind auf die Länge oder Fläche bezogene Lasten)

g, G	ständige Last	dead load
p, P	Verkehrslast, Nutzlast	live load
q	Gesamtlast g+p	total load
w, W	Windlast	wind load
V	Vorspannkraft	prestressing force
H	horizontale Komponente einer Einzellast	horizontal component
V	vertikale Komponente einer Einzellast	vertical component

- Schnittgrößen:

M	Moment	moment
M_B	Biegemoment	bending moment, flexural ~
M_T oder T	Torsionsmoment	twisting moment, moment of torque
N	Längskraft	normal force, axial ~
Q	Querkraft	shear force

- Weggrößen:

f	Durchbiegung	deflection
u, v, w	Verschiebungen	displacements
$\Delta \ell$	Längenänderung	elongation
ϵ	Dehnung, bezogene Längenänderung $\Delta \ell / \ell$, Kürzung bei Druck	strain

- Spannungen:

σ	Spannung + positiv = Zugspannung - negativ = Druckspannung	stress + tensile stress - compressive stress
σ_e	Spannung in der Zugbewehrung	
σ'_e	Spannung in der Druckbewehrung	

Bezeichnungen

σ_e^I	Stahlspannung im Zustand I	
σ_{eR}	Stahlspannung im Rißquerschnitt unmittelbar nach dem Riß	
$\Delta\sigma_{eR} = \sigma_{eR} - \sigma_e^I$	Spannungssprung beim Reißen	
σ_e^{II}	Stahlspannung im Rißquerschnitt bei maßgebendem Lastgrad (Zustand II)	
σ_{ew}	wirksame Stahlspannung bei Mitwirkung des Betons zwischen den Rissen	
σ_b	Druckspannung im Beton	
σ_{bZ}	Zugspannung im Beton	
σ_I, σ_{II}	Hauptspannungen	principal stresses
τ	Schubspannung	shear stress
τ_o	Rechenwert der Schubspannung bei Stahlbetonbalken	
τ_1	Verbundspannung zwischen Beton und Stahl	bond stress

- Sonstiges:

a	Rißabstand	
k	Beiwerte, allgemein	coefficients
k_1	Korrekturglied für den Einfluß der Betondeckung auf Rißabstand und Rißbreite	
k_2	Verhältnis der Mittelwerte β_{bZ}/τ_{1m}	
k_3	Beiwert für die Form des Spannungsdiagramms der Wirkungszone F_{bw}	
k_4	Beiwert für 95 % Fraktile der Rißbreite w_{95} bezogen auf mittlere Rißbreite w_m	
k_5	Beiwert für Lastwiederholungen und Lastdauer	
k_6	Beiwert für die Mitwirkung des Betons zwischen Rissen	
k_α	Beiwert für die Abweichung der Bewehrungsrichtung von der Spannungsrichtung	
k_Z, k_B	Beiwerte für den Bezug von Steifigkeiten des Zustandes II auf Zustand I	
k_s	Schwindkrümmungsbeiwert	
k_φ	Kriechkrümmungsbeiwert	
ℓ_e	Eintragungslänge	
ℓ_o	fiktive Länge nach Falkner	
t	Rißtiefe	
v	Versatzmaß der $\frac{M}{z}$ - Linie	displacement of $\frac{M}{z}$- line, shift $\sim\sim$
v_o	Länge des gestörten Verbundes am Riß	
ν	Sicherheitsbeiwert	safety factor, factor of safety
w	Rißbreite	crack width
ψ	Lastbeiwert für Lastgrad	load degree
ψ_F	Beiwert für den Rißabstand nach Falkner	

φ	Biegedrehung		angle of flexural deformation
ϰ	Biegekrümmung		flexural curvature
γ	Gleitwinkel bei Schubverformung		unit shear
ϑ	Verwindung, Verdrehung		angle of torque
θ	plastische Rotation		plastic rotation
η	Umlagerungsfaktor		

- Maßeinheiten:

   1 kg Einheit der Masse
   1 kp = $9{,}81\ \mathrm{kg\,m/s^2}$ Einheit der Kraft = Masse · Erdbeschleunigung
   1 Mp = 1000 kp
   1 N   (Newton) = $1\ \mathrm{kg\,m/s^2} \approx 0{,}1$ kp
   1 KN (KiloNewton) $\approx$ 100 kp; 1 MN (MegaNewton) $\approx$ 100 Mp
   $1\ \dfrac{N}{m^2}$ = 1 Pa (Pascal)
   $1\ \dfrac{N}{mm^2}$ = $1\ \dfrac{MN}{m^2}$ = 1 M Pa (MegaPascal) $\approx 10\ \dfrac{kp}{cm^2}$

Abkürzungen

DAfStb.	Deutscher Ausschuß für Stahlbeton
CEB	Comité Euro-International du Béton, Euro-Internationales Beton-Komitee, Paris
FIP	Fédération Internationale de la Précontrainte, Intern. Spannbeton Vereinigung
DBV	Deutscher Beton-Verein, Wiesbaden
IVBH	Internationale Vereinigung für Brückenbau und Hochbau
IASS	International Association for Shell and Spatial Structures
RILEM	Réunion Internationale des Laboratoires d'Essais et de recherches sur les Matériaux et les constructions
B. u. Stb.	Zeitschrift "Beton- und Stahlbetonbau"

Güteklassen für:
- B St — Betonstahl
- B — Beton (alte DIN 1045)
- Bn — Beton (neue DIN 1045, Jan. 1972)
- Z — Zement

NB	Normalbeton			
LB	Leichtbeton			
NL	Nullinie			
el	elastisch		pl	plastisch
erf	erforderlich		red	reduziert
konst	konstant		rLF.	relative Luftfeuchte
krit	kritisch		theor	theoretisch
max	maximal		vorh	vorhanden
min	minimal, mindest		zug	zugehörig
m, mittl	mittlere		zul	zulässig

1. Nachweise für Gebrauchsfähigkeit

Die Teile 1 und 2 der "Vorlesungen" behandelten im wesentlichen die Bemessung der Tragwerke für Sicherheit der Tragfähigkeit. In diesem Teil sollen nun die Grundlagen der rechnerischen Nachweise für die Gewährleistung der Gebrauchsfähigkeit und Dauerhaftigkeit vermittelt werden. Wie in [1a], 6.1.3, schon gesagt, kann die Gebrauchsfähigkeit beeinträchtigt werden durch

- übermäßige Rißbildung
- übermäßige Formänderungen, vor allem Durchbiegungen
- störende oder unerträgliche Schwingungen
- Eindringen von Wasser oder Feuchtigkeit
- Korrosion am Beton oder Stahl
- Feuer.

Zur Sicherung der Gebrauchsfähigkeit müssen entsprechende Grenzwerte des Verhaltens der Tragwerke (limit states of serviceability) festgelegt und eingehalten werden. Manche Beeinträchtigungen der Gebrauchsfähigkeit werden durch mangelhafte Güte der Bauausführung oder durch erhebliche Fehler des Entwurfes verursacht, - hier wollen wir uns auf Mängel beschränken, die durch rechnerische Nachweise vermieden werden können.

1.1 Anforderungsgrade der Nutzung im Gebrauchsbereich

Früher wurden die Nachweise zur Gebrauchsfähigkeit meist für die maximale Gebrauchslast (Eigengewicht g + max Nutzlast p + Zusatzlasten), im Hochbau gelegentlich für g + 0,7 p geführt. Die Erkenntnis setzt sich jedoch durch, daß bei Durchbiegungen, Rißbreiten usw. nicht die maximale Last für die Sicherung guten Verhaltens der Bauwerke maßgebend ist, sondern nur die ständige Last g (permanent load) + die Teile der Nutzlast, die häufig vorkommen oder über längere Zeit wirken (frequent or quasi permanent live load), sie liegen oftmals weit unter 0,7 p. Die Dauer der Last oder stark schwingende, dynamische Last kann die Rißbreiten vergrößern. Neben äußeren Lasten können Zwangskräfte, die durch Setzungen, Behinderung von Verformungen infolge Temperaturänderung oder Schwinden oder dergl. entstehen, zu Rißbildung führen; sie sollen hier beachtet werden.

Die Beanspruchung durch Witterung oder Industrie-Emissionen (z.B. Regen, säurebildende Gase, Dämpfe....) spielt für das Maß der zulässigen Rißbreite eine Rolle. In Zukunft wird man für die zulässigen Beträge der Rißbreiten und Durchbiegungen, für das Maß des Korrosionsschutzes, Feuerwiderstandes usw. unterschiedliche Anforderungsgrade der Nutzung (functional requirements) einführen, z.B. im Hinblick auf Lasten:

Anforderungsgrade im Hinblick auf Lasten

Lastgrad 1	Eigengewicht + häufig wiederholter oder längere Zeit wirkender Anteil der Nutzlast	$g + \psi_1 p$
Lastgrad 2	Eigengewicht + maximale zulässige Nutzlast	$g + p$
Lastgrad 3	Eigengewicht + dynamisch wirkender Anteil der Nutzlast (mehr als 10^5-fach)	$g + \psi_3 p$

Anforderungsgrade im Hinblick auf Korrosionsangriff und Umweltbedingungen

    K I   schwacher Angriff ⎫
    K II   mäßiger Angriff ⎬ quantifizierte Definitionen fehlen bisher
    K III   starker Angriff   ⎭

Die Bedingungen für Korrosionsschutz hängen auch von der Korrosionsempfindlichkeit der Stähle ab, wobei wärmebehandelte Stähle (meist Spannstähle) als korrosionsempfindlich gelten.

Anforderungsgrade im Hinblick auf Feuer

Feuerwiderstandsdauer F 30, F 60, F 90 bis F 180 nach genormter Befeuerung (DIN 4102) - auch Feuerwiderstandsklassen genannt.

Weitere Anforderungsarten und -grade werden von Fall zu Fall behandelt.

Anforderungen bezüglich Wärme, Schall usw. werden in der Regel im Ausbau erfüllt.

1.2 Grenzwerte des Verhaltens der Tragwerke

Diesen Anforderungsgraden sind die Tragwerke durch geeignete Bemessung so anzupassen, daß Grenzwerte des Verhaltens (limit states of performance) eingehalten werden. Sie sind so festzulegen, daß die Gebrauchsfähigkeit nicht gefährdet wird. Den Graden des "Angriffs" entsprechen Widerstandsgrade der Bauteile oder Bauwerke.

Die Anforderungsgrade und Widerstandsgrade hängen von dem gewünschten Verhalten des Tragwerkes im Hinblick auf die Art der Nutzung, auf Unterhaltungskosten oder auf die erwartete Lebensdauer ab. Sie bedingen Grenzwerte z.B. für folgende Erscheinungen:

R i s s e im Beton: die Rißbreiten müssen auf festgelegte Werte wie z.B. 0,1 oder 0,4 mm begrenzt werden = Rissebeschränkung.

D u r c h b i e g u n g e n : ihre Grenzwerte hängen ganz von der Art der Nutzung und der Empfindlichkeit anderer von diesen Durchbiegungen betroffener Bauteile ab.

S c h w i n g u n g e n : Frequenzen, die den Menschen ängstigen (0,7 bis 2 Hertz), oder zu große Amplituden müssen vermieden werden.

F e u e r : die Feuerwiderstandsdauer wird je nach Bewertung der Folgen in F...Minuten festgelegt, während denen das Tragwerk unter Last noch nicht versagen darf (vgl. DIN 4102).

Dem für ein Bauwerk verantwortlichen Ingenieur ist zu empfehlen, beim Beginn der Entwurfsarbeiten dem Bauherrn gegenüber sowohl die Anforderungen wie auch die Grenzwerte des Verhaltens zu definieren und zahlenmäßig festzulegen. Sie sind nur zum Teil baurechtlich geregelt oder in DIN-Blättern behandelt. Es wäre falsch, hierzu perfektionierte Regeln aufzustellen, weil die Nutzung der Bauwerke und die Ansprüche der Bauherrn zu verschiedenartig sind.

2. Rissebeschränkung, Begrenzung der Rißbreiten

2.1 Einführung

2.1.1 Rißbildung und Zweck der Rissebeschränkung

Die niedrige Zugfestigkeit des Betons ist Ursache dafür, daß Betonbauteile schon bei geringen Zugspannungen reißen. Dabei ist zu beachten, daß meist neben den Lastspannungen auch Zugspannungen aus äußerem oder innerem Zwang (Zwang- oder Eigenspannungen) wirken, die bei ungünstigen Temperatur- und Luftfeuchte-Verhältnissen schon für sich allein so hohe Werte annehmen können, daß der Beton vor der Belastung reißt. Diese Rißgefahr besteht vor allem in den ersten zehn bis vierzig Stunden nach dem Betonieren, solange der junge Beton noch fast keine Zugfestigkeit erlangt hat, aber hohe Eigen- oder Zwangspannungen durch Temperaturunterschiede erleidet. Diese entstehen durch die Hydratationswärme im Inneren und Kühlung von außen, z.B. durch frühes Ausschalen und kalte Nachtluft, sie erzeugen in den äußeren Schichten Zugspannungen. Dicke, massige Bauteile sind dadurch besonders gefährdet (Bild 2.1). Zwang entsteht auch, wenn ein Bauteil an ein älteres Stück anbetoniert wird, z.B. eine Wand auf ein Streifenfundament (Bild 2.2) oder ein Trägersteg an ein schon hartes und abgekühltes Trägerstück. So bilden sich häufig Risse oder mindestens Mikrorisse im Gefüge des Betons, bevor er richtig erhärtet ist. Auch Schwinden kann Zugspannungen verursachen, doch treten diese meist zeitlich später und mit kleineren Werten auf. Die Ursachen für das Entstehen von Rissen in jungem Beton haben G. Wischers und W. Manns in [2] ausführlich geschildert. Durch solche Vorgänge in der ersten Erhärtungszeit ist in Bauwerken die Zugfestigkeit des Betons in der Regel geringer und mit größeren Streuungen behaftet als bei kleinen Versuchskörpern im Labor, es sei denn, daß der Beton frühzeitig unter leichten Druck gesetzt wird und unter Druck erhärtet. Auf die Zugfestigkeit des Betons kann man sich daher für Bauwerke in der Regel nur in beschränktem Umfang verlassen.

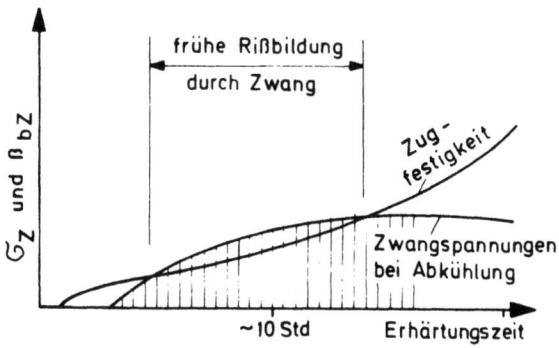

Bild 2.1 Entwicklung der Betonzugfestigkeit und mögliche Zwangspannungen infolge ΔT im Betonkörper (nach Wischers-Manns, [2])

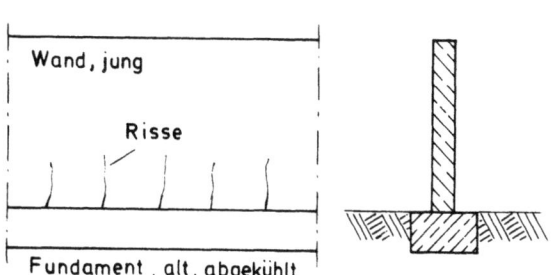

Bild 2.2 Wandbeton an warmem Tag betoniert, weitere Erwärmung durch Hydratation des Zementes, dann kühle Nacht, Rißabstände 2 bis 4 m

Wir bemessen deshalb die Bewehrung für die Tragfähigkeit von Stahlbetonträgern unter der Annahme, daß der Beton auf Zug gar nicht mitwirkt. Für die Gebrauchsfähigkeit der Tragwerke muß nun diese Bewehrung weiter so bemessen und angeordnet werden, daß keine groben Risse mit großen Rißbreiten entstehen, die den Korrosionsschutz der Bewehrung gefährden und den Laien ängstigen, weil er in groben Rissen eine Gefahr vermutet. In den Münchener Arbeiten von P. Schiessl [20] und a.O. wurde nachgewiesen, daß Risse bis zu Rißbreiten von etwa 0,4 mm keine deutliche Zunahme der Korrosionsgefahr ergeben, daß vielmehr Dichtheit, Zementgehalt und vor allem reichliche Betondeckung den Korrosionsschutz gewährleisten.

Die Bewehrung hat also die **Rißbreite zu beschränken** auf ein Maß, das primär von den Anforderungen an das Aussehen (bei Sichtbeton) abhängt. Aus der bisherigen Erfahrung heraus können Rißbreiten von 0,2 mm bis 0,4 mm und von rd. 0,1 mm bei gehobenen Ansprüchen zugelassen werden (siehe auch Abschnitt 2.1.3). Zur Rissebeschränkung sollten stets gerippte Betonstähle verwendet werden, weil die Verbundgüte dabei eine wesentliche Rolle spielt.

Man muß betonen, daß Bewehrung die Rißbildung nicht verhüten kann, es gibt keine "Rissesicherung" (Sicherheit gegen Rißbildung) durch Bewehrung. Risse kann man in Betonbauteilen nur vermeiden, wenn man die möglichen Zugspannungen aus Last und Zwang schon im jungen Beton sehr niedrig hält oder überdrückt, insbesondere durch Vorspannung.

Für die Verhütung oder Verminderung der anfänglichen Rißbildung kann auch durch geeignete betontechnologische Maßnahmen viel erreicht werden, z.B. durch:

1. Kornzusammensetzung mit niedrigem Gehalt an Körnung 0 - 4 mm (nahe Linie A, DIN 1045, 6.2.2) oder Ausfallkörnung bei massigen Bauteilen
2. Zementgehalt an der unteren Grenze
3. Zement mit langsamer Entwicklung der Abbindewärme
4. niedriger Wasserzementfaktor, dafür Verdichtung mit hoher Rüttelenergie
5. Verhüten äußerer Abkühlung und Trocknung, z.B. Abdecken mit wärmedämmenden, dampfdichten Matten

Eine ausführliche Darstellung US-amerikanischer Forschungsergebnisse zu Risseproblemen ist in [3] zu finden.

2.1.2 Arten der Risse

Mikrorisse und Gefügerisse: sehr feine und kurze Risse, teils im Mörtel, teils zwischen Korn und Mörtel, meist nur im Mikroskop sichtbar. Sie können durch Eigenspannungen oder durch Umlenkungen des inneren Spannungsflusses, wie er durch harte Zuschlagkörner bedingt ist, entstehen. Nach neuen Forschungen von H. Yokomichi [4] treten Mikrorisse schon bei niedrigen Beanspruchungsgraden selbst bei Druck (σ_b = 0,05 bis 0,10 β_p) auf, sie wurden mit hochempfindlichen Mikrophonen nachgewiesen. G. Winter und Mitarbeiter [5] haben sich eingehend mit Mikrorissen befaßt. Sie vermindern die Zugfestigkeit besonders in Betonierrichtung und tragen zu dem großen Streubereich der Zugfestigkeit bei.

Trennrisse: Der Riß geht durch den ganzen Querschnitt des Bauteils hindurch (Bild 2.3 a) und entsteht durch mittigen oder wenig ausmittigen Zug.

Biegerisse: der Riß beginnt am Zugrand eines auf Biegung beanspruchten Bauteiles und endet vor der Nullinie (Bild 2.3 b).

2.1 Einführung

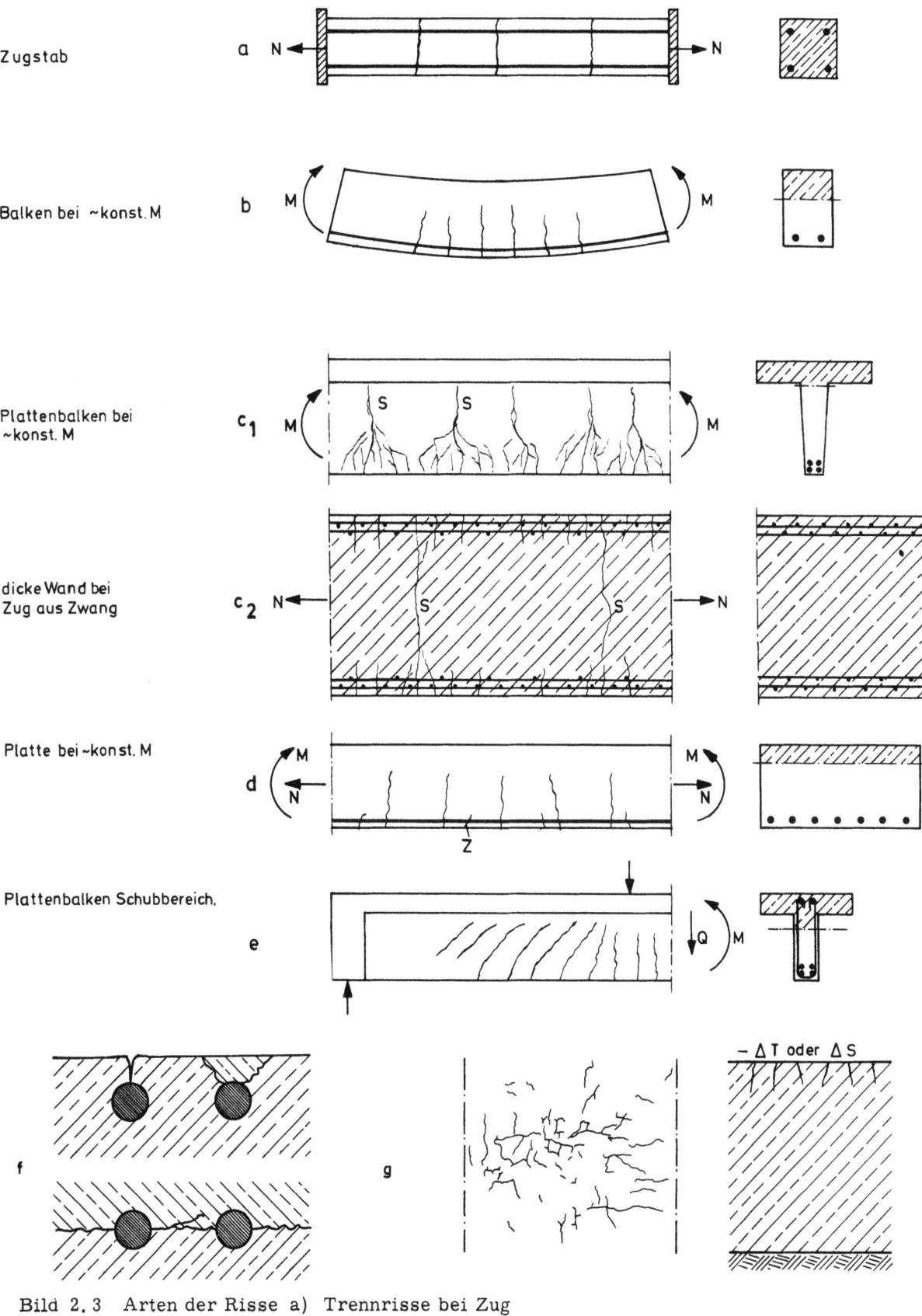

Bild 2.3   Arten der Risse   a) Trennrisse bei Zug
b) Biegerisse
c) Sammelrisse (S)
d) Zwischen- oder Nebenrisse (Z)
e) Schubrisse
f) Längsrisse entlang Bewehrungsstäben
g) Oberflächen- oder Netzrisse

Sammelrisse: bei stark bewehrten Randzonen, z.B. in Gurten von Biegeträgern oder auch bei dicken, auf Zug beanspruchten Bauteilen überschreiten nicht alle Risse die dicht bewehrte Zone. Je nach der Bewehrungsdichte dringen nur wenige Risse, sog. Sammelrisse gegen die Nullinie oder in das Innere vor, während die Risse zwischen ihnen auf den bewehrten Bereich beschränkt bleiben (Bild 2.3 c).

Zwischenrisse und Verbundrisse: zwischen den über die bewehrte Zone durchgehenden Rissen bilden sich gelegentlich feine Zwischenrisse, die meist nur bis zur äußeren Bewehrungslage reichen. Sie können von anfänglichen Oberflächenrissen oder von kleinen inneren Verbundrissen (s. Bild 2.4) herrühren (Bild 2.3 d).

Schubrisse: der Riß entsteht durch schiefe Hauptzugspannungen infolge von Q oder T, er verläuft schiefwinklig zur Stabachse. Schubrisse aus Q können sich aus Biegerissen heraus entwickeln oder in Stegen beginnen (Bild 2.3 e).

Längsrisse entlang Bewehrungsstäben, verursacht durch Setzen des frischen Betons oder durch Volumenvergrößerung des Stahlstabes bei Korrosion in porösem Beton (Bild 2.3 f). Längsrisse entstehen auch durch den bei hohen Verbundspannungen wirkenden Querzug (**Verbundspaltrisse**), sie können zur Oberfläche durchdringen, bei engen Stababständen aber auch parallel zur Oberfläche verlaufen und die Betondeckung schalenförmig absprengen (Bild 2.3 f) [8]. Längsrisse entstehen gern auch entlang großer Spannglieder in Hüllrohren, wenn die Betondeckung zu klein und die Längs-Druckspannungen zu groß sind, und sie entstehen, wenn in Hüllrohren überschüssiges Wasser des zu dünnen Einpreßmörtels verblieben ist und gefriert.

Oberflächenrisse oder Netzrisse: die Risse entstehen durch Eigenspannungen, infolge ungleichmäßigem Schwinden, Karbonation oder/und Temperatur, wenn diese in der Oberflächenschicht Zug erzeugen (Bild 2.3 g). Sie können in beliebiger und verschiedener Richtung auftreten (Netzrisse), wenn der Eigenspannungen erzeugende innere Zwang keine bevorzugte Richtung hat. Sie können auch gerichtet, etwa parallel sein, wenn eine Zugspannungsrichtung überwiegt. Solche Risse dringen nicht in die Tiefe vor, sie sind meist nur wenige mm oder cm tief und in der Regel unschädlich. Diese Oberflächenrisse lassen sich durch Bewehrung kaum beeinflussen, wie E. Bruy [6] gezeigt hat. Die Risse schließen sich beim Abklingen der Temperatur- und Schwinddifferenz und heilen auch manchmal bei Feuchtigkeitszufuhr zu.

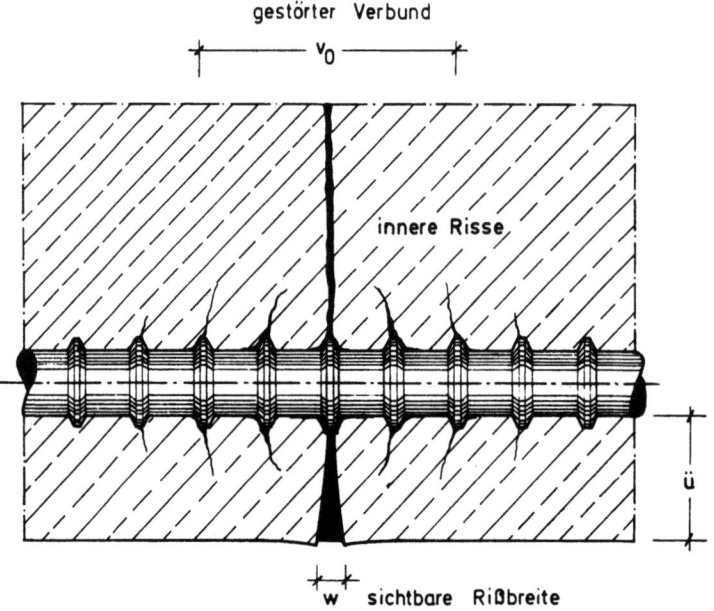

Bild 2.4 Bei gerippten Bewehrungsstäben ist die sichtbare Rißbreite größer als die Rißbreite am Stab. Im Inneren entstehen nahe am Riß Verbundrisse an den Rippen (nach Goto [7])

2.1.3 Zur Definition der Rißbreite w und ihrer Grenzwerte

Messungen und rechnerische Nachweise werden auf die Rißbreite an der Betonoberfläche nahe dem Bewehrungsstab bezogen und zwar nicht nur direkt über dem Stab, sondern auch zwischen den Stäben. Für den Korrosionsschutz kommt es aber auf die Rißbreite am Stahlstab an. Bild 2.4 zeigt mit Übertreibung, daß bei Rippenstählen dank der durch Scherverbund entstehenden Verbundrisse die Rißbreite am Stab wesentlich kleiner ist als an der Außenfläche und zwar abhängig von der Betondeckung ü, der Zahl der Verbundrisse und der Verformung der "Betonzähne" zwischen diesen inneren Rissen. Mit dem seitlichen Abstand vom Bewehrungsstab nimmt die Rißbreite zu, wenn die Zugspannung in der betr. Richtung nicht abnimmt. Diese größere Rißbreite ist für die Korrosionsgefahr belanglos, nicht jedoch für das Aussehen. Ist Aussehen maßgebend, d.h. müssen leicht sichtbare Risse vermieden werden, dann müssen die Stababstände begrenzt werden (vgl. Abschn. 2.2.4). Die Rißbreiten streuen sehr stark, in der Regel bezieht man sich auf die größte Rißbreite max w an der Oberfläche, sie wird gleich der 90 %-Fraktile (w_{90}) der Rißbreiten gesetzt. Es kann jedoch auch Fälle geben, in denen die Begrenzung auf den Mittelwert w_m genügt.

Die Entscheidung, auf welchen Beanspruchungsgrad die Grenze der zul. Rißbreite zu beziehen ist, hängt von der Nutzungsart des Bauwerkes ab. Meist genügt es, eine Grenze der max. Rißbreite (90 %-Fraktile) für die lang dauernde oder oftmals wirkende Last einzuhalten, weil ja für Korrosion und Aussehen der Dauerzustand maßgebend ist und vorübergehend größere Rißbreiten bei gelegentlichen, kurzzeitig wirkenden höheren Lasten unschädlich sind. Bei teilweiser Vorspannung schliessen sich zudem Risse wieder, die durch kurzzeitig wirkende Lasten entstehen, wenn die schlaffe Bewehrung die Rißbreiten auf $w_{90} \approx 0,2$ mm begrenzt und bei ständiger Last keine Zugspannungen verbleiben. Je nach den Anforderungen werden bei der Berechnung der Rißbreiten Zuschläge für Lastdauer oder Lastwiederholungen (bis 40 % der Rißbreite bei Erstbelastung) und für Schwind- und Kriecheinflüsse (rd. 10 bis 20 %, wenig erforscht!) gemacht.

2.2 Vorgänge bei der Rißbildung

2.2.1 Spannungssprung im Stahl und Verbundstörung beim 1. Riß

Beim mittig gezogenen Betonprisma mit $F_{bZ} = bd$, das mit einem Stab F_e mittig bewehrt und frei von Eigenspannungen ist, tritt der erste Riß auf, wenn die Betonzugspannung

$$\sigma_{bZ} = \frac{N}{F_{bZ} + (n-1) F_e} = \frac{N}{F_i} \geqq \beta_{bZ}^{①}$$

ist (Bild 2.5). $\beta_{bZ}^{①}$ ist die Zugfestigkeit des Betons an der für Zugbeanspruchung zufällig schwächsten Stelle des Betonprismas. An der Stelle des zweiten Risses wird $\beta_{bZ}^{②} > \beta_{bZ}^{①}$ sein. Im folgenden werden die Zeiger ① u. ② nur geschrieben, wenn die Unterscheidung nötig ist. Die Stahlspannung springt dabei im Rißquerschnitt von

$$\sigma_e^I = n \sigma_{bZ} = n \beta_{bZ} \quad \text{auf} \quad \sigma_{eR} = \frac{N_R}{F_e}$$

mit N_R = Zugkraft beim Entstehen des Risses.

Die sprunghafte Zunahme der Stahlspannung bei der Rißbildung ist umso größer, je kleiner der Bewehrungsgrad $\mu_z = F_e / F_{bZ}$ und je höher die Betonzugfestigkeit β_{bZ} ist (Bild 2.6).

Dies kommt zum Ausdruck, wenn man σ_{eR} mit diesen Werten anschreibt:

$$\sigma_{eR} = \frac{\beta_{bZ} \left[F_{bZ} + (n-1) F_e \right]}{F_e} = \frac{\beta_{bZ}}{\mu_z} \left[1 + (n-1)\mu_z \right] = \frac{\beta_{bZ}}{\mu_z} \frac{F_i}{F_{bZ}} \approx \frac{\beta_{bZ}}{\mu_z} \qquad (2.1)$$

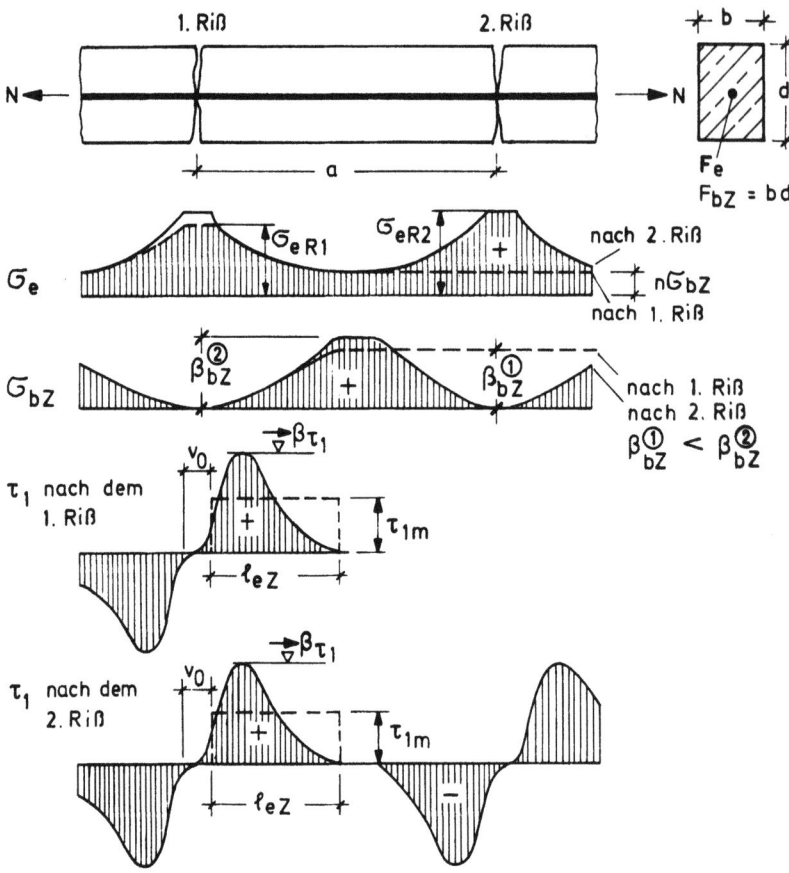

Bild 2.5 Rißbildung und Spannungen entlang dem Stahlstab am mittig gezogenen Stahlbetonstab (Maßstäbe der Spannungen σ_e, σ_{bZ} und τ verschieden!)

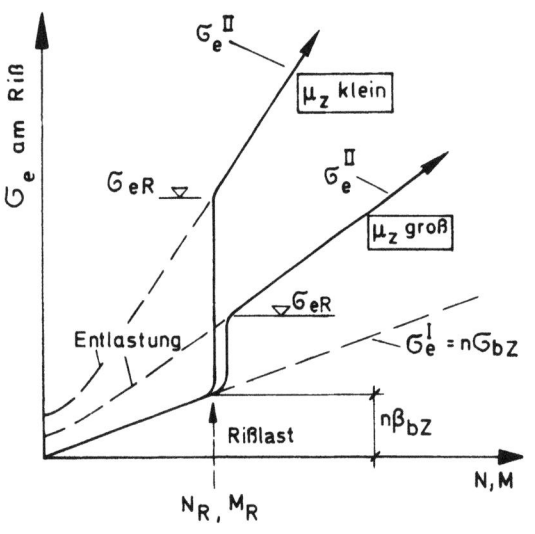

Bild 2.6 Stahlspannungen im Riß in einem gezogenen Stahlbetonbauteil bei zunehmender Last für kleines und großes $\mu_z = \dfrac{F_e}{F_{bZ}}$

Der Wert F_i/F_{bZ} liegt für NB meist zwischen 1,02 und 1,20 und kann $\sim 1,0$ gesetzt werden. Im weiteren wird daher von F_{bZ} ausgegangen. (Für LB kann F_i/F_{bZ} bis zu 1,4 betragen.)

2.2 Vorgänge bei der Rißbildung

<u>Die Größe des Spannungssprunges $\Delta\sigma_{eR} = \sigma_{eR} - n\beta_{bZ}$ ist von großer Bedeutung</u> für die Beanspruchung des Verbundes am Riß und damit für die anfängliche und fortschreitende Rißbreite. Wir werden sehen, daß $\Delta\sigma_{eR}$ von ~ 200 kp/cm^2 bis über 5 000 kp/cm^2 betragen und damit bei mangelhafter Bemessung die Streckgrenze überschreiten kann. Beim mittig gezogenen Stahlbetonstab ist $\Delta\sigma_{eR}$ stets groß.

Am Riß treten dann hohe Verbundspannungen τ_1 auf, weil sich der Stahlstab dort mehr dehnt als der am Riß spannungsfrei gewordene Beton. Der große Dehnungsunterschied bewirkt, daß der Haftverbund unmittelbar neben dem Riß verlorengeht und der Scherverbund auf eine kurze Länge v_o beschädigt oder sogar zerstört wird, indem bei gerippten Stäben die Scherkräfte an den Rippen kleine Querrisse erzeugen, wie sie der Japaner Y. G o t o [7] experimentell nachgewiesen und H. M a r t i n in seinen Rechnungen mit finiten Elementen [8] eingeführt hat (Bild 2.4). Aus dieser Beobachtung muß man schließen, daß bei starkem Spannungssprung (~ > 400 kp/cm^2) die Verbundspannungen beidseitig neben dem Riß die Verbundfestigkeit $\beta_{\tau 1}$ erreichen und dann abklingen (Bild 2.5). Die Länge v_o des gestörten Verbundes muß von $\Delta\sigma_{eR}$ und von der Verbundgüte $\beta_{\tau 1}$ (vgl. [1a] 4.2) abhängen.

<u>Bei B i e g u n g eines Balkens</u> - frei von Eigenspannungen - tritt der erste Biegeriß im Bereich des größten Momentes auf, wenn im Zustand I die Randzugspannung σ_{bZ} die Biegezugfestigkeit β_{BZ} erreicht (Bild 2.7). Dabei ist $\sigma_{bZ} = M/W \leq \beta_{BZ}$, woraus beim Rechteckquerschnitt mit $W = bd^2/6$ (genähert statt W_i) für das Rißmoment folgt:

$$M_R = \beta_{BZ} \frac{bd^2}{6}.$$

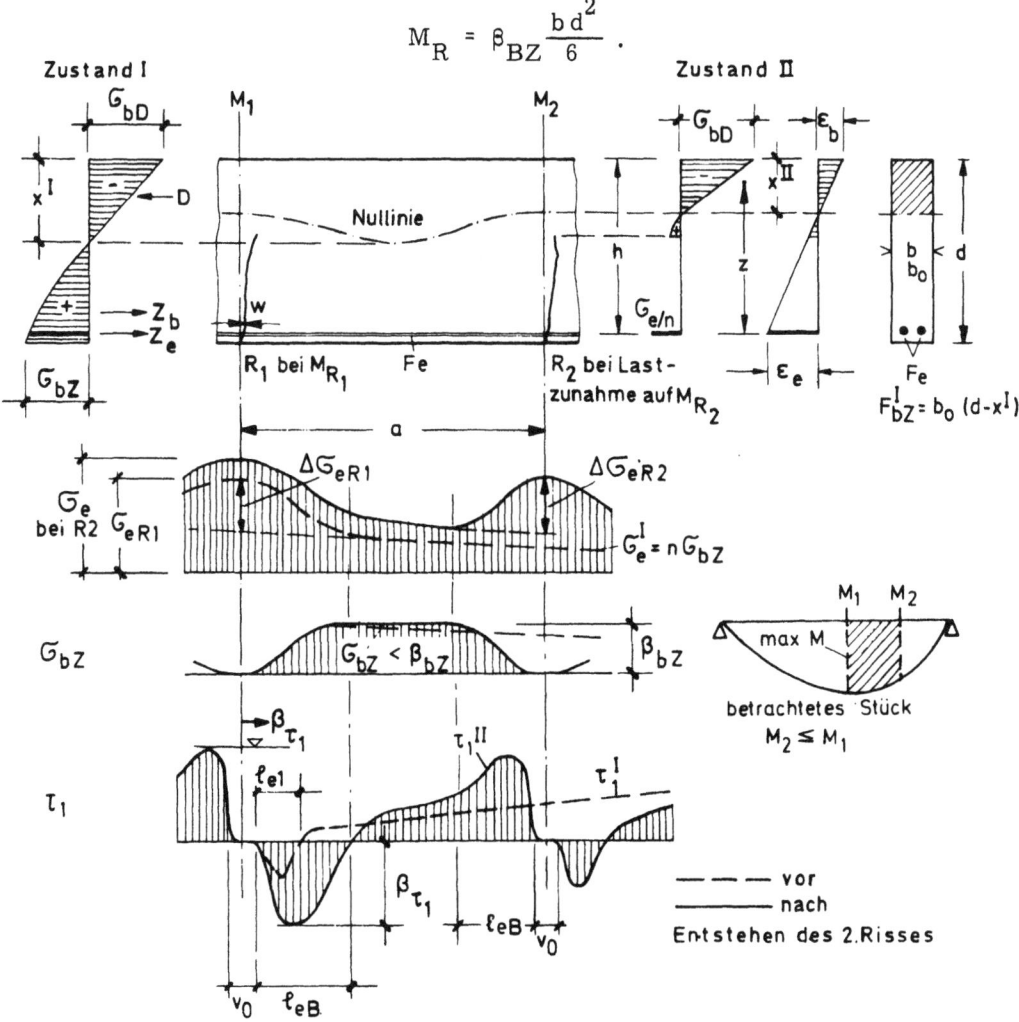

Bild 2.7 Rißbildung und Spannungen entlang dem Stahlstab am Balken bei Biegung mit Schwerpunkt der Gurtbewehrung nicht weit unter Schwerpunkt des σ_{bZ}-Dreiecks

Die Stahlspannung nimmt sprunghaft um $\Delta\sigma_{eR}$ auf σ_{eR} zu. Mit den für übliche μ zutreffenden Annahmen

$$h = 0,95\,d, \quad z = 0,9\,h = 0,85\,d \quad \text{und} \quad \mu = F_e/b\,d$$

wird die Stahlspannung am Riß unter der Rißlast theoretisch

$$\sigma_{eR} = \frac{\beta_{BZ}\,b\,d^2}{6 \cdot 0,85\,d\,F_e} \approx 0,20\,\frac{\beta_{BZ}}{\mu}.$$

Versuche und praktische Erfahrung zeigen, daß die im Labor an kleinen unbewehrten Prismen mit dreieckigem σ-Diagramm ermittelte Biegezugfestigkeit $\beta_{BZ} \approx 2\,\beta_{bZ}$ nicht auf Tragwerke der Praxis angewandt werden darf.

Die Biegezugfestigkeit nimmt offensichtlich bei größeren Trägerhöhen d ab, weil die Spannungsgradiente abnimmt. Bei Platten mit kleinem d ist β_{BZ} also größer als bei Trägern mit großem d, bei denen sich β_{BZ} der reinen Zugfestigkeit β_{bZ} nähert. Hinzu kommt, daß in Bauwerken kleine Nebenspannungen, teilweise auch durch die Bewehrungen bedingt, unvermeidlich sind. Deshalb wird für praktische Zwecke die zum Riß führende Biegezugspannung $\sigma_{bZ} = 1,25\,\beta_{bZ}$ bis herab zu $1,0\,\beta_{bZ}$ gesetzt. (CEB-FIP 1977 gibt hierfür an

$$\beta_{BZ}/\beta_{bZ} = 0,6 + \frac{0,4}{\sqrt[3]{h}} \geqq 1$$

mit h in m, was für 10 cm dicke Platten $\beta_{BZ} = 1,3\,\beta_{bZ}$ ergibt). Somit ist

$$\sigma_{eR} = 0,20\,\frac{\beta_{bZ}}{\mu} \text{ bis } 0,25\,\frac{\beta_{bZ}}{\mu} \tag{2.2}$$

Bezieht man F_e auf die Biegezugzone im Zustand I und setzt für den Rechteckquerschnitt statt μ das $\mu_z \approx 2\,\mu$, dann ist

$$\sigma_{eR} = 0,4 \text{ bis } 0,5\,\frac{\beta_{bZ}}{\mu_z} \tag{2.2a}$$

Beim Entstehen des Risses ist also σ_{eR} nur 0,2 bis 0,25 desjenigen bei mittigem Zug. Entsprechend wird bei Biegung die Länge v_o des gestörten Verbundes kleiner, der Verlauf der Verbundspannung τ_1 am Riß (Bild 2.7) bleibt jedoch im Prinzip gleich wie bei mittigem Zug. Die τ_1^{II}-Welle überlagert sich den von der Querkraft in einem Balken bewirkten kleinen τ_1^{I}-Werten.

Die Abhängigkeit des Spannungssprunges $\Delta\sigma_{eR}$ von μ bzw. μ_z beim Auftreten des 1. Risses zeigen die Bilder 2.8 a und b für die Betongüte Bn 250, wobei $\beta_{bZ} = 0,5\,\beta_w^{2/3}$ (Mittelwert) gesetzt wurde mit $\beta_w = \beta_{wN} + 50\,\text{kp/cm}^2$, siehe 3.2.2.1. Die Kurven sind für mittigen und ausmittigen Zug, für reine Biegung und Biegung mit Längskraft gezeichnet. Für mittigen Zug und reine Biegung sind auch die Werte für Bn 550 eingetragen.

Man erkennt, wie unterschiedlich $\Delta\sigma_{eR}$ sein kann und wie hoch dieser Spannungssprung bei niedrigen μ_z wird. Entsprechend können die anfänglichen Rißbreiten schon groß werden, wenn F_e nur für Lasten bemessen wurde und der Riß durch zusätzliche Zwangskräfte hervorgerufen wird. Solch große Rißbreiten wurden schon oft beobachtet, wenn nach veralteten Regeln nur sog. "Schwindbewehrungen" mit 3 ∅ 8 oder 3 ∅ 10 pro Meter eingelegt wurden, die wertlos waren, wie aus dieser Darlegung leicht zu erkennen ist.

In Bild 2.9 sind die Formeln für die Schnittkräfte M_R, N_R und die Spannungen σ_{eR} beim Entstehen eines Risses zusammengestellt.

2.2 Vorgänge bei der Rißbildung

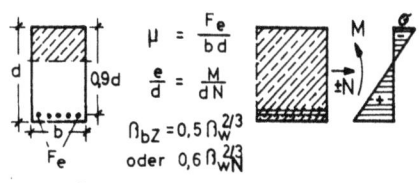

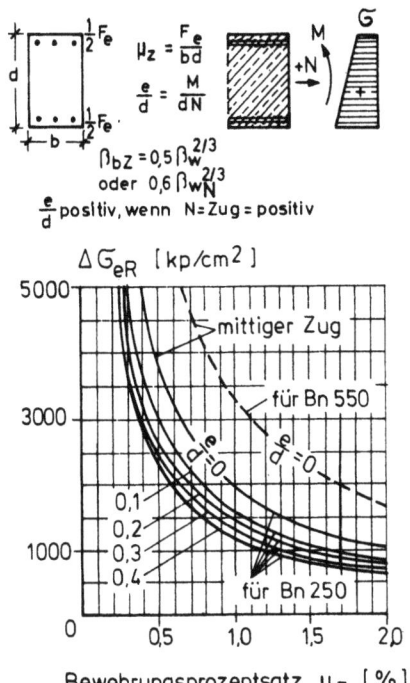

Bild 2.8a Spannungssprung im Stahl $\Delta\sigma_{eR}$ beim Entstehen eines Risses im mittig oder ausmittig gezogenen Stahlbetonstab mit symmetrischer Bewehrung

Bild 2.8b Spannungssprung im Stahl $\Delta\sigma_{eR}$ beim Entstehen eines Risses im einseitig bewehrten Stahlbetonbalken bei Biegung mit Längskraft

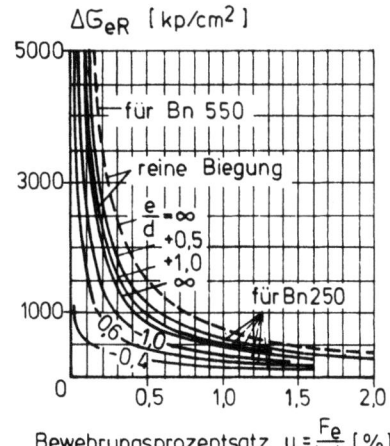

vor dem Reißen   nach dem Reißen

$\mu = F_e/bd$ $F_b = bd$ $\eta_e = \eta_e' = y_e/d$ $k_z = z/d$ $\zeta_R = M_R/N_R d$

bei N-Druck negativ

Rißbedingung

$$\sigma_{bu} = \beta_{bZ} = \frac{N_R}{F_b}(1+6\zeta_R) \qquad \beta_{bZ} = 0.5\,\beta_w^{2/3} \text{ oder } 0.6\,\beta_{wN}^{2/3}$$

$$N_R = \beta_{bZ} F_b \frac{1}{1+6\zeta_R} \quad \text{Biegung mit Längskraft} \qquad \sigma_{eR} = \frac{\beta_{bZ}}{\mu}\,\frac{\zeta_R - \eta_e + k_z}{k_z(1+6\zeta_R)}$$

$$M_R = \beta_{bZ} F_b \frac{d}{6} \quad \text{Biegung} \qquad \sigma_{eR} = \frac{\beta_{bZ}}{\mu}\cdot\frac{1}{6k_z}$$

Bild 2.9 Ansätze für Schnittkräfte N_R, M_R und Spannungen σ_{eR} beim Entstehen des Risses

2.2.2 Rißabstände in bewehrten Zugzonen - Rißbildungsgrade

Ein zweiter Riß kann im mittig gezogenen Stab nur entstehen, wenn die zum Reißen des Betons nötige Zugkraft $N_R = F_b \beta_{bZ}$ hinter dem 1. Riß durch Verbund auf den Beton wieder übertragen wird (Bild 2.5). Da der Verlauf der $\tau_1 = f(x)$ nicht bekannt ist (mögliche Werte dieser Funktion siehe H. Bufler [9]), wird ein Mittelwert τ_{1m} = konst eingeführt, der aus Versuchen gewonnen wird und von den Verbundeigenschaften des betrachteten Betonstahles (z.B. Art der Querrippen, bezogene Rippenfläche f_R) abhängt (vergl. [1a] 4.2.3 und H. Martin [8]).

Die Länge, die nötig ist, um die Zugkraft N_R im Beton durch Verbund an den Umfängen Σu der Bewehrungsstäbe wieder aufzubauen, ist die **Eintragungslänge**

$$\ell_{eZ} = \frac{\beta_{bZ} \cdot F_{bZ}}{\tau_{1m} \Sigma u} \tag{2.3}$$

Sie ergibt den wahrscheinlich kleinsten Rißabstand. Meist entsteht der zweite Riß weiter entfernt an einer wieder zufällig schwachen Stelle.
Bei Biegung muß durch Verbund neben dem 1. Riß auf der Länge ℓ_{eB} die Zugkraft Z_b aufgebaut werden, die sich bei dreieckigem σ_b-Spannungsdiagramm (Bild 2.7) ergibt zu

$$Z_b = \int_0^{\ell_e} \Sigma u\, \tau_1\, dx = \frac{1}{2} \sigma_{bZ} b_o \left(d - x^I\right) = \frac{1}{2} \sigma_{bZ} F_{bZ}^I$$

F_{bZ}^I = Fläche der Biegezugzone im Zustand I.

Ferner wird wieder τ_{1m} eingeführt, so daß $\int_0^{\ell_e} \tau_1\, dx = \tau_{1m} \ell_{eB}$ ist.

Damit wird die Eintragungslänge mit $\beta_{BZ} \approx \beta_{bZ}$ bis $1{,}25\, \beta_{bZ}$

$$\ell_{eB} = 0{,}5\, \frac{\beta_{bZ} \cdot F_{bZ}^I}{\tau_{1m} \cdot \Sigma u} \quad \text{bis} \quad 0{,}63\, \frac{\beta_{bZ} \cdot F_{bZ}^I}{\tau_{1m} \cdot \Sigma u} \tag{2.4}$$

Der theoretisch **kleinste Rißabstand** ist ohne Unterscheidung zwischen ℓ_{eZ} und ℓ_{eB}

$$\min a = 1/2\, v_o + \ell_e\,.$$

Bei Biegung ist wegen $\ell_{eB} < \ell_{eZ}$ der kleinste Rißabstand für eine bestimmte Bewehrung kleiner als bei mittigem Zug, was der Versuchserfahrung entspricht. Der hier abgeleitete große Unterschied von $\ell_{eB}/\ell_{eZ} \approx 0{,}5$ gilt aber nur, wenn der Schwerpunkt der Bewehrung nicht zu weit vom Schwerpunkt des Spannungs-Dreiecks entfernt liegt, also nur bei kleinen d; für größere d wird das größere ℓ_{eB} später mit dem k_3-Faktor berücksichtigt. In Wirklichkeit hängt der Rißabstand auch von vielen Zufälligkeiten ab und streut stark.

Die hier zunächst angenommene gleichförmige oder dreiecksförmige Verteilung der σ_{bx}-Spannungen über den Betonquerschnitt ist jedoch im Eintragungsbereich nicht richtig. Die Spannungsverteilung über den Betonquerschnitt hinweg wechselt vielmehr stark mit der Entfernung vom Riß. Unmittelbar hinter dem Riß ist zunächst ein Längsspannungshügel mit steilem Abfall zum Rand (Bild 2.10a). Der "Hügel" der σ_{bx} wird mit zunehmender Entfernung vom Riß flacher, eine gleichmäßig verteilte Betonspannung wird jedoch erst in einer Entfernung von etwa $\ell_{eZ} + d/2$ erreicht. Am Ende der Eintragungslänge ℓ_{eZ} ist dabei die Betonspannung σ_{bx} nahe am Stab größer als die mittlere Betonspannung $\sigma_m = \frac{N}{F_i}$. Demnach kann ein zweiter und jeder weitere Riß auch von innen ausgehen.

Diese ungleiche Verteilung der Betonspannungen über den Querschnitt ist besonders bei dicken Bauteilen (z.B. Wänden) von Bedeutung (Bild 2.10b), wo sie darauf hinweist, daß für die Rißbildung die Spannungen in einer schmalen Randzone maßgebend sind, und daß es deshalb genügt, z.B. Mindestbewehrungen auf eine solche Randzone zu beziehen.

2.2 Vorgänge bei der Rißbildung

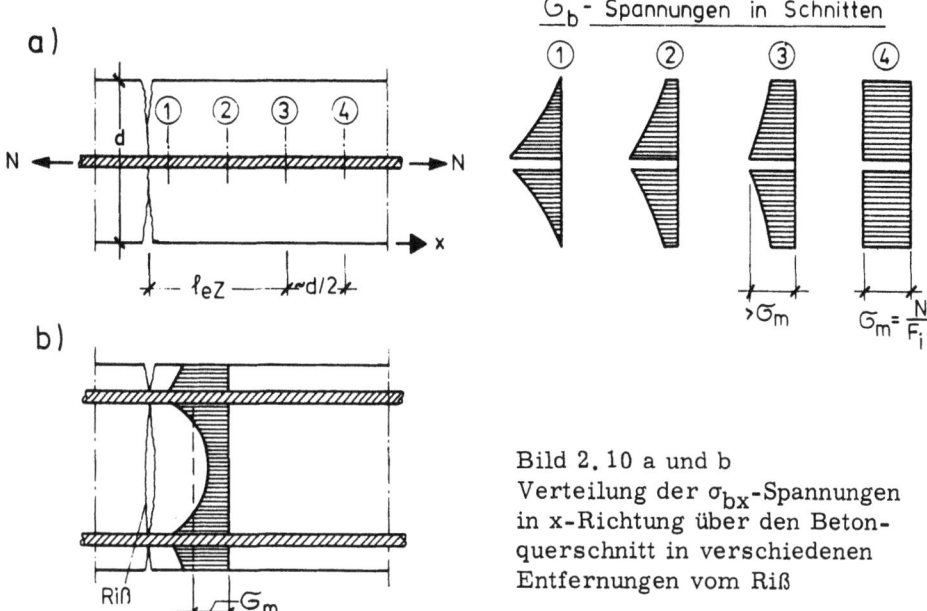

Bild 2.10 a und b
Verteilung der σ_{bx}-Spannungen in x-Richtung über den Betonquerschnitt in verschiedenen Entfernungen vom Riß

Zwischen zwei Rissen im Abstand $a > (v_o + 2\,\ell_e)$ wirkt der Beton auf die Länge $a - (v_o + 2\,\ell_e)$ voll auf Zug mit. Bei weiterer Laststeigerung kann die Betonzugspannung nahe am Stahlstab oder am Rand soweit ansteigen, daß sich ein Riß zwischen R_1 und R_2 bildet. So entsteht erst bei einem gewissen Beanspruchungsgrad ein abgeschlossenes Rißbild (stabilized crack pattern), das sich in der Zahl und im Abstand der Risse nicht mehr verändert (Bild 2.11). Das Verhältnis der Betonzugfestigkeit β_{bZ} zur Verbundfestigkeit $\beta_{\tau 1}$ und damit zu τ_{1m} bleibt für die verschiedenen Betongüten etwa gleich, so daß ℓ_e und min a von der Betongüte ziemlich unabhängig sind. Der mittlere Rißabstand a_m wird daher hauptsächlich durch das Verhältnis der Summe der Stabumfänge Σu zum gezogenen Betonquerschnitt F_{bZ}, d.h. durch den Bewehrungsgrad der Betonzugzone und die Aufteilung der Bewehrung bestimmt. Bei niedrigen Bewehrungsgraden wird das abgeschlossene Rißbild selbst bei voller Gebrauchslast noch nicht erreicht.

Bei querbewehrten Tragwerken wird die Lage und damit der Abstand der Risse noch durch die Querbewehrung beeinflußt, die den Verlauf der Zugspannungen im Beton stört, so daß bevorzugt an Querstäben, z.B. an Bügeln, Risse auftreten.

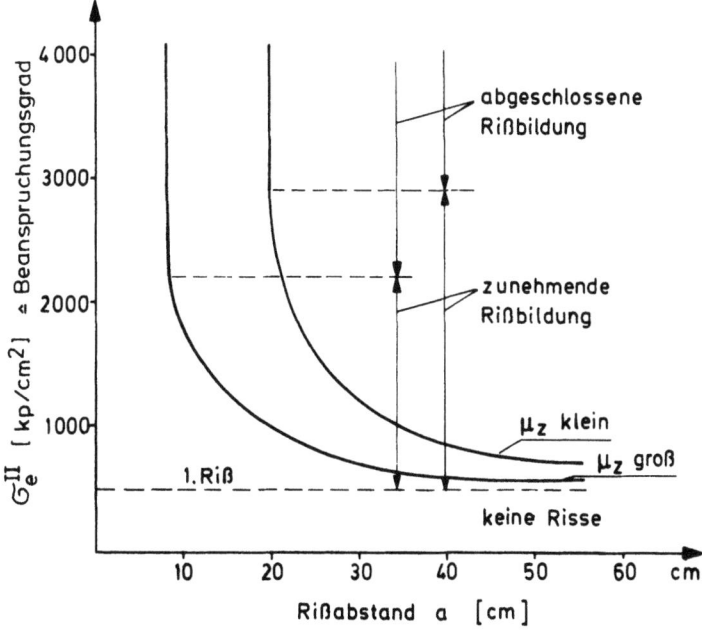

Bild 2.11 Entwicklung des Rißabstandes und Grade der Rißbildung bei gerippten Stäben aus B St 42/50, abhängig vom Beanspruchungsgrad, ausgedrückt durch σ_e^{II}

2.2.3 Rißabstände bei relativ zur Plattendicke niedrigen Zugzonen

Bei Eigenspannungen kommt es vor, daß die Zugzone im Verhältnis zur Körperdicke klein ist. Auch bei Biegung mit Längsdruck (Vorspannung) kann die mögliche Rißtiefe durch die Lage der Nullinie klein sein. In solchen Fällen nehmen die Zugspannungen neben einem Riß am äußeren Rand auch ohne Beitrag durch Bewehrung bei Steigerung der Beanspruchung (Zwang oder Last) allein durch den Spannungsfluß nach St. Venant zu und können zu weiteren Rissen führen (Bild 2.12). Der kleinste Abstand solcher Risse ist dabei etwa

$$\min a \approx 2\, t_R \quad \text{mit} \quad t_R = \text{Rißtiefe.}$$

Meist werden die Abstände solcher Oberflächenrisse jedoch größer, etwa 2 bis 6 t_R.

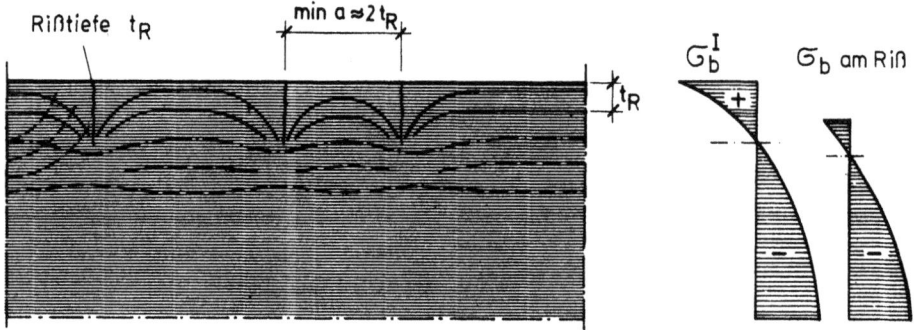

Bild 2.12 Rißbildung durch Spannungsfluß bei kleiner Rißtiefe t_R

2.2.4 Wirkungszone der Bewehrung F_{bw}

Die Wirkung der Bewehrung im Hinblick auf Rißabstände und Rißbreite erstreckt sich nur auf eine beschränkte Zone rund um die Stäbe, die mit der räumlichen Ausbreitung der Betonzugspannungen durch die Verbundwirkung zusammenhängt. Das in Bild 2.13a dargestellte Rißbild eines Zuggurtes eines 70 cm hohen Plattenbalkens zeigt uns, wie der durch die dichte Bewehrung erzwungene kleine Rißabstand sich nur auf eine kleine Höhe d_w erstreckt. Über dieser Zone öffnen sich nur wenige anfängliche Risse mit großem Abstand, denen sich die Zwischenrisse zuwenden; sie sammeln gewissermaßen Rißbreite an und können als "Sammelrisse" oder Hauptrisse bezeichnet werden. Diese breiten Sammelrisse werden deutlich sichtbar; sofern sie das Aussehen stören, müssen sie durch Stegbewehrung vermieden werden.

Die Höhe d_w der Wirkungszone der gerippten Bewehrung kann man aus dem Bereich der kleinen Rißabstände im Rißbild ableiten. Die Wirkung reicht demnach nur etwa bis 5 $\emptyset$ nach oben über die Stäbe hinaus.

Bei Platten wissen wir aus Rißbildern, daß bei üblichen $\emptyset$ und Stababständen die Risse ohne Bildung von Zwischenrissen durchgehen, solange $e_H \leqq 14\, \emptyset$ oder < 30 cm ist. Dabei entspricht 30 cm dem üblichen größtzulässigen Stababstand.

Für Zuggliedern liegt noch keine ausreichende experimentelle Erfahrung vor, wie weit sich bei Trennrißgefahr oder zwischen zunächst entstandenen Trennrissen Zwischenrisse entwickeln. Schon aus Sicherheitsgründen muß bei Zugstäben zur Begrenzung der Stahlspannung σ_{eR} beim ersten Riß das volle $F_b = b\,d$ als Bezugsgröße für u_z angesetzt werden. Für das Entstehen weiterer Risse wird der σ_b-Spannungshügel an den Stahlstäben nach Bild 2.10a eine Rolle spielen. Ferner können sich noch Randzugspannungen aus Eigenspannungszuständen überlagern. Wenn dann ein Trennriß keine Gefahr

2.2 Vorgänge bei der Rißbildung

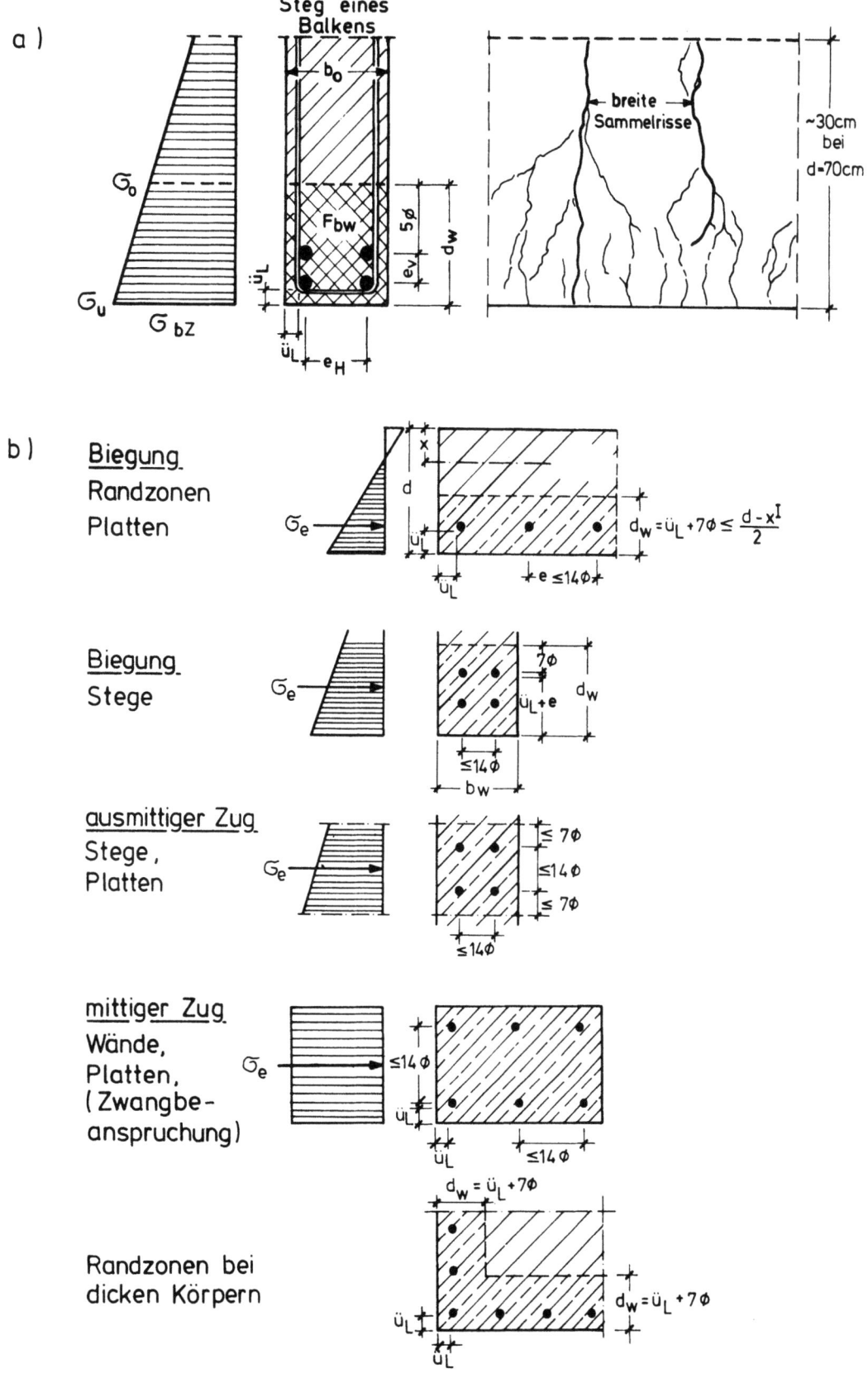

Bild 2.13 Wirkungszone der Bewehrung; für Rißabstände und Rißbreite muß μ_z auf F_{bw} bezogen werden und wird mit μ_{zw} bezeichnet, soweit diese Unterscheidung nötig ist.

eines Einsturzes bedeutet, kann man die Bemessung der Bewehrung zur Rißbreitenbeschränkung auf eine Randzone mit der Tiefe d_w oder 20 bis 30 cm beschränken (vgl. Rißbild 2.3 c_2).

Für Rißbreitenberechnungen muß man den Bewehrungsgrad μ_{zw} auf diese Wirkungszone F_{bw} der Bewehrung beziehen und muß daher Regeln für die in die Berechnungen eingehenden Größen von F_{bw} vereinbaren, damit Rechenergebnisse vergleichbar werden.

Für CEB-FIP (1978) wurden die in Bild 2.13b dargestellten einfachen Regeln gewählt, nach denen die Wirkung eines Stabes sich auf einen Umkreis mit Radius 7 $\emptyset$ erstreckt, einerlei ob dieses Maß sich in die Richtung gleichbleibender, zunehmender oder abnehmender Zugspannungen erstreckt. Sich überschneidende Bereiche dieser Wirkungskreise benachbarter Stäbe zählen natürlich nur einfach, außerhalb des Querschnittes fallende Teile der Kreisfläche zählen nicht. Ist der Stababstand z.B. bei Platten $e > 14\,\emptyset$), dann zählt $(e - 14\,\emptyset)$ bei der wirksamen Breite b_w nicht mit. Man muß allerdings außerhalb F_{bw} dann mit größerer Rißbreite rechnen. Bei Platten soll $d_w \leq 1/2\,(d-x)^I$ angesetzt werden, solange $(d - x^I)$ nicht größer als $2\,d_w$ ist.

Bessere Angaben hierzu können erst nach weiteren Forschungsarbeiten gemacht werden. Jedenfalls ist es falsch, den Bewehrungsgrad μ_z für Rissebeschränkung einfach auf den Gesamtquerschnitt bd oder auf die ganze Biegezugzone zu beziehen, sobald diese Flächen wesentlich größer als die hier definierten F_{bw} sind.

2.3 Ermittlung der Rißabstände für die Praxis

2.3.1 Einführung von k-Faktoren (in Anlehnung an G. Rehm und H. Martin [10])

Die bisherigen Ableitungen zeigen, daß der Rißabstand a sich anschreiben läßt zu

$$a = \frac{1}{2} v_o + \ell_e = \frac{1}{2} v_o + f\left(\frac{\beta_{bZ} \cdot F_{bZ}}{\tau_{1m} \cdot \Sigma u}\right)$$

v_o ist abhängig vom Spannungssprung $\Delta\sigma_{eR}$, der in üblicher Weise aus $(\sigma_{eR} - n\beta_{bZ})$ unter Annahme einer mittleren Zugfestigkeit des Betons berechnet oder aus Bildern 2.8a und b für die dort definierten μ_z oder μ entnommen werden kann, sowie von der Verbundgüte und dem Stabdurchmesser. Als grobe Annahme genüge vorläufig für Betonrippenstahl (aus Versuchen für mittigen Zug geschätzt):

$$v_o = \frac{\Delta\sigma_{eR}}{450} \cdot \emptyset \quad [\text{kp/cm}^2,\ \text{cm}] \tag{2.5}$$

wobei $\Delta\sigma_{eR}$ mit der mittleren Zugfestigkeit eines B 300 zu rund 20 kp/cm^2 und mit n = 7 zu berechnen ist, weil diese Formel aus Versuchen mit B 300 gewonnen wurde. Für andere Betongüten wird v_o wegen $\beta_{bZ}/\beta_{T1} \approx$ konstant nicht viel verschieden sein, was jedoch durch weitere Versuche zu erhärten ist. Für glatte Stäbe oder Spannglieder kann v_o ein Vielfaches werden.

Eine weitere Abhängigkeit von μ_{zw} kann sich noch ergeben.

In der bisherigen Forschung über Rißbreiten wurde die Trennung in die Teillängen v_o und ℓ_e nicht vorgenommen, obwohl sie hilft, die unterschiedlichen Rißbreiten bei Biegung und bei Biegung mit Längsdruck zu erklären.

Das Verhältnis der Mittelwerte von β_{bZ}/τ_{1m} kann für eine bestimmte Stahlart, z.B. für Betonrippenstähle mit bezogener Rippenfläche f_R nach DIN 488 (vgl. [1a], 4.2.1.3) genähert mit einem Faktor k_2 als konstant angesetzt werden, es wird mit den Werten für B 300 im guten Verbundbereich (Lage B)

$$k_2 = \frac{\beta_{bZ}}{\tau_{1m}} \approx \frac{20}{50} = 0{,}40 \tag{2.6}$$

(stimmt nicht mit Martin's Definition für k_2 überein).

2.3 Ermittlung der Rißabstände für die Praxis

Dabei ist für τ_{1m} der zu β_{z1} gehörige Wert (also nicht $\nu \cdot$ zul τ_1 der DIN) gesetzt.

Für den Verbundbereich A (Hohlräume unter den Stäben) wird k_2 größer, wieviel ist noch unbekannt. Man rechnet vorläufig mit k_2 für Bereich B.
<u>Für glatten Stahl</u> (zur Rissebeschränkung ungeeignet) $k_2 = 0,74$.

Bemerkung: Die Verbundgüte von dichten Bewehrungen mit Stababständen $e < 4\ \emptyset$ ist noch nicht untersucht.

Das Verhältnis $\dfrac{F_{bZ}}{\Sigma u}$ läßt sich mit dem Bewehrungsgrad μ_z, dem Stabdurchmesser $\emptyset$ und der Stabzahl n ausdrücken:

<u>Für mittigen Zug</u> ist $\mu_z = \dfrac{F_e}{F_{bZ}} = \dfrac{n\pi\emptyset^2}{4 F_{bZ}}$, also $F_{bZ} = \dfrac{n\pi\emptyset^2}{4\mu_z}$

und $\dfrac{F_{bZ}}{\Sigma u} = \dfrac{n\pi\emptyset^2}{4\mu_z n\pi\emptyset} = \dfrac{\emptyset}{4\mu_z}$ oder $= k_3 \dfrac{\emptyset}{\mu_z}$, damit ist: $\boxed{k_{3Z} = 0,25}$

<u>Für Biegung mit niedriger Biegezugzone</u> $d_z \leq d_w$ (dreieckiges σ_b-Diagramm, Bild 2.14), ist nach Gl. (2.4) der Faktor 0,5 zu beachten.
Damit wird $\boxed{k_{3B} = 0,125.}$

<u>Für hohe Biegezugzonen</u> muß k_3 auf den Spannungsverlauf in der Zugzone über die Höhe d_w der Wirkungszone der Bewehrung bezogen werden (Bild 2.14) und wird damit

$$k_3 = 0,25 \frac{\sigma_o + \sigma_u}{2\sigma_u} \qquad (2.7)$$

Die Zugzone kann unter dem maßgebenden Gebrauchslastgrad mit dem Spannungsdiagramm für Zustand I betrachtet werden (Bild 2.14). Rückt die Nullinie im Zustand II gegenüber Zustand I stark ab, dann kann man vom Dehnungsdiagramm des Zustandes II ausgehen und

$$k_3 = 0,25 \frac{\epsilon_o + \epsilon_u}{2\epsilon_u} \qquad \text{setzen.}$$

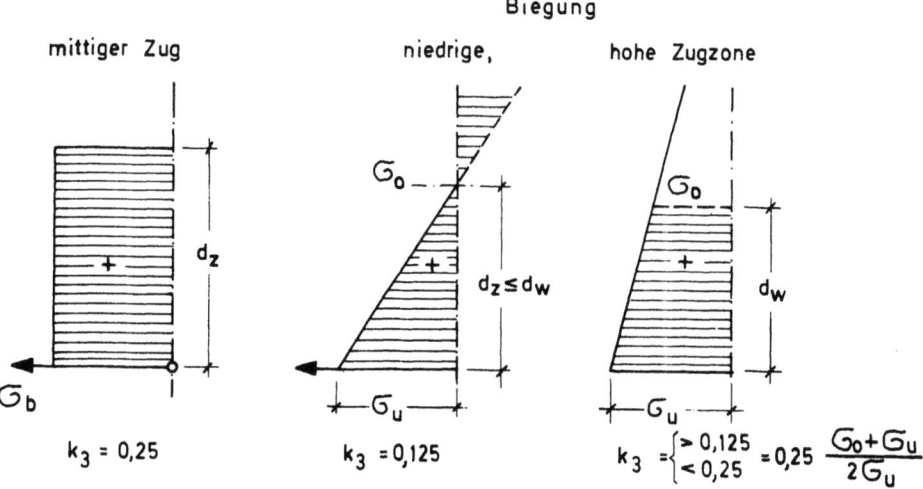

Bild 2.14 Form der Spannungsdiagramme im Zustand I über die Höhe der Wirkungszone bestimmt k_3. Für Zustand II kann von den entsprechenden ϵ-Diagrammen ausgegangen werden.

Würden wir nun $\ell_e = k_2 k_3 \frac{\emptyset}{\mu_z}$ setzen, dann würde der Rißabstand a für $\mu_z \to \infty$ zu Null werden. Tatsächlich werden die Rißabstände sehr klein - bis zu wenigen Millimetern, wenn die Betondeckung ü klein, μ_z groß und die Bewehrung in Form dünner Drähte in kleinsten Abständen auf den Beton verteilt ist (vgl. Ferrozement!).

In der Praxis haben wir jedoch Stababstände von 2 bis 30 cm und auch Betondeckungen ü = 1 bis 4 cm, daher entstehen auch endliche Rißabstände, die sich aus der nötigen Länge zur Ausbreitung der Spannungen vom Riß aus ergeben. In [10] ist ein Korrekturglied k_1 ü eingeführt, das nur von der Betondeckung ü abhängig ist. Zweifellos hat der Stababstand e ebenfalls Einfluß, was E.G. Nawy bei Versuchen an Platten bestätigt fand [11].

Vorläufig setzen wir folgendes Korrekturglied ein:

$$k_1(ü, e) = 1,5 \, (ü + e/8) \tag{2.8}$$

gültig für ü $\leq$ 3 cm und e $\leq$ 14 $\emptyset$; für ü > 3 cm ist $ü_i = 3\sqrt{\frac{ü}{3}} \leq 4,5$ zu setzen.

Damit wird der <u>mittlere Rißabstand</u> für Zug und Biegung

$$a_m = \frac{1}{2} v_o + k_1(ü, e) + k_2 k_3 \frac{\emptyset}{\mu_z} \tag{2.9}$$

mit folgenden Beiwerten für Betonrippenstahl nach DIN 488

$$v_o = \frac{\Delta \sigma_{eR} \cdot \emptyset}{450} \quad [\text{kp/cm}^2; \text{cm}] \quad \text{(siehe Gleichung (2.5))}$$

$k_1(ü, e)$ nach (2.8); wenn v_o vernachlässigt wird, dann ist
k_1 = 2,0 bis 2,5 zu setzen
k_2 = 0,40 im guten Verbundbereich B
k_3 = 0,25 für Zug, 0,125 für Biegezug, wenn $d_z \leq$ Höhe von F_{bw} nach Bild 2.13, für höhere Biegezugzonen siehe (2.7)
$\mu_z = \frac{F_e}{F_{bZ}}$ mit F_{bZ} = Zugzone oder Fläche der Wirkungszone F_{bw} der Bewehrung, wenn $F_{bw} < F_{bZ}$

Für Biegung mit Längsdruck siehe Abschnitt 2.7.4.

Die Streuung der Rißabstände, die groß ist, wird bei dem Ansatz für die kritische Rißbreite in 2.4.2 berücksichtigt.

2.4 Ermittlung der Rißbreiten

2.4.1 Die Entwicklung der Rißbreite bei Erstbelastung

Beim Entstehen des 1. Risses wird <u>die anfängliche Rißbreite</u> (Bild 2.15)

$$w_R = v_o \epsilon_{eR} + 2 \ell_e \epsilon_m \tag{2.10}$$

Beim Entstehen benachbarter Risse kann die Rißbreite auch nur von der Eintragungslänge ℓ_e nach <u>einer</u> Seite herrühren, es wird dann

$$w_R = v_o \epsilon_{eR} + \ell_e \epsilon_m$$

Schon daraus ergibt sich eine große Streubreite der Rißbreiten.

2.4 Ermittlung der Rißbreiten

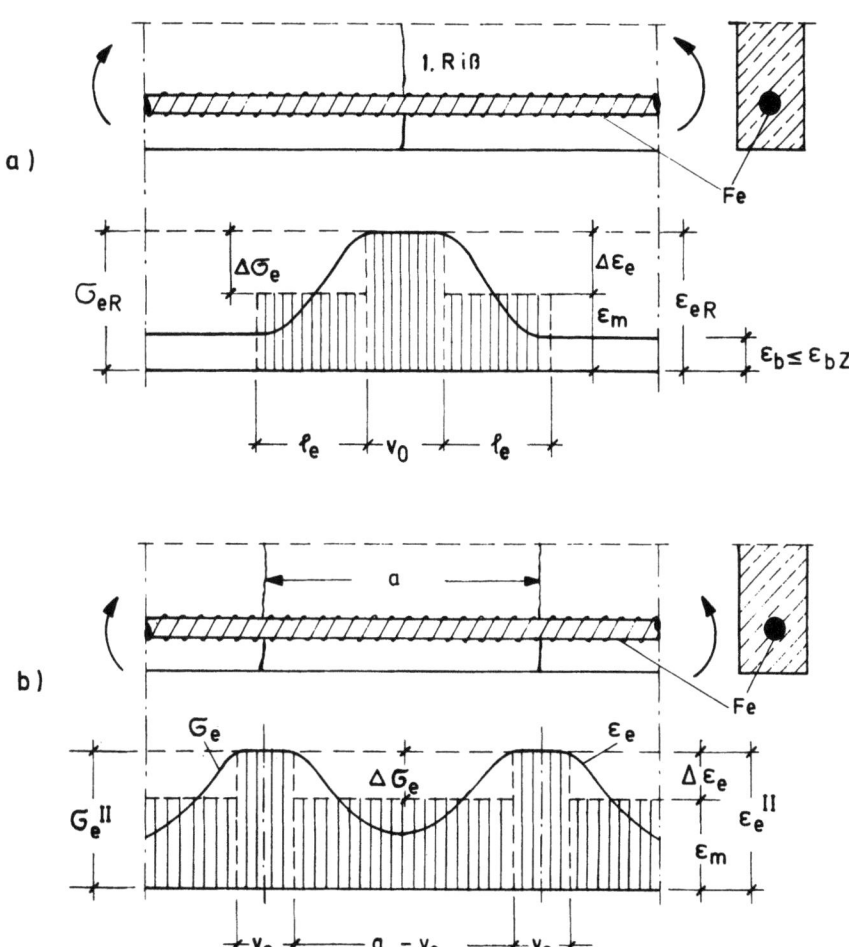

Bild 2.15 Dehnungs- bzw. Spannungsverlauf am Bewehrungsstahl am ersten Riß und zwischen zwei Rissen

Die Rißbreite setzt sich zusammen aus der Stahldehnung ϵ_{eR} des nackten Stahles auf die Länge v_o des gestörten Verbundes und der Verschiebung des Stahlstabes gegenüber dem Beton in den beidseitigen Eintragungslängen ℓ_e, in denen verschieblicher Verbund vorliegt (s. Martin [8]). In diesem Bereich wird die Stahlspannung durch die Mitwirkung des Betons auf Zug im Mittel um $\Delta\sigma_e$, die Stahldehnung im Mittel um $\Delta\epsilon_e$ auf ϵ_m vermindert. Nur ein auf die Länge ℓ_e abnehmender Teil von ϵ_e wirkt sich auf die Rißbreite aus.

Die Mitwirkung des Betons wird durch die schraffierte Fläche des Spannungs-Dehnungsdiagrammes des gezogenen Verbundstabes in Bild 2.16 gekennzeichnet, wobei hier die Dehnung ϵ_m über die Risse hinweg gemessen ist und damit für die Teillängen $\Sigma(a - v_o)$ die Dehnungsminderung $\Delta\epsilon_e$ zu klein wird.

Daß die anfängliche Rißbreite vom Spannungssprung $\Delta\sigma_{eR}$ und damit auch von v_o abhängt, geht aus Bild 2.17 klar hervor, das die Entwicklung der Rißbreiten bei zwei verschiedenen μ_z zeigt. Bei $\mu_z = 0,3\ \%$ ist trotz dünner Stäbe, $\emptyset = 8$ mm, w_R mit 0,1 mm schon beachtlich groß.

Das Schwinden des Betons kann die Rißbreite vergrößern, wenn eine Schwinddifferenz $\Delta\epsilon_s$ zu Nachbarzonen vorliegt, die Wirkungslänge der Schwinddifferenz auf die Rißbreite läßt sich mit $(v_o + 2\ell_e)$ nur abschätzen (siehe Abschnitt 2.7.4). In der Regel wird der Einfluß des Schwindens auf die Rißbreite vernachlässigt.

20   2. Rissebeschränkung, Begrenzung der Rißbreiten

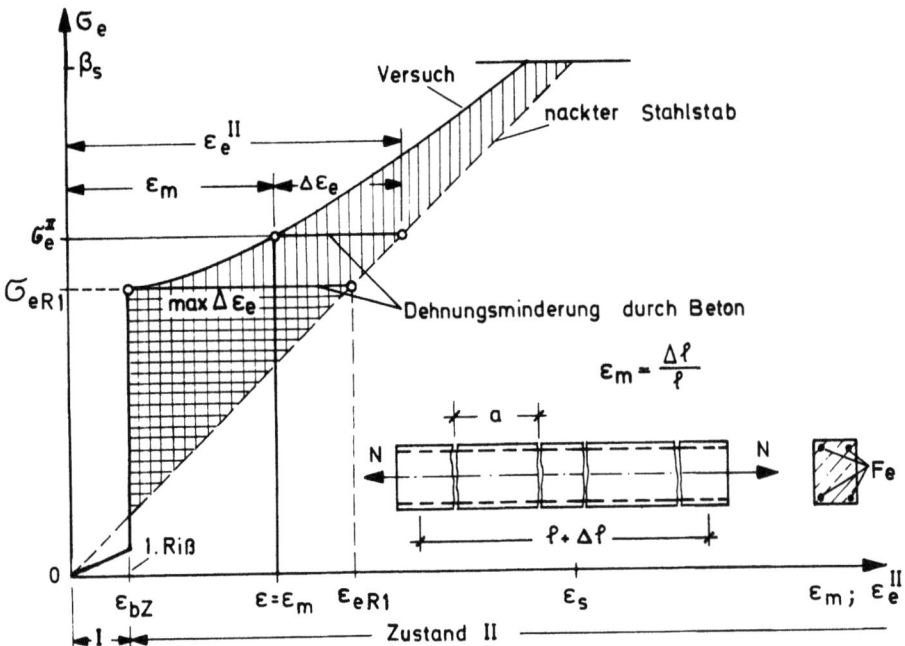

Bild 2.16 Idealisierte σ-ε-Linie des Verbundstabes und σ-ε-Linie des nackten Stahlstabes. Die horizontalen Abstände beider Linien geben $\Delta\varepsilon_e$ und damit $\Delta\sigma_e$ und kennzeichnen die Mitwirkung des Betons zwischen den Rissen (nach Rostásy [13])

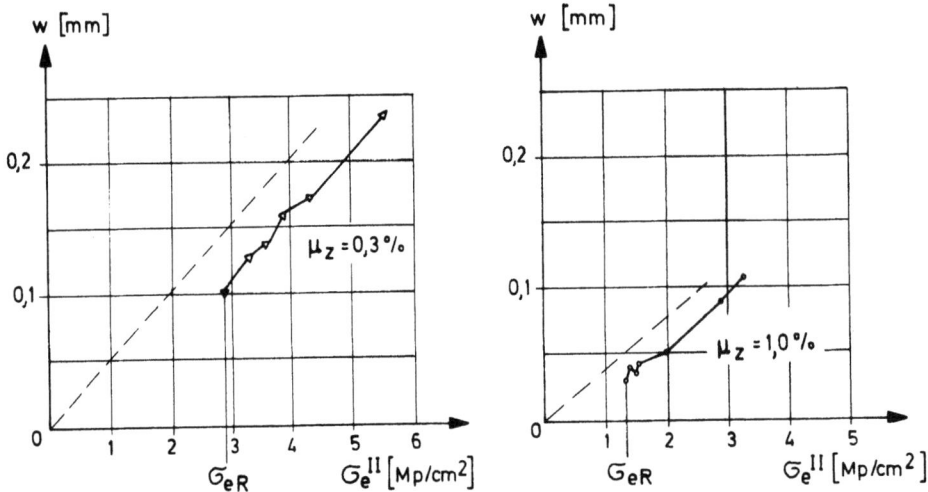

Bild 2.17 Entwicklung der Rißbreite w mit zunehmender Beanspruchung bei zwei verschiedenen μ_z, gemessen an Zugstäben aus Leichtbeton [13]

Sobald das Rißbild abgeschlossen ist, die Risse also ihre kleinsten Abstände erreicht haben, kann man die Rißbreite auch auf den Rißabstand beziehen (Bild 2.15, unten). Es ist üblich, die mittlere Rißbreite w_m für den mittleren Rißabstand a_m zu berechnen, sie wird

$$w_m = v_o \varepsilon_e^{II} + (a_m - v_o)\varepsilon_m \tag{2.11}$$

Bei Biegung mit Längsdruck ist a_m jedoch keine geeignete Bezugsgröße, wenn $k_x > 0,6$ wird.

Bei kleinstem Rißabstand wird $\Delta\sigma_e$ kleiner als bei anfänglichen Rissen, deren Abstände noch wesentlich größer als $v_o + 2\ell_e$ sind. Damit wird ε_m größer, es wird angesetzt zu (vgl. Bild 2.16):

$$\varepsilon_m = \varepsilon_e^{II} - \Delta\varepsilon_e = \frac{\sigma_e^{II} - \Delta\sigma_e}{E_e} \tag{2.12}$$

2.4 Ermittlung der Rißbreiten

Der Abzugswert $\Delta \epsilon_e$ bzw. $\Delta \sigma_e$ ist stark abhängig vom Bewehrungsgrad, der Aufteilung der Bewehrung und von Beanspruchungsart und -grad, wie aus Bild 2.18 hervorgeht. Er wurde von S. Rao [12] für Biegung untersucht. Wir benützen hier die neuere Arbeit von F.S. Rostásy [13], der folgenden Verlauf der σ-ϵ_m-Linie oberhalb σ_{eR} annimmt:

$$\Delta \sigma_e = k_6 \frac{\sigma_{eR}}{\sigma_e^{II}} \cdot \frac{\beta_{bZ}}{\mu_z} . \qquad (2.12\,a)$$

σ_{eR} ist die beim Entstehen des Risses im Riß auftretende Stahlspannung und σ_e^{II} die für den nackten Zustand II gerechnete Stahlspannung unter dem zur Rißbeschränkung maßgebenden Lastgrad $g + \psi p$.

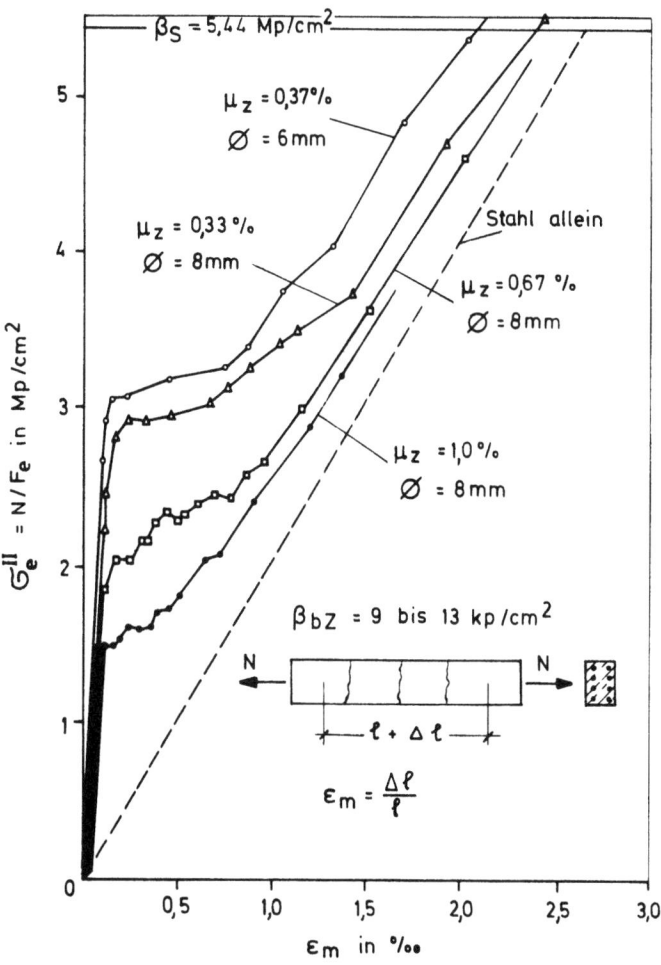

Bild 2.18 Versuchswerte der σ-ϵ-Linien mittig gezogener Verbundstäbe aus Leichtbeton LB 100 bis 150 bei verschiedenen μ_z und verschiedener Aufteilung der Bewehrung, ausgedrückt durch $\emptyset$ und μ_z nach Rostásy [13]

k_6 ist das Verhältnis der Stahlzugkraft beim Entstehen des Risses zur Betonzugkraft, also $F_e \cdot \sigma_{eR} / F_{bZ} \cdot \beta_{bZ}$ und wird

für mittigen Zug $\quad k_6 = \frac{1}{2}$

für reine Biegung $\quad k_6 \approx 0{,}36$

Setzt man an Stelle von μ_z das bei Biegebemessung übliche $\mu = F_e/bd$, dann wird $k_6 = 0{,}18$, was dem Faktor von Rao in [12] entspricht.

Der Faktor k_6 ist mit μ bzw. μ_z gekoppelt. Zweifellos ist aber die Mitwirkung des Betons zwischen den Rissen von μ_{zw} abhängig. H. Falkner hat 1976 gezeigt, daß sich k_6 eleminieren läßt, wenn man den kleinen Anteil ϵ_{bZ} vernachlässigt:

Für die Erst-Rißspannung σ_{eR1} ist

$$\max \Delta\epsilon_e = k_6 \frac{\beta_{bZ}}{E_e \mu_z} = \epsilon_{eR1} - \epsilon_{bZ} \approx \epsilon_{eR1} = \frac{\sigma_{eR1}}{E_e}$$

Oberhalb σ_{eR1} bleibt $\Delta\epsilon_e = \max \Delta\epsilon_e \dfrac{\sigma_{eR1}}{\sigma_e^{II}}$

Setzt man den Näherungswert von $\max \Delta\epsilon_e$ ein und multipliziert die Gleichung mit $\dfrac{\sigma_e^{II}}{\sigma_e^{II}}$, dann erhält man

$$\epsilon_m = \epsilon_e^{II} - \Delta\epsilon_e = \epsilon_e^{II} - \frac{\sigma_{eR1}^2}{\sigma_e^{II} E_e} \cdot \frac{\sigma_e^{II}}{\sigma_e^{II}} \quad \text{und mit} \quad \frac{\sigma_e^{II}}{E_e} = \epsilon_e^{II}$$

$$\boxed{\epsilon_m = \epsilon_e^{II}\left[1 - \left(\frac{\sigma_{eR1}}{\sigma_e^{II}}\right)^2\right]} \tag{2.13}$$

Der Abzugswert $\Delta\sigma_e$ wird damit

$$\boxed{\Delta\sigma_e = \frac{\sigma_{eR1}^2}{\sigma_e^{II}}} \quad \begin{array}{l} \text{für gerippte Stäbe,} \\ \text{für glatte Stäbe ist} \\ \Delta\sigma_e \text{ etwa nur halb so groß} \end{array} \tag{2.13a}$$

Das vernachlässigte ϵ_{bZ} ist nur bei hohen μ_z groß gegenüber ϵ_{eR}, dort ist jedoch $\Delta\epsilon_e$ ohnehin klein und hat wenig Bedeutung. Bei den mittleren und kleinen μ_z ist die Vernachlässigung ohne großen Einfluß.

2.4.2 Einfluß von Lastwiederholungen und Lastdauer

Wiederholte oder über lange Zeit dauernde Lasten vermindern die Mitwirkung des Betons zwischen den Rissen, weil der verschiebliche Verbund nachläßt, die inneren Verbundrisse (Bild 2.4) nehmen zu und die Betonzähne zwischen diesen inneren Rissen erleiden Kriechverformungen. Die Rißbreiten werden dadurch vergrößert. Dies wird durch den Faktor k_5 im Ansatz von $\Delta\sigma_e$ der Gl. (2.13a) berücksichtigt:

$$\boxed{\Delta\sigma_e = k_5 \frac{\sigma_{eR}^2}{\sigma_e^{II}}} \tag{2.13b}$$

Nach bisherigen Versuchsergebnissen kann für Betonrippenstahl je nach Bewehrungsgrad μ_{zw} und je nach Intensität der Lastwechsel oder Lastdauer

$$k_5 = 0,8 \text{ bis } 0,4$$

gesetzt werden. Bei hohen Bewehrungsgraden ist die Mitwirkung des Betons ohnehin gering, so daß unabhängig von der Größe des k_5 nur wenig verlorengehen kann, während bei niedrigen μ_{zw} die kleineren k_5 erreicht werden. Bei glattem Rundstahl kann $k_5 \to$ Null gehen d.h. der Verbund zwischen den Rissen kann fast ganz verloren gehen, was schon O. Graf bei

2.4 Ermittlung der Rißbreiten

Versuchen mit stark schwingender Last etwa 1934 festgestellt hat. Deshalb ist glatter Rundstahl für die Aufnahme häufiger und starker Lastwechsel nicht brauchbar.

Auch das <u>Kriechen</u> der Biegedruckzone, durch das die Stahlspannungen der Gurtbewehrung leicht ansteigen, ergibt eine Vergrößerung der Biegerißbreiten. P.W. Abeles [14] hat beachtliche Zunahmen der sehr kleinen Rißbreiten von Spannbetonbalken durch Kriechen festgestellt, siehe Bild 5.19, was vermutlich auf schlechten Verbund der Drähte zurückzuführen ist.

Bei voller Gebrauchslast kann die Zunahme von Rißbreiten durch Kriechen bei niedrigem μ und bei Biegung bis zu $\approx 30\,\%$, bei mittigem Zug bis zu $\approx 20\,\%$ betragen.

2.4.3 Die kritische Rißbreite $w_k = k_4 w_m$

Nun kommt es bei der Beschränkung der Rißbreiten in der Regel nicht auf Mittelwerte an, sondern auf Größtwerte, die mit einer gewissen Wahrscheinlichkeit nicht überschritten werden. Bei der großen Streuung der Rißabstände und Rißbreiten mußte hierzu eine Vielzahl von Messungen statistisch ausgewertet werden. Das Ergebnis war erschreckend. Für die 95 % Fraktile maximaler Rißbreiten wurden Streufaktoren $k_4 = w_{95}/w_m$ zwischen 1,6 und 2,1 angegeben [10, 22]. Dies rührt z.T. daher, daß die Bewehrungen der Versuchskörper nicht heutigen Regeln entsprachen oder daß die Rißbreiten-Messung zu ungenau war. Teilweise wurden die Rißbreiten auch bei viel zu hohen Laststufen (z.B. 1,3 (g+p)) gemessen.

Neuere Auswertungen geeigneter Versuchskörper bei Belastungsgraden bis oder unterhalb (g+p) ergaben für die 90 % Fraktile bei Zugstäben $k_4 = 1,3$, bei Biegung $k_4 = 1,6$. Für die CEB-FIP-Richtlinien einigte man sich bei Lastbeanspruchungen auf $k_4 = 1,7$, bei Zwangsbeanspruchungen auf $k_4 = 1,3$, weil die Zwangskraft durch die Rißbildung abnimmt (s. Bild 3.4). Wir halten es für richtiger, mit einem einheitlichen $k_4 = 1,5$ zu rechnen.

Die statistische Auswertung der Messungen ergab eine Normalverteilung mit Variationskoeffizienten v zwischen 0,3 und 0,5, im Mittel 0,4. Mit $\lambda = 1,282$ für die 90 %-Fraktile wird

$$w_{90} = w_m (1 + \lambda \cdot v) = w_m (1 + 1,282 \cdot 0,4) \approx 1,5\, w_m = k_4 \cdot w_m \qquad (2.14)$$

Die Größe des Faktors k_4 hat auch beachtliche wirtschaftliche Bedeutung, weil die zur Rißbreitenbeschränkung erforderliche Mindestbewehrung fast proportional von k_4 abhängt. Die 90 % Fraktile wird für ausreichend gehalten, weil seltene Überschreitungen der als zulässig erachteten Rißbreiten in der Regel ohne Nachteil für das Bauwerk hingenommen werden können, und weil es letzten Endes billiger ist, einen ungewöhnlich breiten Riß zu injizieren, als für alle Normalfälle Mehraufwendungen zu verlangen.

Demnach setzen wir hier $w_k = w_{90} = 1,5\, w_m = k_4 \cdot w_m$ \qquad (2.14 a)

2.4.4 Formeln für die kritische Rißbreite

Mit den vorstehend entwickelten k-Faktoren ergibt sich nun folgende vollständige Formel für die kritische Rißbreite:

$$w_{90} = k_4\, v_o\, \frac{\sigma_e^{II}}{E_e} + k_4\, (a_m - v_o)\, \frac{1}{E_e} \left(\sigma_e^{II} - k_5\, \frac{\sigma_{eR}^2}{\sigma_e^{II}} \right) \qquad (2.15)$$

mit a_m und v_o nach Gl. (2.9)

$k_4 = 1,5$, \qquad\qquad $k_5 =$ s. Erläuterungen zu Gl. (2.13b)

σ_e^{II} = Stahlspannung am Riß \qquad σ_{eR} = Stahlspannung am Riß bei
bei maßgebendem Lastgrad \qquad\qquad\quad 1. Rißlast.

Eine Vereinfachung kann dadurch erzielt werden, daß nach H. Falkner [15] eine fiktive Länge ℓ_o so definiert wird, daß $w_m = \ell_o \epsilon_e^{II}$ die Rißbreite ergibt, d.h. auf der Restlänge zwischen 2 Rissen $(a_m - \ell_o)$ wird starrer Verbund und damit kein Beitrag zur Rißbreite angenommen (Bild 2.19). Man kann dann auch schreiben

$$\ell_o = a_m \frac{\epsilon_{em}}{\epsilon_e^{II}}$$

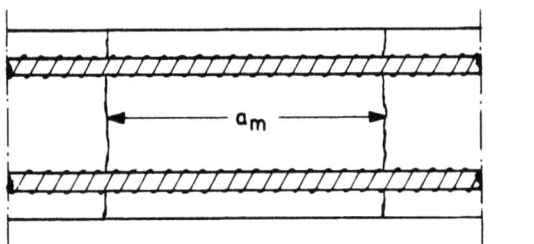
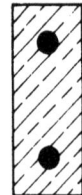
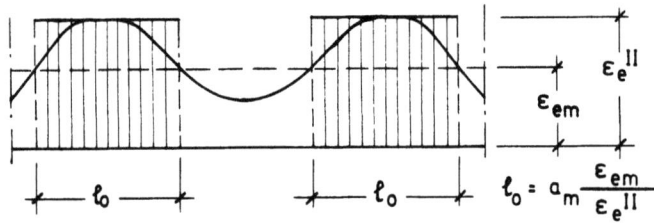

Bild 2.19 Definition der fiktiven Länge ℓ_o nach Falkner [15]

Falkner fand für reinen Zug (Zwang) bei geripptem Betonstahl als Grenzwerte

$\ell_o = 0,4 \; a_m$ für $\mu_z \approx 0,5\,\%$ und mittlere $\emptyset$ bis 14 mm

$\ell_o = 0,6 \; a_m$ für $\mu_z \approx 1,5\,\%$ und kleine $\emptyset$ bis 10 mm

für höhere μ_z ist eine weitere Zunahme von ℓ_o zu erwarten. Wir schreiben daher $\ell_o = \psi_F a_m$ mit

$$\boxed{\psi_F = 0,3 + 0,2 \; \mu_z [\%] \leq 0,8} \qquad (2.16)$$

Damit wird für Zug

$$w_m = \ell_o \epsilon_e^{II} = \psi_F a_m \epsilon_e^{II} = \psi_F a_m \frac{\sigma_e^{II}}{E_e}$$

$$\boxed{w_{90} = k_4 \cdot \psi_F a_m \frac{\sigma_e^{II}}{E_e}} \qquad (2.17)$$

Für Biegung und Biegung mit Längsdruck kann man mindestens vorläufig die gleiche Vereinfachung anwenden, wobei a_m nach (2.9) mit μ_z bezogen auf F_{bw} und mit k_3 für Biegung zu rechnen ist. Bei ψ_F mag das auf F_{bZ} bezogene μ_z passender sein.

2.5 Einfluß der Abweichung der Bewehrungsrichtung von der Spannungsrichtung auf die Rißbreite

Die Wirkung von Lastwiederholungen (vgl. k_5 in (2.13b)) kann bei diesen vereinfachten Ansätzen durch einen Zuschlag von 10 % bis 30 % abhängig von μ_z abgedeckt werden.

Für die Praxis wird die Auswertung mit Kurventafeln empfohlen - siehe Abschnitt 2.7.

2.5 Einfluß der Abweichung der Bewehrungsrichtung von der Spannungsrichtung auf die Rißbreite

Nur wenige Arbeiten (Peter [16], Ebner [17]) enthalten brauchbare Meßergebnisse über Rißbreiten, wenn die Richtung der Bewehrung von der Richtung der Hauptzugspannung wesentlich abweicht und damit die Risse nicht rechtwinklig, sondern schiefwinklig kreuzt. Die Rißbreite wird dadurch in der Regel vergrößert.

Vorläufig kann diese Vergrößerung mit folgenden Faktoren berücksichtigt werden:

für $\alpha = 15°$ $k_\alpha = 1,0$
für $\alpha = 45°$ $k_\alpha = 2,0$
} Zwischenwerte geradlinig interpolieren

Diese Faktoren kommen besonders bei Schubrissen zur Geltung (siehe 2.8).

Bei rechtwinkligen Bewehrungsnetzen mit 45° Abweichung für $\sigma_1 \approx \sigma_2 =$ Zug (beide Hauptspannungen Zug, isostatischer Spannungszustand) hebt sich die rißvergrößernde Wirkung gegenseitig etwa auf, was bei Platten eine Rolle spielen kann.
Der Winkel α hat für $\alpha > 15°$ zweifellos auch Einfluß auf den Rißabstand und auf die kleinen Verbundrisse, was jedoch noch nicht erforscht ist.

2.6 Rißbreitenbeschränkung nach DIN 1045, Fassung 1972

(nur gültig für Zug und Biegung aus Lasten, nicht für Biegung mit Längsdruck (Vorspannung), Schub oder Torsion oder bei Zwang)

2.6.1 Herleitung der Formel

Die vereinfachte Gleichung (2.15) ohne die Glieder mit v_0
$w_{95} = k_4 a_m \frac{1}{E_e} (\sigma_e^{II} - \Delta\sigma_e)$ wurde nach σ_e^{II} aufgelöst:

$$\sigma_e^{II} = \frac{w_{95} E_e}{k_4 a_m} + \Delta\sigma_e = \frac{w_{95} E_e}{k_4 \left(k_1 ü + k_2 k_3 \frac{\emptyset}{\mu_z}\right)} + \Delta\sigma_e$$

Vernachlässigt man $\Delta\sigma_e$, also die Mitwirkung des Betons zwischen den Rissen ganz, was den Einfluß von k_5 für Lastwiederholungen einschließt, so kann man den Zähler $w_{95} E_e$ zu einer Konstanten C_1 und bei üblichen Maßen der Betondeckung den Nenner zur Summe $C_2 + \frac{\emptyset}{\mu_z}$ zusammenfassen und erhält:

$$\sigma_e^{II} \approx \frac{C_1}{C_2 + \frac{\emptyset}{\mu_z}}$$

oder nach dem zu der jeweiligen Rißbreite gehörigen Stabdurchmesser aufgelöst:

$$\emptyset = \left(\frac{C_1}{\sigma_e^{II}} - C_2 \right) \mu_z$$

Um mit **einem** Beiwert auszukommen, wurde folgende graphisch ermittelte Näherung gewählt, wobei σ_e für Zustand II gilt (vgl. DIN 1045; Abschnitt 17.6.2)

$$\emptyset \leq r \frac{\mu_z}{\sigma_e^2} \quad \left[mm, \frac{Mp}{cm^2}, \% \right] \qquad (2.18)$$

Diese Formel enthält σ_e^2, während die Rißbreite eindeutig von σ_e abhängig ist, sie ist damit nicht "sauber" und auch nicht dimensionsrein, so daß die angegebenen Dimensionen eingehalten werden müssen.

Die r-Werte sollen die ursprünglichen Beiwerte k_1 bis k_4 ersetzen. k_4 wurde mit 2,1 eingesetzt, k_3 ist von der Beanspruchungsart abhängig. Die r-Werte wurden so bestimmt, daß bei Biegung für σ_e zwischen 1600 und 2000 kp/cm² eine ausreichende Übereinstimmung mit den Werten nach den entwickelten Ansätzen entsteht. Bei Zug und Zug mit Biegung war früher ein Faktor $\alpha < 1,0$, z.B. für Zug $\alpha = 0,5$, eingeführt worden, der in der DIN 1045 durch eine Manipulation des μ_z ersetzt wurde.

Die r-Werte sind in DIN 1045, Tabelle 16, für normale (0,3 mm), geringe (0,25 mm) und sehr geringe (0,2 mm) Rißbreite, jeweils für den günstigen Verbundbereich (Lage B nach 18.3.2) angegeben; hier werden für Lage A geschätzte Werte zugefügt. Sie gelten für übliche Betondeckungen von ü = 1,0 bis 3,0 cm.

Beiwerte r zur Rißbreitenbeschränkung nach DIN 1045

Stahlart	Lage der Stäbe		Rißbreite w_{95} in mm		
			0,3	0,25	0,20
Rundstahl glatt	B	günstiger Verbundbereich	60	40	25
	A	ungünstiger Verbundbereich	40	27	18
Rippenstahl	B	günstiger Verbundbereich	120	80	50
	A	ungünstiger Verbundbereich	80	53	33

In DIN 1045 sind zusätzliche Werte für "profilierte" Drähte (gedellte Drähte) angegeben.

2.6.2 Kein Rißnachweis für $\mu_z \leq 0,3\%$ - ein Irrtum

Nach DIN 1045, 17.6.2, ist kein Nachweis der Begrenzung der Rißbreite nötig, wenn $\mu_z \leq 0,3\%$ ist. Das zugehörige zul M ergibt Zugdehnungen des Betons im Zustand I

für Bn 150 $\quad \epsilon_{bZ} = 0,07\,\text{‰}$

für Bn 450 $\quad \epsilon_{bZ} = 0,05\,\text{‰}$

Unter Lasten würde also der Beton bei einer 5%-Fraktile der Zugbruchdehnung des Betons von rd. 0,07‰ gerade noch nicht reissen. Daher glaubt man, daß z.B. Platten mit so niedrigen Bewehrungsgraden rissefrei bleiben.

Es ist aber ein Irrtum für $\mu_z \leqq 0,30\%$ auf den Nachweis zu verzichten, weil in Bauwerken leicht hohe Eigen- und Zwangspannungen auftreten können, die auch bei niedrigen Lastspannungen Risse auslösen, die dann weit aufklaffen, wenn die Bewehrung nicht auf Rissebeschränkung bemessen war, was in der Praxis wiederholt zu Beanstandungen führte.

2.7 Praktische Anwendung der Erkenntnisse zur Rissebeschränkung bei Zug und Biegung

Die Formel für die kritische Rißbreite nach Gl. (2.15) ist für die praktische Anwendung zu kompliziert. Die stark vereinfachte Formel der DIN 1045 trifft nur für einen sehr beschränkten Bereich einfacher Biegung zu. Hier wird deshalb versucht, die gewonnenen Erkenntnisse über Rißbreiten und Wahl der Bewehrung zur Rissebeschränkung in Diagrammen darzustellen, aus denen erf μ_z und zugehöriger $\emptyset$ oder Stababstand für angestrebte Grenzen der Rißbreiten w_m oder w_{90} einfach abzulesen sind.

2.7.1 Diagramme für Rissebeschränkung bei Zug durch Zwangspannungen oder Lastspannungen

Das Diagramm, Bild 2.20, wurde erstmalig von H. Falkner [15] in seiner Stuttgarter Dissertation für Risse, die durch Eigen- und Zwangspannungen entstehen, aufgestellt und durch Versuche bestätigt. Bei Zwang wird in der Regel die Stahlspannung $\sigma_{eR} = \dfrac{\beta_{bZ}}{\mu_z}$ nicht überschritten, weil die Zwangskraft mit jedem Riß zunächst abnimmt (vgl. Bild 3.4).

Die Kurven sind für <u>Bn 250</u> und gerippte Bewehrungsstäbe in guter Verbundlage B aufgestellt, die eingetragene Stahlspannung σ_{eR} ist entsprechend Gl. (2.1) und mit $\beta_{bZ} = 20$ kp/cm² (Mittelwert) gerechnet. Die min μ_z-Grenzen gelten nur bei Zwang und zur Rissebeschränkung, wobei ausgehend vom Mittelwert der Betonzugfestigkeit ein niedriger Sicherheitsfaktor $\nu = 1,2$ gegen Erreichen der Streckgrenze für ausreichend gehalten wird, so daß

$$\min \mu_{zw} = 1,2 \frac{\beta_{bZ}}{\beta_{0,2}} \quad \text{wird.}$$

Bei höheren Betongüten erreichen die min μ_z-Werte Größenordnungen von $\sim 1,0\%$ bei Bn 550, die weit über üblichen Rißbeschränkungsbewehrungen liegen, die aber beachtet werden müssen (siehe 2.14), wenn grobe Risse gerade bei hochwertigem Beton verhütet werden sollen.

Auch bei Zug aus Lasten kann das Diagramm benützt werden, doch ist dabei zunächst das sich mit dem Sicherheitsfaktor $\nu = 1,75$ für die Tragfähigkeit ergebende μ_z maßgebend. Das hieraus sich ergebende μ_{zw} ist meist größer als das min μ_{zw} für Rissebeschränkung.

Steigt die Spannung σ_e^{II} wesentlich über σ_{eR} an, so kann die daraus entstehende Zunahme der Rißbreite genähert mit

$$\Delta w_m = a_m \psi_F \frac{1}{E_e} \left(\sigma_e^{II} - \sigma_{eR}\right) \qquad \Delta w_k = k_4 \Delta w_m$$

mit a_m nach Gl. (2.9) ohne ν_o und mit ψ_F nach Gl. (2.16) berücksichtigt werden, indem im Diagramm für die Rißbreite bei $w = $ zul $w - \Delta w$ abgelesen wird (für w_k mit k_4 multiplizierte Werte).

Aus dem Diagramm kann bei bekanntem μ_z der passende Stabdurchmesser $\emptyset$ oder bei gewähltem Stabdurchmesser $\emptyset$ der erforderliche Bewehrungsprozentsatz μ_z auf den Linien der verlangten Grenzen für w_m bzw. w_{90} abgelesen werden.

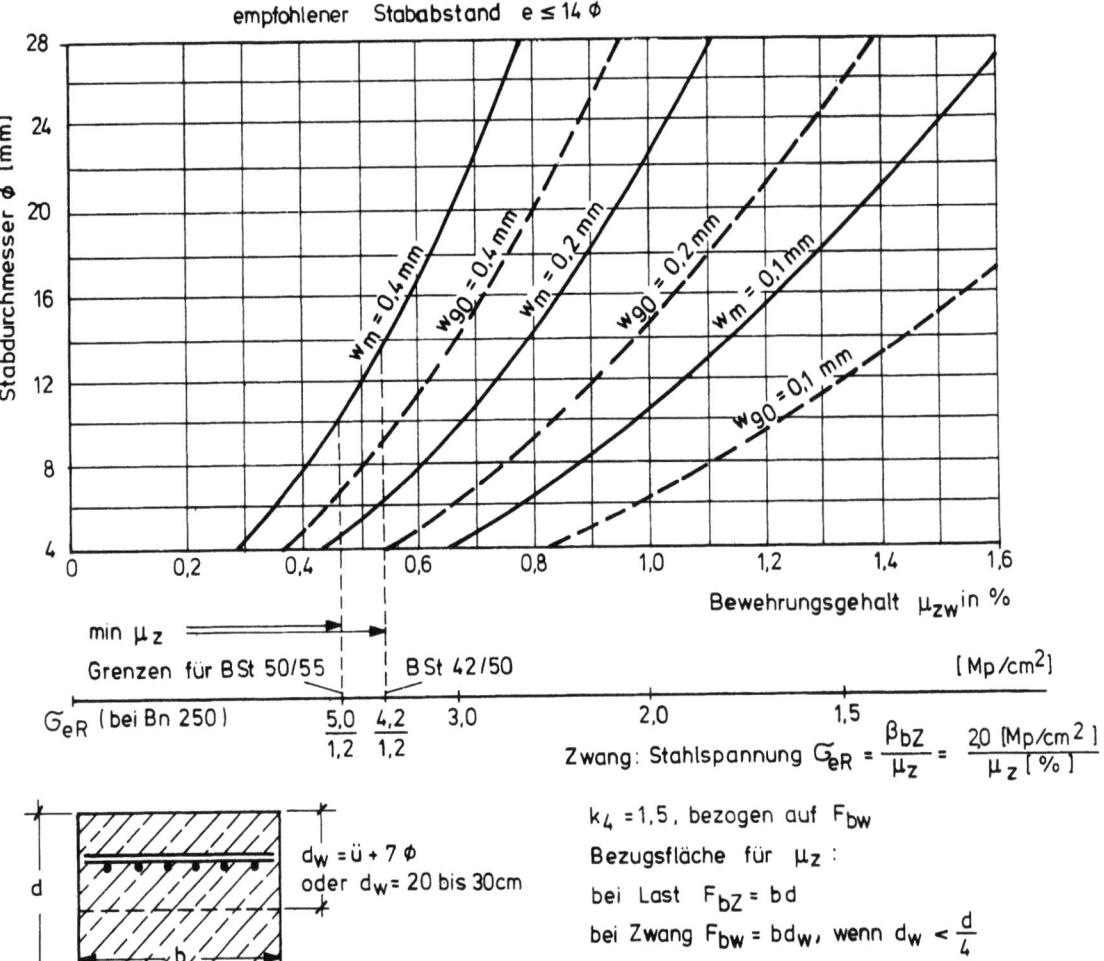

Bild 2.20 Erforderlicher Bewehrungsgehalt zur Beschränkung der Rißbreiten auf w_m und w_{90} und zugehöriger Stabdurchmesser für mittige Zugbeanspruchung aus Zwang oder Last bei Bn 250 bis etwa 1,2 σ_{eR}, Betondeckung 1,5 bis 3 cm, gerippter Betonstahl BSt 42/50 oder 50/55, Grenzen der μ_z für Zwang. Günstige Verbundlage B - bei Lage A wird ein Zuschlag zu μ_z von rd. 30 % empfohlen.

Die richtige Wahl von F_{bZ} = Beton-Zugfläche ist natürlich für die Bemessung von $F_e = \mu_z F_{bZ}$ wesentlich.

Bei Zwang genügt es in der Regel, wenn F_{bZ} auf die Wirkungszone F_{bw} der Bewehrung bezogen wird. Dies ist bei einlagiger Bewehrung in der Regel eine Randzone mit $d_w \geq$ 10 cm bis 30 cm Dicke, wenn das Bauteil dicker als 4 d_w ist. Bei Zwang, z.B. durch Temperatur in dicken Bauteilen, ist ein kleines d_w ausreichend, weil in der Regel die Zugspannung am Rand am größten ist und nach innen schnell abnimmt, der Riß also in der Randzone beginnt und nicht gleich ein Trennriß ist.

Bei Last wird man den ganzen Betonquerschnitt für F_{bZ} ansetzen müssen, falls beim Reißen des Betons (evtl. Last + Zwang) die vom Stahl aufzunehmende Zugkraft des Betons zum Bruch des Stahles führen und so der Zugstab versagen würde. Für Zugstäbe aus Stahlbeton sollte man daher unnötig dicke Betonquerschnitte vermeiden.

Da der Stababstand wesentlichen Einfluß auf die Rißbreite hat, sollten die bei w_m angeschriebenen Stababstände jeweils nicht überschritten werden.

2.7 Praktische Anwendung der Erkenntnisse zur Rissebeschränkung bei Zug und Biegung

Die folgenden Diagramme 2.21 u. 2.22 geben die entsprechenden Daten für Leichtbeton (nach Rostásy [13]). Dabei zeigt sich, daß für LBn 100 und LBn 250 erheblich weniger Stahl genügt als für Bn 250, um die Rißbreiten zu beschränken, weil Leichtbeton einen besseren Verbund ergibt als Normalbeton und das Verhältnis β_{bZ}/τ_{1m} nicht ~ konstant bleibt.

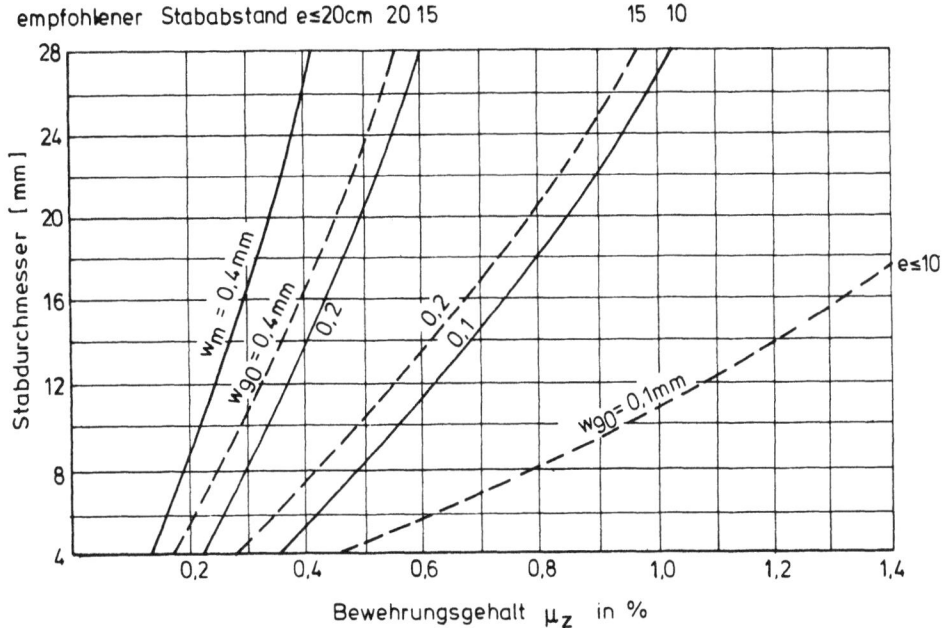

Bild 2.21 Wie Bild 2.20, jedoch für Leichtbeton LBn 100, $\beta_{bZ} \approx 9 \text{ kp/cm}^2$

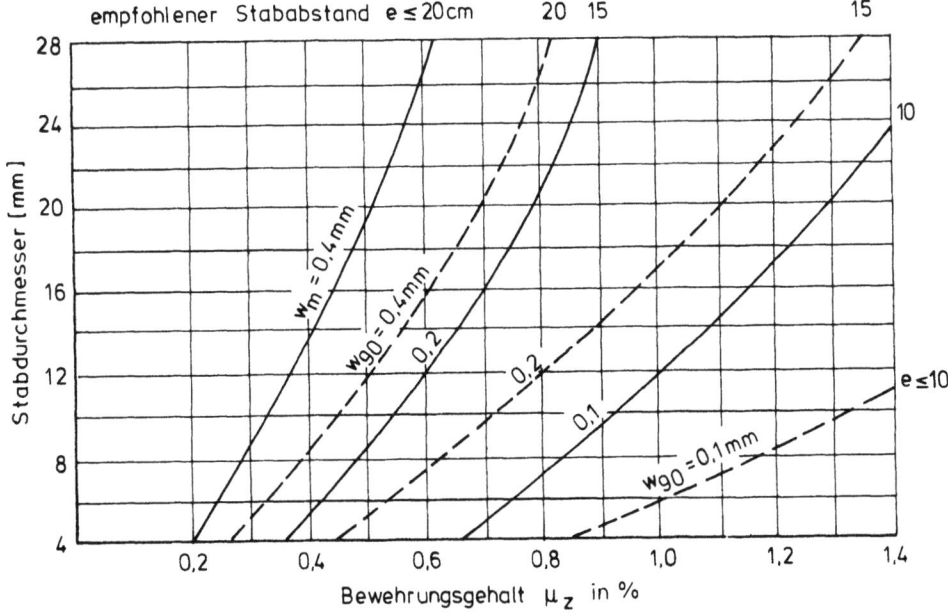

Bild 2.22 Wie Bild 2.20, jedoch für Leichtbeton LBn 250, $\beta_{bZ} \approx 13 \text{ kp/cm}^2$

2.7.2 Diagramme für Biegung und Biegung mit Längskraft (Zug oder Druck)

Vorbemerkung: Diese von W. Dietrich ausgearbeiteten Diagramme sind in der Auswirkung der Vereinfachungen noch nicht gründlich geprüft, sie sollen in erster Linie einen Weg zu einfachen Praxis-Lösungen aufzeigen. Sie gelten für B St 42/50 und 50/55 und sind aus den Grund-Gleichungen abgeleitet.

Bei Biegung und Biegung mit Längskraft können wir ähnlich einfache Diagramme benützen wie bei Zug (Bild 2.20), wobei wir den Einfluß der Größe von σ_{eR} und v_o mit mittleren Werten durch die Lage der w-Linien genähert berücksichtigen und die Linien abhängig von einer "wirksamen Stahlspannung σ_{ew}" auftragen, die wir aus Gl. (2.15) und dem Faktor k_6 nach (2.12a) entwickeln:

$$\sigma_{ew} = \sigma_e^{II} - k_5 \cdot k_6 \cdot \frac{\sigma_{eR}}{\sigma_e^{II}} \cdot \frac{\beta_{bZ}}{\mu_{zw}} \qquad (2.19)$$

σ_{ew} wird für die praktische Anwendung weiter vereinfacht durch die Annahme von $k_5 = 0,6$, einem niedrigen $k_6 = 0,36$ und $\beta_{bZ} = 20$ kp/cm² zu

$$\sigma_{ew} = \sigma_e^{II} - \frac{432\,\sigma_{eR}}{\sigma_e^{II} \cdot \mu_{zw}\,[\%]} \quad [\text{kp/cm}^2] \qquad (2.20)$$

Die kritische Rißbreite wird:

$$w_{90} = \frac{k_4}{E_e}\,[v_o \cdot \sigma_e^{II} + (a_m - v_o) \cdot \sigma_{ew}].$$

σ_e^{II} ist für den maßgebenden Lastgrad $(g + \psi p)$ zu rechnen; also in der Regel nicht für volle Gebrauchslast.

Die Diagramme wurden für Stäbe im günstigen Verbundbereich B entwickelt, liegen die Stäbe im Verbundbereich A, so ist bei μ_{zw} ein Zuschlag von rd. 30 % oder bei $\emptyset$ und e eine Verkleinerung um rd. 20 % angezeigt.

Ermittlung des erf μ_z für gegebenes σ_e^{II}

In den Diagrammen 2.23 wurden die kritischen Rißbreiten w_{90} für die Durchmesser 5, 10, 20 und 28 mm über σ_{ew} aufgetragen. Für dazwischen liegende $\emptyset$ muß interpoliert werden.

Ermittlung des erf μ_z bei gegebenen Stababständen (Matten)

Für Mattenbewehrungen, die zur Rissebeschränkung günstig sind, kann man die Diagramme 2.24 benützen, die für einen Stababstand und $\emptyset$ das für reinen Zug erforderliche μ_{zz} angeben, das für das maßgebende σ_{ew} auf $\mu_{zw} = (\sigma_{ew}\mu_{zz}/2600)^2$ abzumindern ist. Der Spannungswert 2600 kp/cm² entspricht dem Mittelwert voll ausgenützter Bewehrung der üblichen Betonstähle. Der Bezug auf $\sqrt{\mu_{zw}}$ erlaubt eine bessere Ablesegenauigkeit.

Ermittlung der zul Stabdurchmesser bei gegebenem μ_{zw} und σ_{ew}

Ist aus der Bemessung μ_{zw} für den gewünschten Wirkungsbereich der Rissebeschränkung bekannt, so kann der zul Stabdurchmesser $\emptyset$ aus dem Diagramm 2.25 abgelesen werden, wobei das zu σ_{ew} bei Biegung gehörige μ_{zw}

2.7 Praktische Anwendung der Erkenntnisse zur Rissebeschränkung bei Zug und Biegung

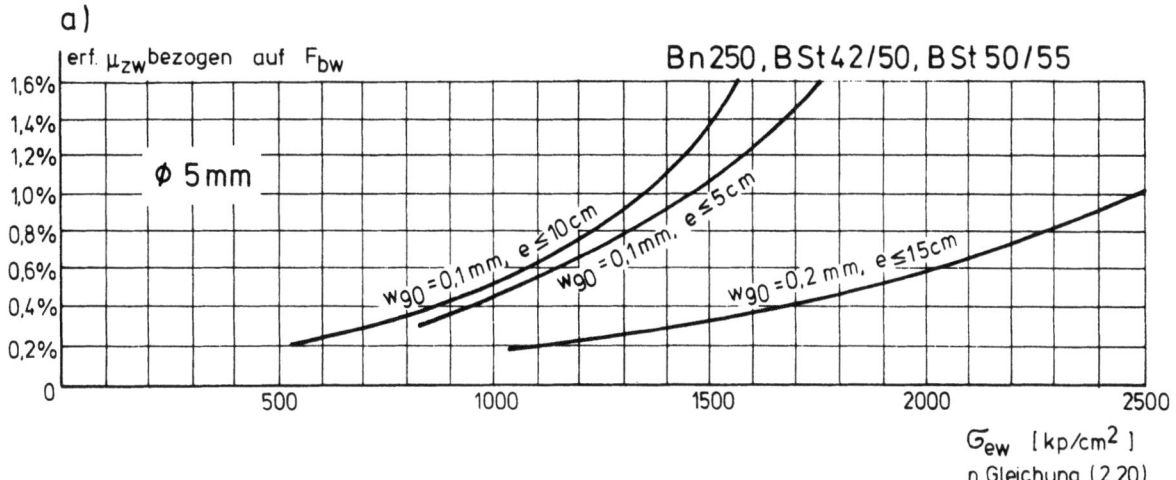

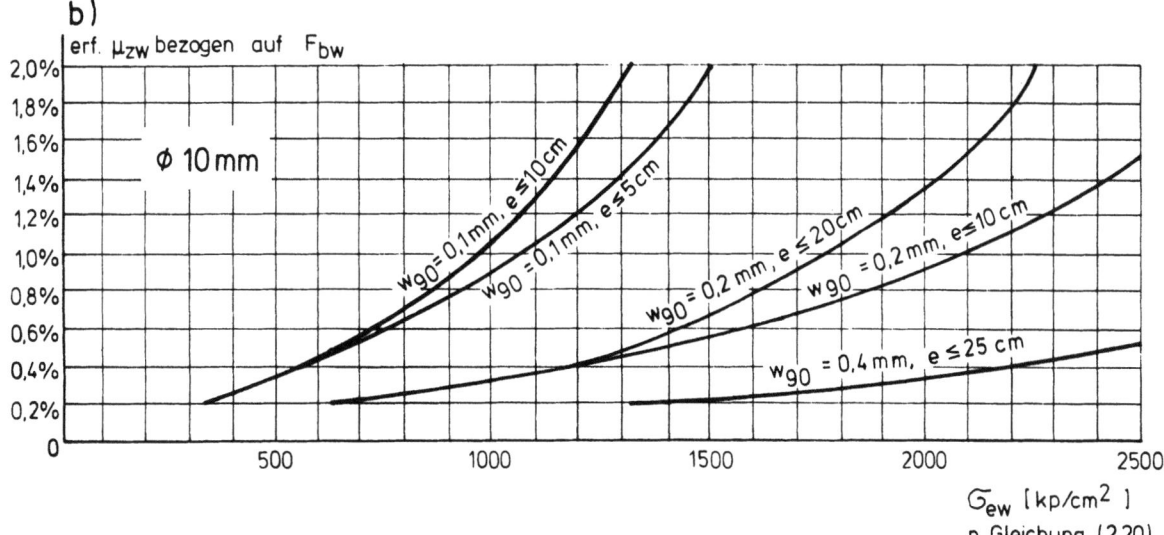

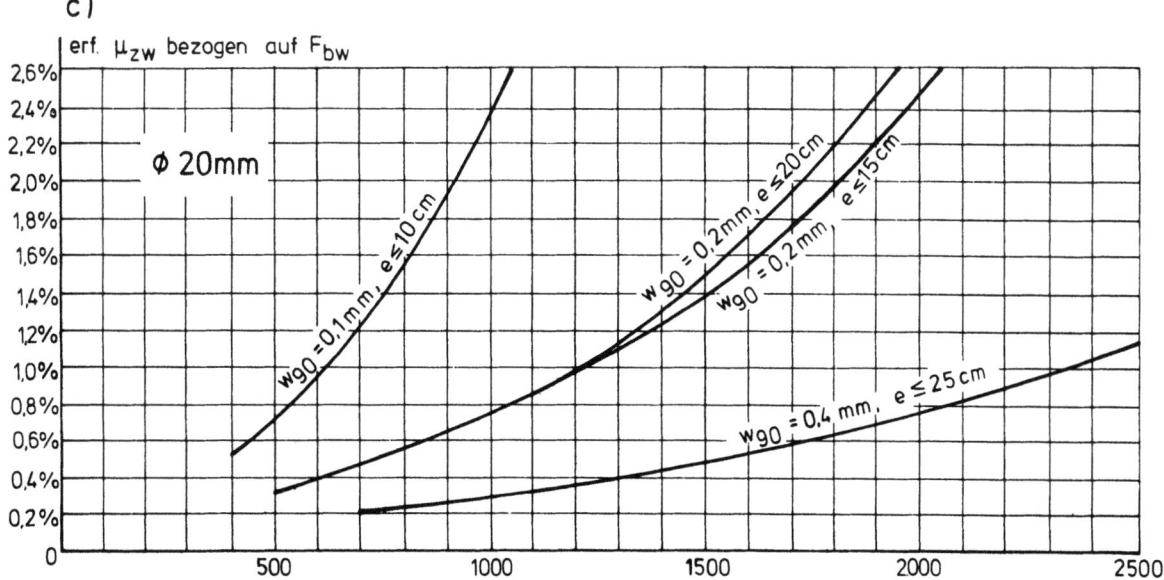

Bild 2.23 a, b, c   Ermittlung von erf μ_{zw} [%] bei Biegung für zul. max. Rißbreite w_{90}, abhängig von $\sigma_{ew} = \sigma_e^{II} - \dfrac{432\,\sigma_{eR}}{\sigma_e^{II} \cdot \mu_{zw}[\%]}$ nach Gl. 2.20 für vorgegebene Stabdurchmesser, für andere ⌀ geradlinig zwischenschalten, enthält $k_5 = 0{,}6$, also mittlerer Einfluß der Lastwiederholung oder Lastdauer (⌀ 28 mm siehe Bild 2.23 d).

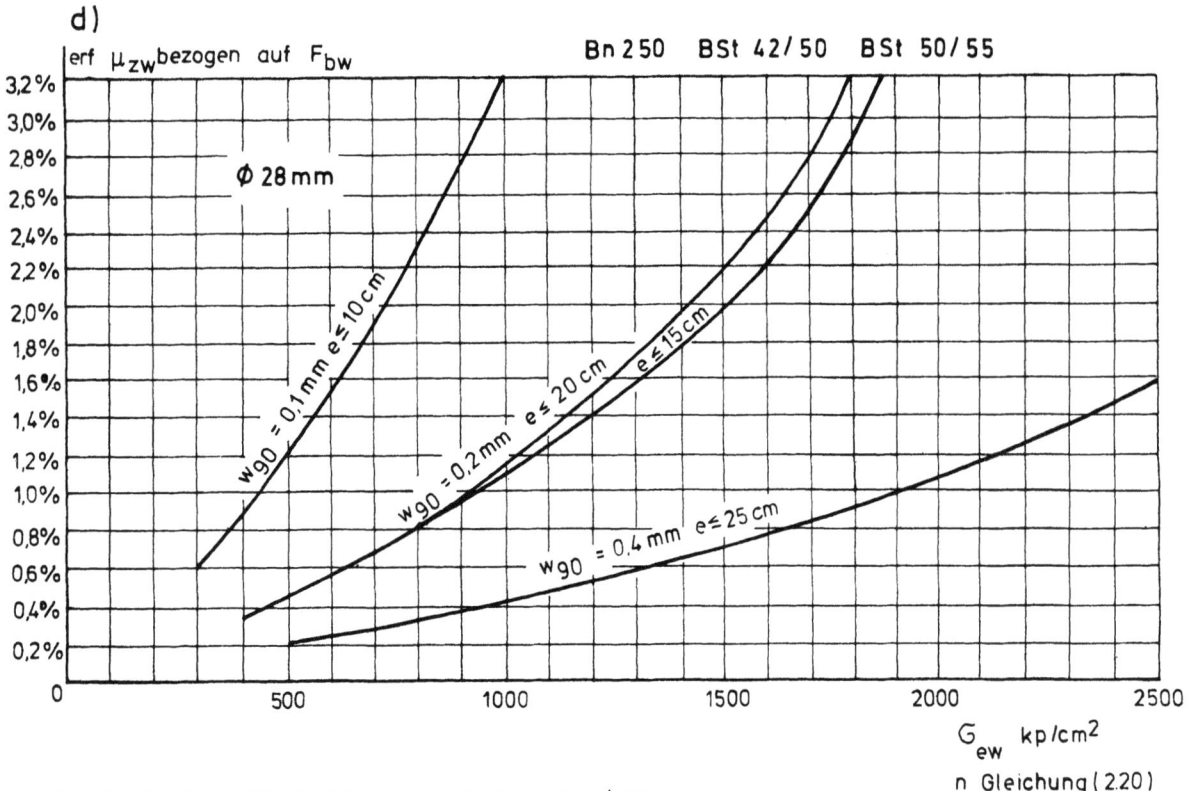

Bild 2.23 d   Wie Bild 2.23 a, b, c jedoch für ⌀ 28 mm

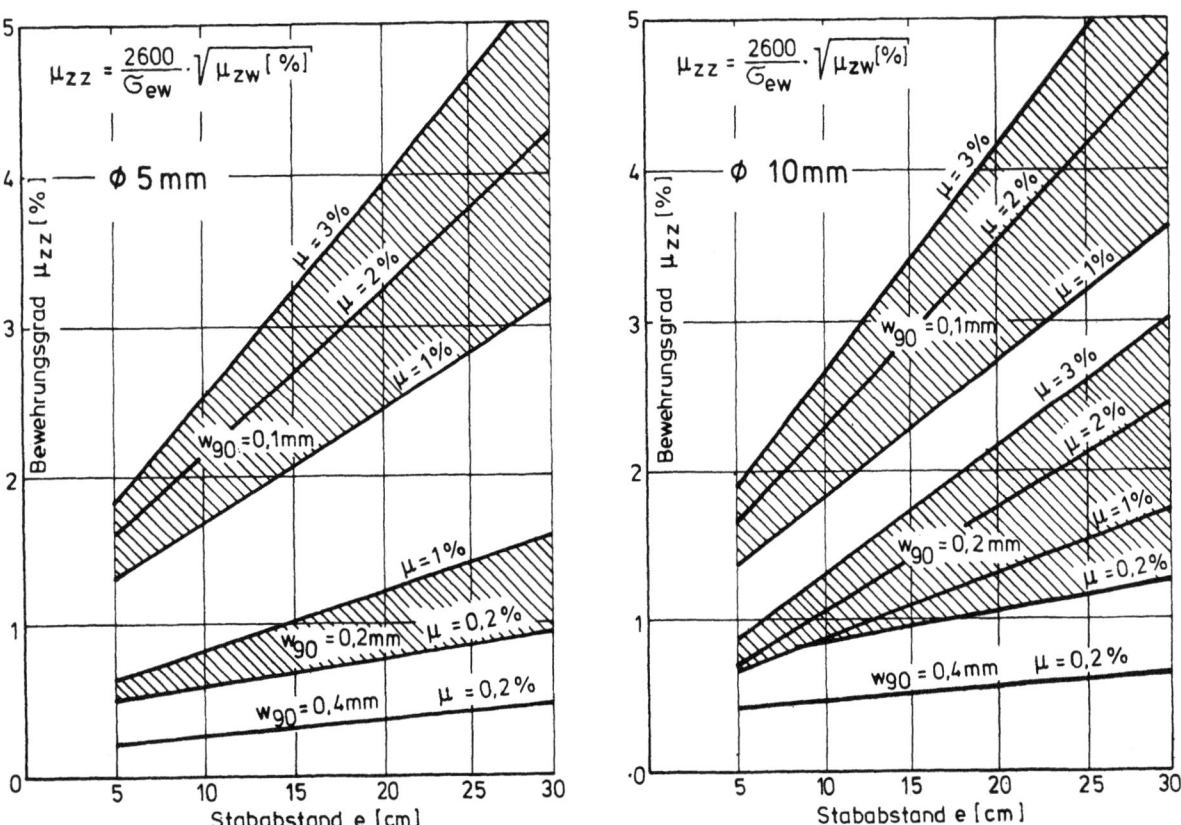

Bild 2.24 Bei gegebenen Stababständen (Matten) und Stab ⌀ kann hier für eine zul. Rißbreite w_{90} das μ_{zz} abgelesen werden, aus dem $\mu_{zw} = \left(\dfrac{\sigma_{ew}}{2600} \mu_{zz}\right)^2 [\%]$ ermittelt wird, aufgestellt für ü = 3 cm, BSt 42/50 u. BSt 50/55, Bn 250 + 350.

2.7 Praktische Anwendung der Erkenntnisse zur Rissebeschränkung bei Zug und Biegung 33

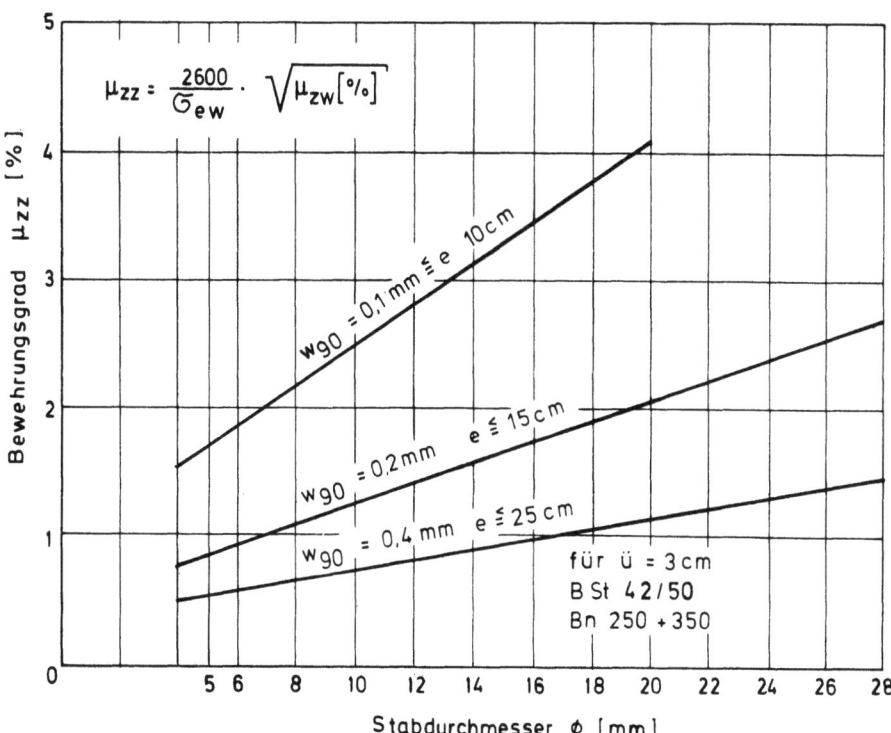

Bild 2.25 Bei gegebenem μ_{zw} und σ_{ew} wird über μ_{zz} der zulässige Stabdurchmesser ermittelt – oder das erf μ_{zw} bei gewünschtem Stabdurchmesser

auf das reinem Zug entsprechende μ_{zz} mit der dabei noch zul. Stahlspannung von ~ 2600 kp/cm² (Mittelwert der zul σ_e der üblichen Betonstähle) umgerechnet wird:

$$\mu_{zz} = \frac{2600}{\sigma_{ew}} \sqrt{\mu_{zw}} \, [\text{kp/cm}^2] \qquad (2.21)$$

Wieder ist erf $F_e = \mu_z \cdot F_{bZ}$ bzw. $\mu_{zw} \cdot F_{bw}$ auf die Wirkungszone der Bewehrung zu beziehen. Die maximalen Stabdurchmesser ergeben sich aus der Bedingung für max e.

2.7.3 Einfluß von Schwinden und Temperatur auf die Rißbreite

Bei dünnen Gurtplatten von Kastenträgern, die an dicke Stege anschließen, oder bei dünnen Stegen über stark bewehrten Zuggurten von T- oder I-Trägern können zusätzliche Rißbreiten durch unterschiedliches Schwinden (Schwindbehinderung durch anschließende Bauteile oder durch Bewehrung) oder durch unterschiedliche Temperatur entstehen. Dadurch sind vor allem in Brücken z.T. schon unangenehm breite Risse entstanden, was nur durch Verstärkung und enge Verteilung der Bewehrung verhütet werden kann. Einfluß der Temperatur auf Brücken siehe F. Kehlbeck [18].

Am besten rechnet man sich iterativ die durch solche ΔS oder ΔT mögliche zusätzliche mittlere Rißbreite $\Delta w_{S,T}$ aus dem für eine angenommene Bewehrung erwarteten Rißabstand a_m nach Gl. (2.9) mit

$$\Delta w_{S,T} = 0,7 \, a_m \cdot \Delta \epsilon_{S,T}$$

aus und zieht diesen Wert von zul w_m ab.

Der Faktor 0,7 berücksichtigt die Mitwirkung des Betons zwischen den Rissen. Ist w_{90} maßgebend, muß k_4 berücksichtigt werden.

$\Delta \epsilon_s$ kann z.B. in dünnen Stegen 0,3 ‰ erreichen, bei a_m = 20 cm ist dann mit k_4 = 1,5

$$\Delta w_s = 1,5 \cdot 0,7 \cdot 200 \cdot 0,3 \cdot 10^{-3} \approx 0,06 \text{ mm}.$$

Ist zul w_{90} = 0,2 mm gefordert, dann ist die Bewehrung aus den Tafeln für einen Grenzwert w = 0,2 - 0,06 = 0,14 mm zu bestimmen, wobei zwischen den Linien für w = 0,1 und w = 0,2 interpoliert wird.

2.7.4 Rissebeschränkung bei Spannbetonträgern mit beschränkter, mäßiger bzw. teilweiser Vorspannung

In den Zuggurten von Spannbetonträgern ist der Spannungssprung $\Delta \sigma_{eR}$ beim Entstehen von Rissen niedrig - meist nur 200 bis 600 kp/cm² - und auch die Zunahme von σ_e^{II} bis zum maßgebenden Lastgrad bleibt gering, weil die Nullinie dank der Längsdruckkraft aus Vorspannung bei Gebrauchslast in der Regel nicht über x = 0,5 h liegt. Dabei bleibt die Druckdehnung oben unter ϵ_{bD} = 0,4 ‰, so daß die Zugdehnung unten im Mittel nicht über 0,4 ‰ ansteigt (Bild 2.26). Nehmen wir ungünstig max ϵ_{em} = 0,5 ‰ an, so entspricht dies einer gemittelten Stahlspannung σ_{em}^{II} = 2,1 · 0,5 = 1,05 Mp/cm², im Riß also höchstens 1400 kp/cm². Die für die Rißbreite maßgebende Stahlspannung σ_e^{II} bleibt also ziemlich niedrig, so daß schon wenig Bewehrung genügt, um auch hohe Anforderungen, z.B. max w_{90} = 0,1 mm zu befriedigen. Dabei kommt es im wesentlichen darauf an, kleine Stababstände und damit auch kleine $\emptyset$, also am besten Matten, zu verwenden. Bei I- und Kastenträgern kann die Nullinie auch bei mäßigen Lastgraden höher liegen, womit auch die Stahlspannungen höher werden. Die Tafeln 2.23 bis 2.25 können für Spannbeton angewandt werden.

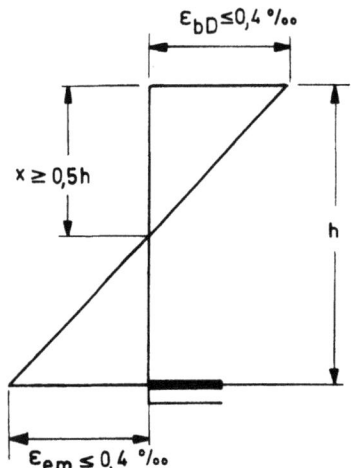

Bild 2.26 Dehnungsdiagramm im Zustand II für Biegung mit Längsdruck, Spannbeton

In manchen Fällen ist bei Spannbeton die Rissebeschränkung auch ohne schlaffe Bewehrung möglich, wenn die Nullinie nicht über x = 0,8 h ansteigt, vgl. hierzu Abschnitt 2.11.

Bei teilweiser Vorspannung, also Biegung mit Längsdruck, werden die mittleren Rißabstände a_m um so größer, je kleiner die Ausmitte M/N = e ist. a_m erreicht dann nicht die Werte nach Gl. (2.9). Dies wurde von C. Avram und A. Mihaescu (Timisoara-Rumänien) [21] durch Versuche an ausmittig beanspruchten Stützen festgestellt (Bild 2.27). Trotz des größeren Rißabstandes werden jedoch die Rißbreiten mit abnehmendem e kleiner (Bild 2.28).

Zu gleichen Beobachtungen kamen V.S. Parameswaran und G. Annamalai (Madras, Indien) [22] mit Versuchen an teilweise vorgespannten Balken, deren Bewehrung mit 3 $\emptyset$ 16 entspr. μ_{zw} = 3,3 % gleich groß gehalten und nur die Vorspannung variiert war.

2.7 Praktische Anwendung der Erkenntnisse zur Rissebeschränkung bei Zug und Biegung

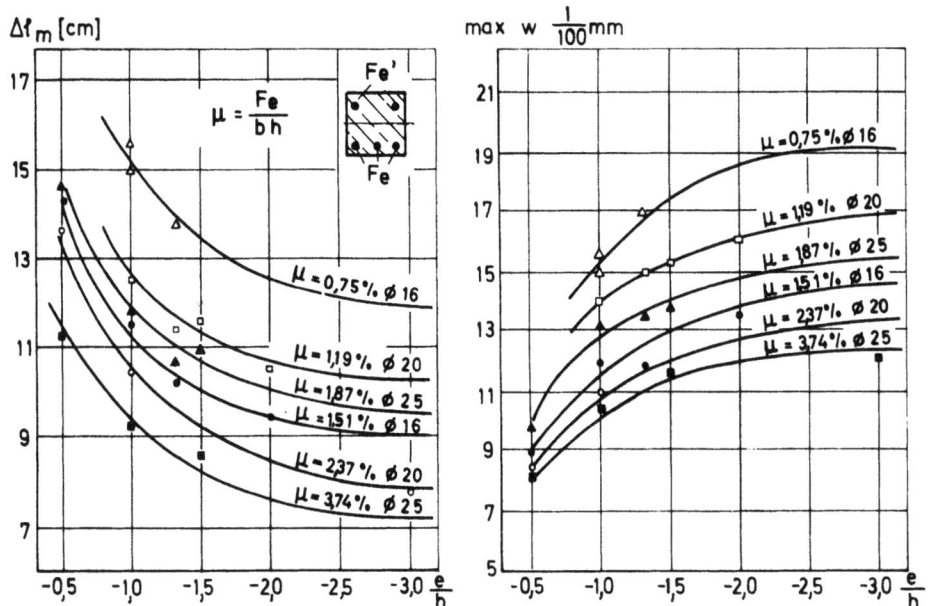

Bild 2.27 Einfluß der Ausmitte der Längsdruckkraft auf mittlere Rißabstände bei Biegung mit Längsdruck für Gebrauchslast (nach C. Avram u. A. [21])

Bild 2.28 Die max Rißbreiten bei Biegung mit Längsdruck der Versuche von C. Avram nehmen trotz größer werdendem Rißabstand mit kleiner werdender Ausmitte ab [21]

Die Erklärung ist darin zu sehen, daß bei kleiner Ausmitte e der Spannungssprung $\Delta\sigma_{eR}$ sehr klein wird (vgl. Bild 2.9). Der Verbund am Riß wird damit weniger beansprucht, so daß max $\tau_1 < \beta_{\tau 1}$ bleibt und damit die Länge verlorenen Verbundes $v_o \rightarrow 0$ geht, es wird nur noch der Haftverbund, nicht jedoch der Scherverbund überbeansprucht. Um nun bei kleineren τ_1 die Betonspannung vom 1. Riß aus wieder bis β_{bZ} ansteigen zu lassen, ist eine größere Einleitungslänge ℓ_e nötig (Bild 2.29).

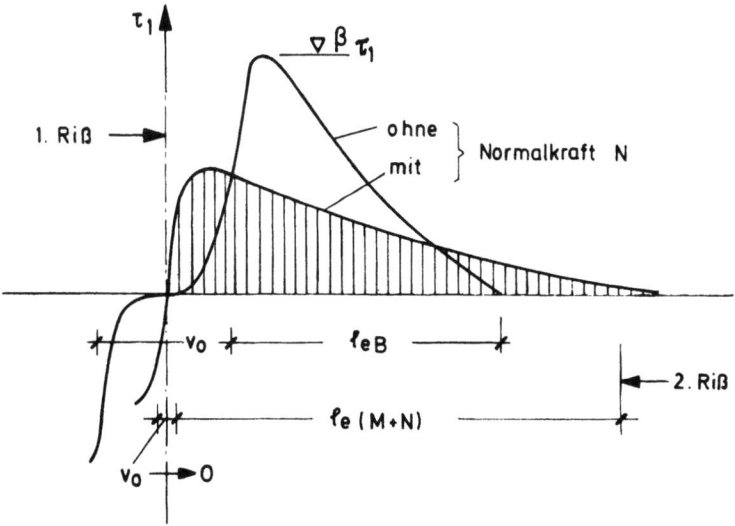

Bild 2.29 Bei teilweiser Vorspannung führt die Wirkung der Normalkraft zu kleinerem Spannungssprung $\Delta\sigma_{eR}$ und damit zu flacherem Verlauf der Verbundspannungen τ_1 und größeren Einleitungslängen ℓ_e für die Bildung des nächsten Risses.

Obwohl v_o entfällt, wird also der Rißabstand größer als nach Gl. (2.9). Die Mitwirkung des Betons zwischen den Rissen wird größer, weil die Goto-Verbundrisse sich bei der insgesamt sanfteren Beanspruchung weniger stark entwickeln. Streng genommen müssen daher für teilweise Vorspannung verfeinerte Rißgesetze entwickelt werden.

Bei nachträglichem Verbund ist außerdem zu beachten, daß Spannglieder in gewellten Hüllrohren eine weit niedrigere Verbundfestigkeit aufweisen als gerippte Betonstähle. Dies trifft besonders bei glatten Stäben, Bündeln aus Runddraht oder Litzen mit großer Schlaglänge zu - weniger betroffen sind gerippte Spannstähle. Bei den ersteren sollte man F_z beim Bewehrungsgrad μ_z oder μ_{zw} gar nicht, bei den gerippten Spannstählen nur abgemindert mitrechnen. Die niedrigere Verbundgüte führt nämlich zu wesentlich größeren Längen verlorenen Verbundes v_o, die Spannungszunahme im Spannstahl wird damit geringer als im Betonstahl, das Ebenbleiben der Querschnitte geht verloren, was z.B. die in [22] berichteten ϵ-Messungen deutlich zeigen. Zunächst müssen jedoch bessere Kenntnisse des Verbundverhaltens von Spanngliedern erarbeitet werden.

Bei der Ermittlung der σ_e^{II} im Gebrauchslastbereich für Rissebeschränkung wird man die Spannglieder jedoch vorläufig mitrechnen als ob voller Verbund gewährleistet sei.

2.8 Beschränkung von Schubrißbreiten

2.8.1 Schubrißbreiten in Stegen von Balken

Die Schubrisse entstehen in Stegen in der Regel aus Biegerissen und verlaufen je nach b/b_o unter $30°$ bis $45°$ zur Balkenachse. Sie sind Trennrisse, so daß für F_{bZ} in der Regel die volle Stegbreite b_o einzusetzen ist.

Zur Beschränkung der außen sichtbaren Breite der Schubrisse sind Bügel mit üblicher Betondeckung ü = 1,5 bis 4 cm und mit genügend kleinen Stababständen max e geeignet. max e ist abhängig von der Richtung der Bügel und von max w_{90}. Aufgebogene, dicke Gurtstäbe im Inneren der Stege tragen zur Rissebeschränkung nur wenig bei.

Die günstigste Wirkung wird mit schrägen Bügeln erzielt, die die Schubrisse etwa rechtwinklig kreuzen und demnach $45°$ bis $60°$ geneigt sind.

Die üblichen senkrechten Bügel kreuzen die Schubrisse mit $45°$ bis $60°$; dies führt zu Rißbreiten, die rund 2,0 bis 3-fach so groß sind wie bei rechtwinkliger Kreuzung (Bild 2.30 a). Mit senkrechten Bügeln ist es schwierig kleine Rißbreiten bei voller Gebrauchslast einzuhalten, es gelingt bei dünnen Stegen besser als bei dicken.

Die Stahlspannungen in Schubbewehrungen $\sigma_{eBü}$ hängen stark von b/b_o ab, bei dicken Stegen (b/b_o klein) ist die zur Schubrißlast gehörige Querkraft Q_R und damit τ_o größer als bei dünnen Stegen. Die Stuttgarter Schubversuche und die daraus abgeleitete erweiterte Fachwerkanalogie (vgl. [1a] 8.4.3) ergaben, daß man diesen Einfluß gut erfassen kann, indem von $\tau_o = Q/b_o z$ ein nur von der Betondruckfestigkeit abhängiger Wert τ_{oR} abgezogen wird. Bei einer Gurtbewehrung aus B St 42/50 bleiben die $\sigma_{eBü}$ bei Erstbelastung bis zur vollen Gebrauchslast etwa auf der Linie (Bild 2.30 b):

2.8 Beschränkung von Schubrißbreiten

$$\sigma_{e,Bü} = \frac{\tau_o - \tau_{oR}}{\mu_S} \quad \text{mit} \quad \mu_S = \frac{F_{e,Bü}}{b_o e}$$

$F_{e,Bü}$ = Querschnitt der äußeren Bügel, im Inneren des Steges liegende Bügel können nur angerechnet werden, wenn sie nicht mehr als die in Tabelle auf S. 38 genannten Abstände von den äußeren Bügeln haben.

e = Bügelabstand in Längsrichtung

τ_{oR} ist in Schubfeldern bei frei drehbaren Endauflagern etwa $0,34 \, \beta_w^{2/3}$, in Schubfeldern nahe an Zwischenauflagern von Durchlaufträgern oder an Rahmenecken kann τ_{oR} bis $0,28 \, \beta_w^{2/3}$ absinken.

Bei Lastwiederholungen sind die Bügelspannungen höher und bewegen sich etwa auf der inneren anschraffierten Linie des Bildes 2.30 b. Die für die Rißbreitenbeschränkung maßgebende Bügelspannung kann daher genügend genau aus $\tau_{o(g+\psi \cdot p)}$ mit dem Abzugswert $0,8 \, \tau_{oR}$ berechnet werden:

$$\sigma_{e,Bü} = \frac{\tau_o - 0,8 \, \tau_{oR}}{\mu_S} \geqq 400 \, kp/cm^2 \qquad (2.22)$$

Die Auswertung von Versuchen ergab, daß $0,8 \, \tau_{oR}$ etwa dem für die Schubbemessung vorgesehenen Abzugswert $\tau_{oD} = 0,24 \, \beta_{wN}^{2/3}$ entspricht, so daß für die Praxis gesetzt werden kann

$$\sigma_{e,Bü} = \frac{\tau_o - \tau_{oD}}{\mu_S} \geqq 400 \, kp/cm^2 \qquad (2.22\,a)$$

Betongüte Bn	150	250	350	450	550	
τ_{oD} kp/cm²	6	9,5	12	14	16	$\sim 0,24 \, \beta_{wN}^{2/3}$
τ_{oR} kp/cm²	8	12	15	18	20	$\sim 0,30 \, \beta_{wN}^{2/3}$

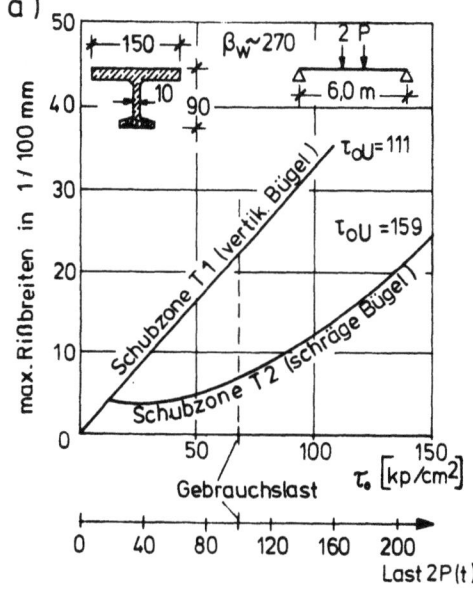
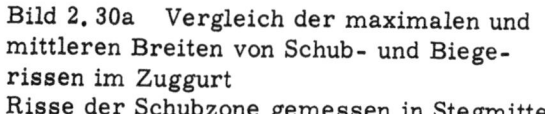
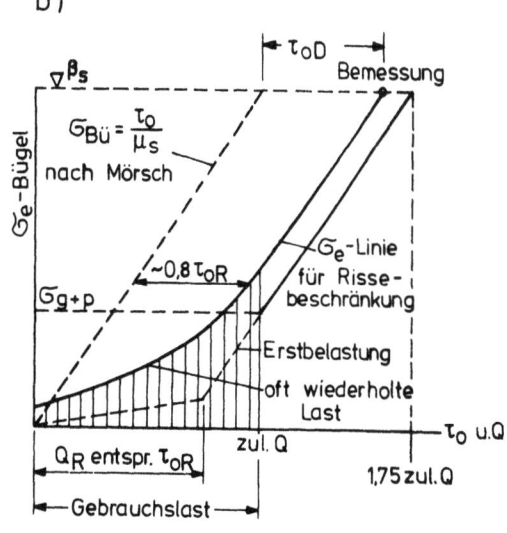

Bild 2.30a Vergleich der maximalen und mittleren Breiten von Schub- und Biegerissen im Zuggurt
Risse der Schubzone gemessen in Stegmitte

Bild 2.30 b Bügelspannungen bei Schubbeanspruchung

In Spannbetontragwerken kann der Abzugswert τ_{oD} noch mit $\left(1 + \dfrac{M_o}{M_{g+p}}\right)$ vergrößert werden, wobei M_o das Dekompressionsmoment und M_{g+p} das Moment infolge voller Gebrauchslast ist.

Die Begrenzung mit 400 kp/cm^2 ist zwar willkürlich, sichert jedoch den unteren Bereich ab.

Mit diesen $\sigma_{e,Bü}$ können die mittleren Rißbreiten nach Gl. (2.15) für ein rechteckiges Zugspannungsdiagramm berechnet werden. Dabei darf $k_5 = 1,0$ gesetzt werden, weil 0,8 τ_{oR} Lastwiederholungen schon berücksichtigt. Ferner ist es nötig, die Bügelspannung σ_{eR} beim Entstehen des Schubrisses zu kennen, sie kann mit etwa τ_{oR}/μ_S angesetzt werden. Anstelle des Verhältnisses $\sigma_{eR}^2/\sigma_e^{II}$ in Gl. (2.15) kann jedoch auch das Verhältnis

$$\frac{\tau_{oR}^2}{(\tau_o - 0{,}7\,\tau_{oR})} \quad \text{gesetzt werden.}$$

Schließlich ist es zur Vereinfachung möglich, bei Schubrissen die Mitwirkung des Betons zwischen den Rissen bei vertikalen Bügeln ganz zu vernachlässigen oder einfach an Stelle von

$$\left(\sigma_e^{II} - k_5 \frac{\sigma_{eR}^2}{\sigma_e^{II}}\right) = 0{,}8\,\sigma_{e,Bü} \quad \text{zu setzen.}$$

Will man die Diagramme 2.23 benützen, so gelten sie unmittelbar für Bügel, die Schubrisse etwa rechtwinklig kreuzen. Als Schubrißneigung kann bei relativ dünnen Stegen ($b/b_o \geqq 10$) 45°, bei dicken Stegen ($b/b_o \leqq 2$) 30° angenommen werden (Zwischenwerte etwa geradlinig).

Für lotrechte Bügel, die also die Risse unter 45° bis 60° kreuzen, muß die Rißbreite nach Gl. (2.15) noch mit

$$k_\alpha = \left.\begin{array}{l} 2{,}0 \text{ bei } \alpha = 45° \\ 1{,}6 \text{ bei } \alpha = 60° \end{array}\right\} \text{ Zwischenwerte geradlinig}$$

multipliziert werden. Die Streuung ist bei Schubrissen, besonders bei lotrechten Bügeln größer als bei anderen Rißarten, dennoch genügt auch hier $k_4 = 1,5$ den Belangen der Praxis.

Die Bügelabstände sollten folgende Werte nicht überschreiten, wenn $\tau_o > 0{,}5\,\beta_w^{2/3}$ und $< 0{,}9\,\beta_w^{2/3}$ ist (etwa Schubbereich 3 der DIN 1045):

Rißbreite w_{90}	0,4	0,2	0,1	mm	e
geneigte Bügel 45°-60°	30	20	10	cm	⧖e
vertikale Bügel	15	10		cm	╫e

Nach bisherigen Beobachtungen ist die Mindestbewehrung zur Begrenzung der anfänglichen Schubrißbreiten mit $\mu_S = 0{,}3$ bis 0,4 % höher anzusetzen als die für die Tragfähigkeit nötige.

Ein Nachweis von Schubrißbreiten kann entfallen, wenn $\tau_o < \tau_{oR}$ ist.

2.8.2 Schubrißbreiten in Platten oder dicken Stegen

In Platten oder dicken Stegen ($b/b_o \leqq 2$) treten Schubrisse entweder erst unter hohen Laststufen nahe der vollen Gebrauchslast oder im Gebrauchszustand überhaupt nicht auf, wenn $\tau_{o(g+p)} \leqq \sim 0{,}7\sqrt{\beta_w}$ ist. Im letzteren Fall dient die Schubbewehrung nur der Sicherheit gegen Verlust der Tragfähigkeit.

2.9 Beschränkung der Torsions-Rißbreiten

Für die Beschränkung der Schubrißbreiten genügt in diesen Fällen der Nachweis nach 2.8.1 für eine Randzone von 20 bis höchstens 30 cm Dicke. Auf diese Randzone ist auch die Mindestschubbewehrung zu beziehen.

2.9 Beschränkung der Torsions-Rißbreiten

2.9.1 Vorbemerkung

Schon im Hinblick auf die Bemessung für die Tragfähigkeit unterscheiden wir zwischen Torsion durch Zwang (aus Behinderung der Verdrehung entstehend) und Torsion, die zur Erhaltung des Gleichgewichts notwendig ist. Diese Unterscheidung muß auch bei der Rissebeschränkung gemacht werden. Bei Zwang ist in der Regel keine Beschränkung von Torsionsrißbreiten nötig, weil die Torsionsmomente schon durch die ersten feinen Torsionsrisse stark abgebaut werden.

Die folgenden Regeln werden daher für frei auf Torsion tragende Träger beschränkt, wobei von reiner oder vorwiegender Torsionsbeanspruchung ausgegangen wird.

Der Einfluß der Bewehrungsrichtung ist bei Torsion noch ausgeprägter als bei Schub. Die in Richtung der Hauptzugspannung verlaufende Bewehrung (45°-Bewehrung genannt) ist der aus fertigungstechnischen Gründen meist bevorzugten Bügel- + Längsbewehrung = (90° + 0°)-Bewehrung für die Rissebeschränkung stark überlegen.

2.9.2 Die maßgebende Stahlspannung σ_{ew}

Den Verlauf der Stahlspannung in Torsionsbewehrungen bei Erstbelastung und bei Lastwiederholungen zeigt Bild 2.31. Bei (90° + 0°)-Bewehrungen bleiben die Stahlstäbe bis zum Torsionsrißmoment bei $\sigma_I \approx \tau_T \approx 0,5\,\beta_w^{2/3}$ [kp/cm²] spannungslos, 45° geneigte Bügel erhalten die Spannung $\sigma_{eT} = n\sigma_I$.

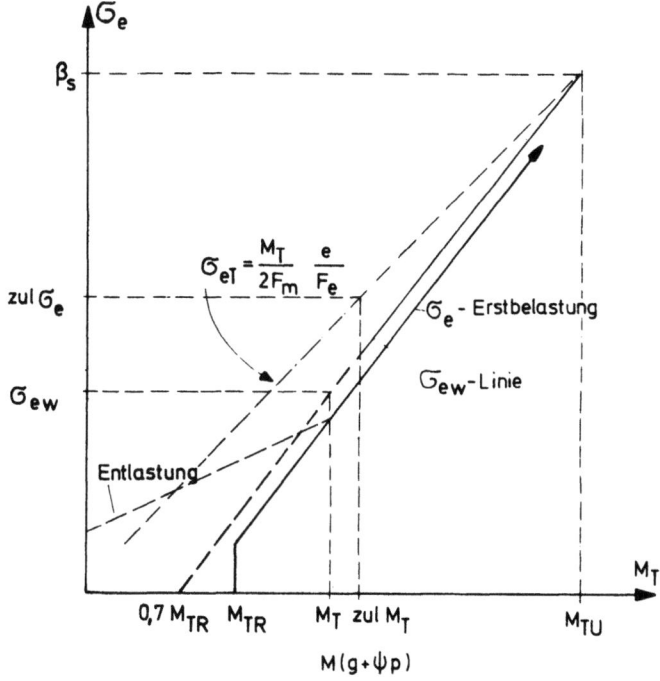

Bild 2.31 Verlauf der Stahlspannungen in Torsionsbewehrungen

Beim Torsionsriß springt die Stahlspannung sofort wesentlich höher hinauf als bei Schubrissen ($\Delta \sigma_{eR}$ = 500 bis 1000 kp/cm^2) und nähert sich rasch der Linie

$$\sigma_{eT} = \frac{M_T}{2\,F_m} \cdot \frac{e_{Bü}}{F_{eBü}} \qquad (2.23)$$

(vgl. [1a], 9.3.2.2), die für die Bemessung maßgebend ist. Bei Entlastung gehen die Spannungen σ_e nicht auf Null zurück, weil die Risse sich bei schiefwinklig kreuzenden Stäben nicht mehr ganz schließen. Bei Lastwiederholungen im Gebrauchslastbereich können die Spannungen etwas über der Linie bei Erstbelastung liegen.

Bei der Auswertung der Stuttgarter Torsionsversuche [19] fand G. Schelling, daß gerechnete Rißbreiten die gemessenen Werte gut treffen, wenn für den maßgebenden Gebrauchslastgrad von einer Stahlspannung σ_{ew} ausgegangen wird, die auf der Linie von 0,7 M_{TR} bei $\sigma_e = 0$ und M_{TU} bei $\sigma_e = \beta_S$ liegt (Bild 2.31), diese Linie entspricht

$$\sigma_{ew} = \frac{M_T - 0{,}7\,M_{TR}}{M_{TU} - 0{,}7\,M_{TR}}\,\beta_S \qquad (2.23a)$$

2.9.3 Berechnung der Rißbreiten bei Torsion für (90° + 0°)-Bewehrung

Bei Torsion zeigten die Versuche [19] für (90° + 0°)-Bewehrung ungewöhnlich große Rißbreiten, für die die für Zug und Biegung abgeleiteten Formeln nicht zutreffen.

Bild 2.32 zeigt die Entwicklung maximaler Rißbreiten für verschiedene μ und Stababstände sowohl für (90° + 0°) als auch für 45°-Richtung der Bewehrung. Man sieht daraus, wie rasch bei (90° + 0°) die Rißbreiten mit M_T anwachsen. Auffällig war bei diesen Versuchen das ungewöhnlich hohe Verhältnis $\frac{\max w}{\text{mittel } w}$ = 2,5 - also eine sehr große Streuung. Es bedarf daher einer Sonderlösung, um die Rißbreiten bei Torsion in den üblichen Grenzen zu halten. Diese hat G. Schelling für (90° + 0°)-Bewehrungsrichtung wie folgt gegeben:

Der mittlere **Rißabstand** a_m wird hier ganz durch die Stababstände bestimmt. Bei Rißneigung $\beta = 45°$ ist:

$$a_m = \frac{e_{Bü} + e_L}{2\sqrt{2}} \qquad \text{für } 0{,}55 < e_L/e_{Bü} < 1{,}8$$

e = Stababstände der Bügel und Längsstäbe

Mittlere Rißbreite: $\qquad w_m = a_m \left(\epsilon_{eBü} + \epsilon_{eL} \right)$

ϵ_e ist dabei aus $\dfrac{\sigma_{eT}}{E_e}$ (nach Gl. (2.23)) unter Vernachlässigung der Mitwirkung des Betons zu rechnen, die hier fast ganz verlorengeht, weil die Rißufer sich auch parallel um den Wert v verschieben (Bild 2.33). Bei 45° Rißneigung wird diese Parallelverschiebung in Rißrichtung

$$v = a_m \left(\epsilon_{eBü} - \epsilon_{eL} \right).$$

Als 90 %-Fraktile der Rißbreite kann gesetzt werden

$$w_{90} = 2{,}0 \cdot a_m \left(\epsilon_{eBü} + \epsilon_{eL} \right) \qquad (2.24)$$

2.9 Beschränkung der Torsions-Rißbreiten

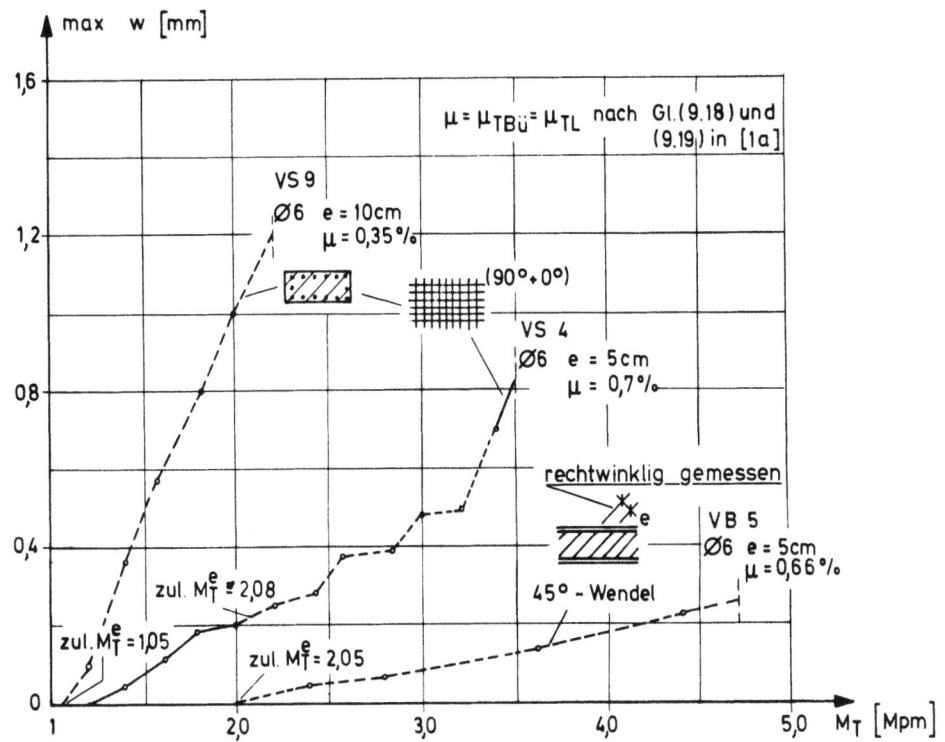

Bild 2.32 Gemessene maximale Rißbreiten bei reiner Torsion (aus [19])
(zul M_T^e für zul σ_e nach DIN 1045)

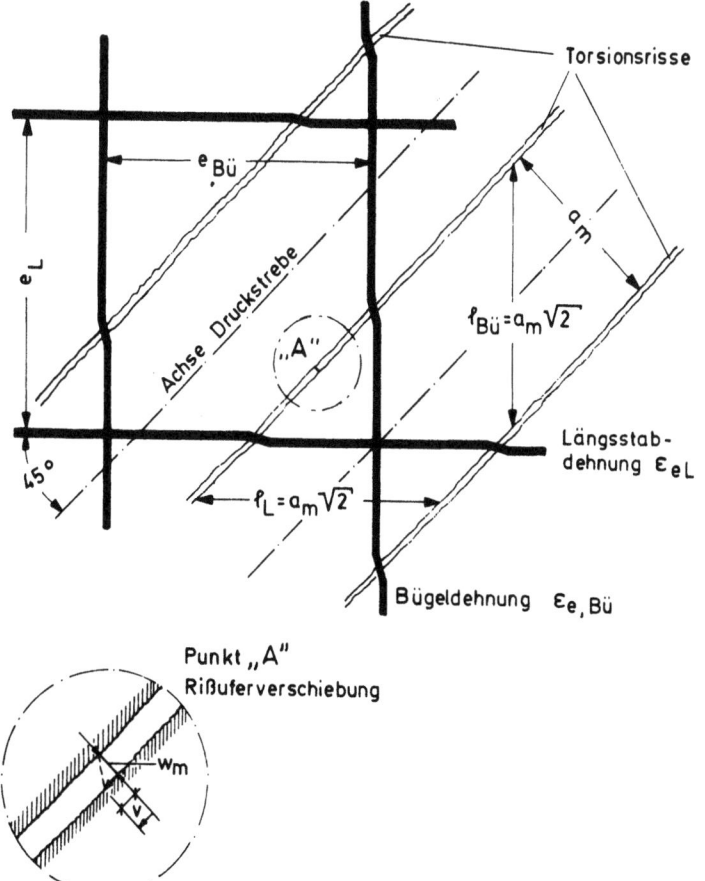

Bild 2.33 Verschiebungen der Rißufer bei ($0°$ - $90°$)-Bewehrung

Wenn $\tau_T \gtrsim 0,6 \ \beta_w^{2/3}$ ist, sollen die Abstände e der Bügel und Längsstäbe folgende Werte nicht überschreiten.

Rißbreite w_{90}	0,4	0,2	0,1	mm	e
Bügel 90° Längsstäbe 0°	12	8	5	cm	e_V, e_H
Bügel 45°	25	20	10	cm	e

2.9.4 Rißbreiten bei Torsion für 45°-Bewehrung

Hier wird die Rißbreite wie für mittigen Zug auf die Wandstärke des Hohlkastenmodelles (siehe [1a], 9.3.3) mit σ_{ew} nach Bild 2.31 berechnet.

Man kann also die Tafeln des Abschnittes 2.7 benützen.

2.10 Beschränkung der Breite von Oberflächenrissen infolge von Eigenspannungen

Risse aus Eigenspannungen können nur bei dicken, massigen Bauteilen so tief eindringen, daß die Rißbreite störend werden kann. Der Spannungssprung im Stahl beim Entstehen solcher Risse ist klein. Hier kann nur ein engmaschiges Netz aus dünnen gerippten Stäben, z.B. ⌀ 8, e = 10 cm oder ⌀ 5, e = 5 cm bei einer Betondeckung von ü = 5 bis 3 cm - vielleicht mit einer zweiten Lage in ü = 10 bis 8 cm - eine Verringerung der ohnehin kleinen Rißbreiten bewirken.

Man beachte die Arbeit von Bruy [6]. Bei der Bemessung genügt etwa 1/3 des μ_z für w = 0,1 mm nach Bild 2.20, bezogen auf eine Randzone von 10 bis 20 cm.

2.11 Rißbreitenbeschränkung ohne Bewehrung

Bei Biege- und Oberflächenrissen aus Last oder Zwang können die üblichen Grenzen der Rißbreiten auch ohne Bewehrung eingehalten werden, wenn man durch geeignete Maßnahmen, z.B. durch teilweise Vorspannung sicherstellt, daß die Risse nicht tief eindringen. Dies ist dann gewährleistet, wenn die Zugspannungen auf einen Bruchteil der Querschnittshöhe d, z.B. auf 0,20 d beschränkt bleiben und weiter innen im Querschnitt Längsdruckspannungen wirken (Bild 2.34). Solche Spannungsverteilungen entstehen bei Temperatur-Eigenspannungen durch Abkühlung von außen oder bei Biegung mit Längsdruck z.B. durch Vorspannung. Wir nehmen bei Eigenspannungen ungünstig an, daß die Rißtiefe t_R bis zur Nullinie für Zustand I reicht. Bei Lastspannungen ist die Lage der Nullinie im Zustand II maßgebend.

Ohne Beeinflussung durch eine Bewehrung stellt sich eine Rißbreite dadurch ein, daß die Zugdehnung des Betons ϵ_{bZ} in den spannungsfrei werdenden keilförmigen Zonen rechts und links des Risses zurückgeht. Wir nehmen eine parabelförmige Abnahme von ϵ_{bZ} an der Oberfläche an und zwar auf die bekannte Einleitungslänge ℓ_e (hier eigentlich "Ausleitung" der Spannung und Dehnung), die hier mit $\ell_e = 1,5 \ t_R$ angesetzt wird (Bild 2.35). Der Größtwert von ϵ_{bZ}, die Zug-Bruchdehnung des Betons, ist $\epsilon_{bZU} \approx 0,12 \ ‰$.

2.11 Rißbreitenbeschränkung ohne Bewehrung

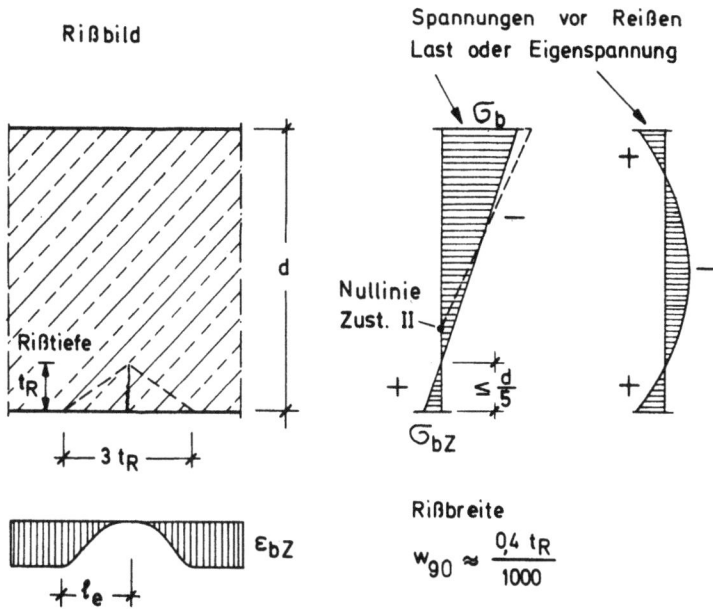

Bild 2.34 Spannungszustände, die geringe Rißtiefe sicherstellen

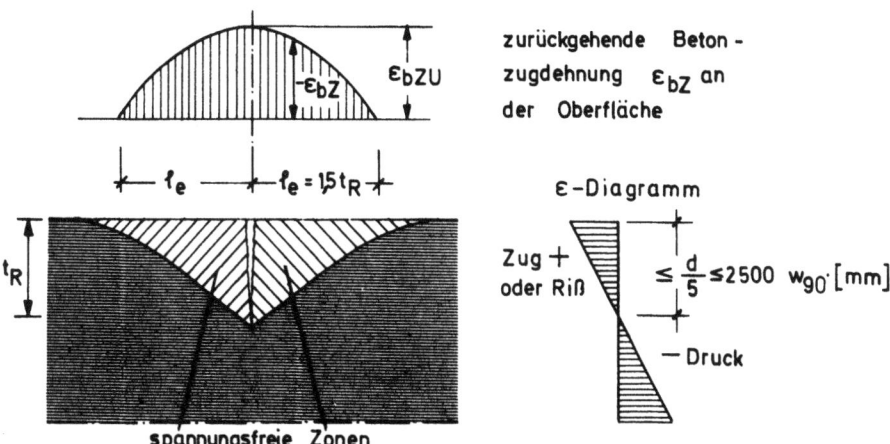

Bild 2.35 Zur Ermittlung der Rißbreite in Rissen ohne Bewehrung

Die Rißbreite errechnet sich nun aus der zurückgehenden Betondehnung zu

$$w_m = 2 \ell_e \cdot \frac{2}{3} \epsilon_{bZU} = 2 t_R \epsilon_{bZU}$$

Mit $k_4 = 1,5$ (Streuung) und $\epsilon_{bZU} = 0,12$ ‰ wird

$$w_{90} = 1,5 \, w_m \approx 0,40 \, ‰ \, t_R \qquad (2.25)$$

Man erhält damit eine gute Übereinstimmung mit den von E. Bruy [6] gemessenen Rißbreiten.

Für eine Rißtiefe von 25 cm wird w_{90} = 0,1 mm. Man sieht daraus, daß man bei dicken Bauteilen mit geeigneter Vorspannung auch ohne Bewehrung die Rißbreiten klein halten kann. Für die Tiefe t_R gibt es eine absolute Grenze, abhängig von zul w, und eine relative Grenze bezogen auf die Dicke des Bauteiles. In der Regel sollte $t_R \leq 0,25$ d bleiben.

Die Rißbreite kann durch Schwinden oder Kühlung der oberflächennahen Zone und durch Kriechen des Betons im gedrückten Bauteil zunehmen. Der mit k_4 = 1,5 genügend hoch angenommene Streubeiwert berücksichtigt diese Einflüsse in der Regel ausreichend.

2.12 Beispiele der Anwendung

1.) Stahlbetonplatte d = 12 cm
   (nach DIN 1045, 17.6.1 bei Vollplatten mit d < 16 cm kein Nachweis der Rissebeschränkung erforderlich!)

   Baustoffe Bn 250, B St 42/50
   Betondeckung ü = 2 cm

   Schnittgrößen:
   $$m_x = \overset{g}{0,51} + \overset{p}{0,49} = 1,0 \text{ Mpm/m (volle Gebrauchslast)}$$
   $$m_x = m_g + 0,4\, m_p \approx 0,70 \text{ Mpm/m (Lastgrad 1)}$$

   Bemessung: $9,6 = 9,6\sqrt{1,0} \rightarrow k_e = 0,46$
   $9,6 = 11,5\sqrt{0,70} \rightarrow k_z > 0,93$

   $$\text{erf } f_e = \frac{1,00}{0,096} \cdot 0,46 = 4,79 \text{ cm}^2/\text{m}$$

   gewählt $\emptyset\, 8^{III}$, e = 10,0 cm
   vorh f_e = 5,00 cm²/m $\mu = \frac{5}{100 \cdot 12} = 0,42\,\%$

   Beschränkung der Rißbreite: Spannungen:

   $$\sigma_{eR} = \frac{\beta_{bZ} \cdot W_u}{0,85\, d \cdot f_e} = \frac{20 \cdot 100 \cdot 12^2}{0,85 \cdot 12 \cdot 5,00 \cdot 6} = 941 \text{ kp/cm}^2$$

   $$\sigma_e^{II} = \frac{m}{k_z \cdot h \cdot f_e} = \frac{0,70}{0,93 \cdot 0,096 \cdot 5,00} = 1,57 \text{ Mp/cm}^2 = 1570 \text{ kp/cm}^2$$

   $$F_{bw} = (ü + 7\emptyset) \cdot b = (2 + 7 \cdot 0,8) \cdot 100 = 760 \text{ cm}^2 > F_{bZ}^I$$

   (Stababstand $e_H < 14\emptyset\ 14 \cdot 0,8 = 11,2$ cm > vorh e_H = 10 cm)

   $$\mu_{zw} = \frac{5,00}{760} = 0,66\,\%$$

   $$\sigma_{ew} = \sigma_e^{II} - \frac{432 \cdot \sigma_{eR}}{\sigma_e^{II} \cdot \mu_z[\%]} = 1570 - \frac{432 \cdot 941}{1570 \cdot 0,66} = 1177 \text{ kp/cm}^2$$

2.12 Beispiele der Anwendung

aus den Diagrammen Bild 2.23 folgt für

$$\emptyset\ 5 \qquad \emptyset\ 10 \qquad \emptyset\ 8$$

$w_{90} = 0,2$ mm erf μ_z = 0,22 %   0,38   0,27 % < 0,66 %

Bei der gewählten Bewehrung mit Stäben $\emptyset$ 8 und Stababständen e = 10 cm ist die Rissebeschränkung für $w_{90} < 0,2$ mm gegeben.

Alternativen des Nachweises: mit Bild 2.24 und Bild 2.25

$$\mu_{zz} = \frac{2600}{\sigma_{ew}} \sqrt{\mu_z [\%]} = \frac{2600}{1177} \cdot \sqrt{0,66} = 1,79$$

Mit dem Diagramm 2.24 folgt nach Interpolation bei Stababstand e = 10 cm

für $\emptyset$ 5 w_{90} = 0,10 mm
für $\emptyset$ 10 w_{90} = 0,11 mm $\Big\}$ $\emptyset$ 8 w_{90} = 0,10 mm

Mit dem Diagramm 2.25 folgt:

für μ_{zz} = 1,79 und w_{90} = 0,2 mm

wird der zul. Stabdurchmesser $\emptyset \leq 16$ mm, also gewählter Stabdurchmesser 10 mm in Ordnung.

2.) **Plattenbalken mit hohem Steg**

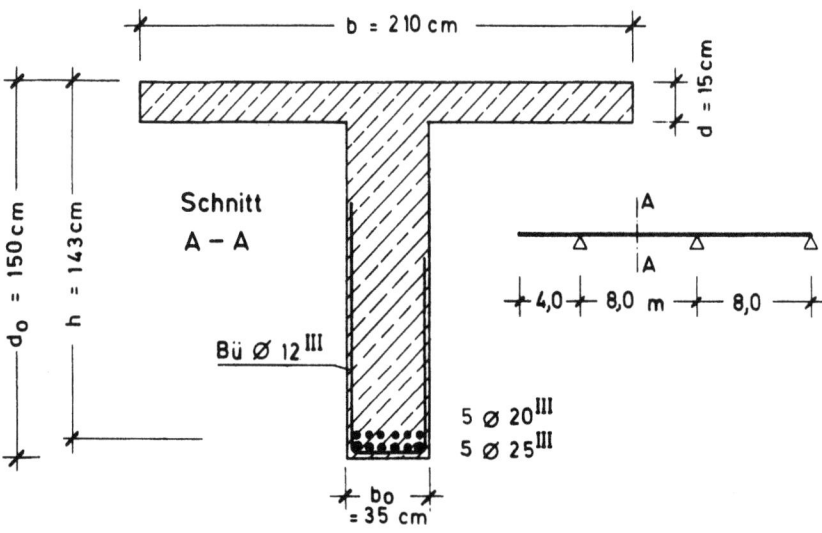

Baustoffe Bn 250, B St 42/50, Betondeckung Bügel ü = 2 cm
h = 143 cm W_u = 0,183 m³   Längsstäbe ü = 3,2 cm

2. Rissebeschränkung, Begrenzung der Rißbreiten

Schnittgrößen: Feldmoment $M = 132{,}3$ Mpm (volle Gebrauchslast)

$M_g + \psi \cdot M_p = 92{,}6$ Mpm (Lastgrad 1)

Querkraft: $Q_{Bre} = 91{,}4$ Mp (volle Gebrauchslast)

$Q_g + \psi Q_p = 64{,}0$ Mp (Lastgrad 1)

Bemessung: $b/b_o = \dfrac{210}{35} = 6 > 5$

$$\text{erf } F_e = \frac{\nu \cdot M}{(h - d/2) \cdot \beta_S} = \frac{1{,}75 \cdot 132{,}3}{(1{,}43 - 0{,}15/2) \cdot 4{,}2} = 40{,}7 \text{ cm}^2$$

gewählt 5 $\emptyset$ 25^{III} und 5 $\emptyset$ 20^{III} = 40,3 cm^2, Rest durch Stegbewehrung gedeckt.

Maßgebende Querkraft in $x = h/2$ vom Auflagerrand

$$Q = 91{,}4 - 12{,}0 = 79{,}4 \text{ Mp}$$

verminderte Schubdeckung nach [1a] 8.5.3:

$$\tau_{oU} = \frac{Q_U}{b_o \cdot z} = \frac{1{,}75 \cdot 79\,400}{35 \cdot 143 \cdot 0{,}88} = 31{,}55 \text{ kp/cm}^2$$

$$\tau_{oD} = 0{,}03 \cdot \beta_{wN} = 0{,}03 \cdot 250 = 7{,}5 \text{ kp/cm}^2$$

mit senkrechten Bügeln

$$\text{erf } f_{eBü} = \frac{\tau_{oU} - \tau_{oD}}{\beta_S} \cdot b_o \cdot \ell = \frac{31{,}55 - 7{,}5}{4200} \cdot 35 \cdot 100 = 20{,}0 \text{ cm}^2/\text{m}$$

$$\mu_S = \frac{f_{eBü}}{b_o \cdot \ell} = \frac{20{,}04}{35 \cdot 100} = 0{,}57 \%$$

gewählt Bügel $\emptyset$ 12^{III}, $e = 11$ cm $\triangleq$ 20,56 cm^2/m

oder bei Bügeln mit $\alpha = 52{,}5°$

$$\text{erf } f_{es} = \frac{\tau_{oU} - \tau_{oD}}{\beta_S} \cdot b_o \cdot \ell \cdot \frac{1}{\sin \alpha + \cos \alpha}$$

$$= 20{,}0 \cdot \frac{1}{\sin 52{,}5° + \cos 52{,}5°} = 14{,}3 \text{ cm}^2/\text{m}$$

$$\mu_S = \frac{f_{es}}{b_o \cdot \ell \cdot \sin \alpha} = \frac{14{,}3}{35 \cdot 100 \cdot \sin 52{,}5°} = 0{,}51 \%$$

gewählt Bügel (mit $\alpha = 52{,}5°$) $\emptyset$ 12^{III}, $e = 15{,}5$ cm $\triangleq$ 14,6 cm^2/m

2.12 Beispiele der Anwendung

Beschränkung der Rißbreite

a) Nachweis für den Zuggurt (Schnitt A - A)

$$\begin{array}{cccccc} \text{ü} & \text{Bü} & \text{1.L.} & \text{Abst.} & \text{2.L.} & \sim 4 \times \emptyset \quad b_o \end{array}$$

$$F_{bw} = (2,0 + 1,2 + 2,5 + 2,5 + 2,0 + 8,0) \cdot 35$$
$$= 18,2 \cdot 35 = 637 \text{ cm}^2$$

$$\mu_{zw} = \frac{100 \cdot 41,2}{637} = 6,47 \%.$$

Alle Tafeln zeigen, daß Nachweis im Zuggurt für so hohes μ_{zw} nicht erforderlich ist. Wichtig ist jedoch der Nachweis der Rissebeschränkung im Steg, um grobe Sammelrisse zu vermeiden (Bild 2.3 c und Bild 2.13 a).

b) Zum Nachweis der Rissebeschränkung im Steg wird das Dehnungsdiagramm im Zustand II über dem Gurt bis zu $\epsilon_e \approx 0,4$ ‰ entsprechend $\sigma_e \approx 800$ kp/cm² in 2 bis 3 Zonen unterteilt (Bild 2.36). Die Stahlspannungen σ_e dürfen dabei als Mittelwerte der trapezförmigen Zonen angesetzt werden.

$$Z = D = \frac{M}{h - \frac{d}{2}} = \frac{92,6}{1,43 - \frac{0,15}{2}} = 68,3 \text{ Mp}$$

Druckgurt:

$$\sigma_{bm} = \frac{-68\,300}{15 \cdot 210} = -21,7 \text{ kp/cm}^2 \qquad \epsilon_{bm} = \frac{-21,7}{300\,000} = -0,07 \text{ ‰}$$

Zuggurt:

$$\sigma_e^{II} = \frac{68,3 \cdot 10^3}{41,2} = 1659 \text{ kp/cm}^2 \qquad \epsilon_e = \frac{1659}{2,1 \cdot 10^6} = 0,79 \text{ ‰}$$

$$\epsilon_{em1} = \frac{3 \cdot 0,72 + 0,4}{4} = 0,64 \text{ ‰} \qquad \epsilon_{em2} = \frac{0,72 + 3 \cdot 0,4}{4} = 0,48 \text{ ‰}$$

$$\sigma_{em1}^{II} = 0,64 \cdot 2100 = 1344 \text{ kp/cm}^2 \qquad \sigma_{em2}^{II} = 0,48 \cdot 2100 = 1008 \text{ kp/cm}^2$$

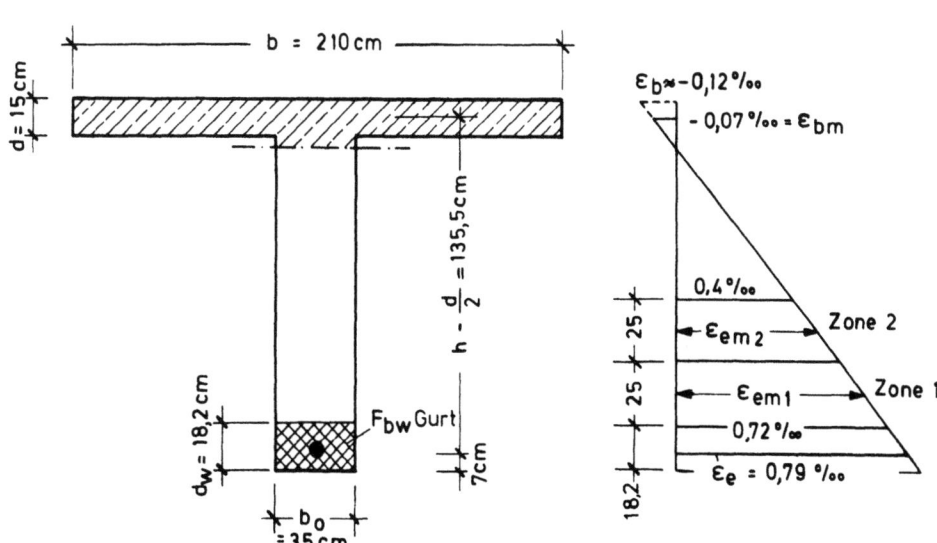

Bild 2.36 Anleitung für die Ermittlung der Steg-Längsbewehrung zur Rissebeschränkung bei hohen Stegen im Biegerißbereich

Unter Vernachlässigung der Mitwirkung des Betons zwischen den Rissen folgt mit $\sigma_{ew} \approx \sigma_e^{II}$ aus den Diagrammen 2.23 für $w_{90} = 0,2$ mm

Zone 1 $\sigma_{ew} = 1344$ kp/cm^2 $\varnothing$ 12 erf $\mu_{zw} = 0,71$ %

Zone 2 $\sigma_{ew} = 1008$ kp/cm^2 $\varnothing$ 10 erf $\mu_{zw} = 0,38$ %

Tiefe der Wirkungszone: $2,0 + 1,2 + 7 \times 1,0 = 10,2$ cm bei 17,5 cm halber Stegbreite.

Da der Steg bei der Breite von 35 cm mit durchgehendem Trennriß reißen wird, ist das erf. μ_{zw} besser auf die ganze Stegbreite zu beziehen, also auf $F_{bZ} = 35 \cdot 25 = 875$ cm^2 oder je Stegseite 437 cm^2.

Somit wird für jede Stegseite

für Zone 1 : erf $f_e = 0,0091 \cdot 437 = 4,0$ cm^2/25 cm → $\varnothing$ 12 a = 7 cm

für Zone 2 : erf $f_e = 0,0044 \cdot 437 = 1,9$ cm^2/25 cm → $\varnothing$ 10 a = 10 cm

Nach DIN 1045, 21.1.2, ist als Längsbewehrung im Steg 8 % der Biegezugbewehrung erforderlich. 8 % von 41,2 cm$^2 \hateq 3,3$ cm^2, was viel zu wenig ist.

Zum Vergleich folgt nach DIN 1045 aus Gleichung (2.18) mit $r = 50$ (w = 0,2 mm, Lage B), $\varnothing$ 10 mm und $\sigma_e = \frac{1}{2}(1344 + 1008) = 1176$ kp/cm^2

$$\mu_z = \frac{\varnothing \cdot \sigma_e^2}{r} = \frac{10 \cdot 1{,}176^2}{50} = 0{,}28 \text{ \%} \text{ , also ebenfalls zu wenig.}$$

Günstiger wäre ein nur 25 cm dicker Steg, in dem sich die Hauptbewehrung in Form von 8 $\varnothing$ 25 + 2 $\varnothing$ 12 = 41,6 cm^2 fast ganz in zwei Lagen unterbringen läßt. Die erforderlichen Stegbewehrungen werden dann für $F_{bZ} = 25 \cdot 25 = 625$ cm^2, je Stegseite 312 cm^2

Zone 1 = $0,0091 \cdot 312 = 2,8$ cm^2 → 2,5 $\varnothing$ 12 auf 25 cm

Zone 2 = $0,0054 \cdot 312 = 1,7$ cm^2 → 1,5 $\varnothing$ 12 auf 25 cm

zusammen ∼ 4 $\varnothing$ 12 in Abständen von 10 bis 12 cm.
Damit genügen 8 $\varnothing$ 12 = 9 cm^2.

Man spart dabei also mit dünneren Stegen Beton und Stahl und darf mit etwas mehr Sicherheit kleine Rißbreiten erwarten.

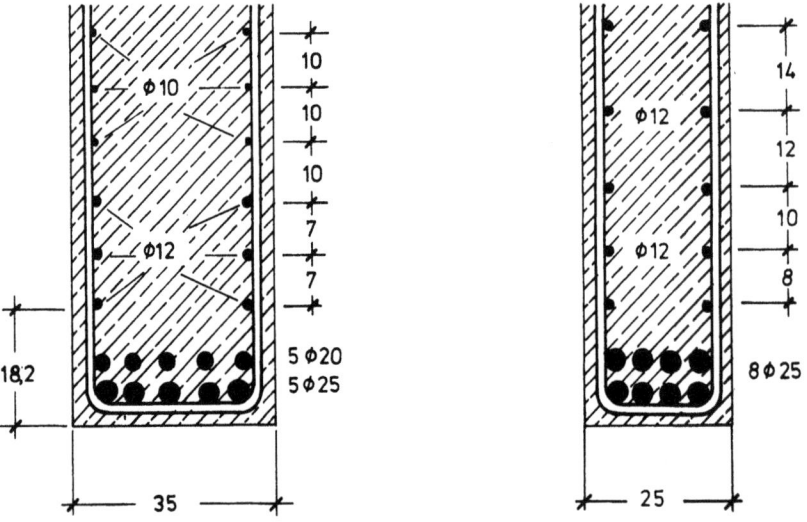

Bild 2.37 Verteilung der Stegbewehrung

2.12 Beispiele der Anwendung

c) Nachweis im Stegbereich bei Auflager B nach Abschn. 2.8.1

maßgebende Querkraft für Lastgrad 1

$$Q = 64,0 - 8,4 = 55,6 \text{ Mp}$$

$$\tau_o \leq \frac{55\,600}{35 \cdot 143 \cdot 0,88} = 12,61 \text{ kp/cm}^2$$

$$\left.\begin{array}{l} \tau_{oR} = 12 \text{ kp/cm}^2 \\ \tau_{oD} = 15 \text{ kp/cm}^2 \end{array}\right\} \quad \text{nach Tabelle S. 37}$$

$$\sigma_{eBü} = \frac{\tau_o - \tau_{oD}}{\mu_S} < 400 \text{ kp/cm}^2$$

Mit $\sigma_{ew} = 400 \text{ kp/cm}^2$ und dem Diagramm Bild 2.23 folgt bei

$w_{90} = 0,2$ mm und $\emptyset$ 12

$\text{erf } \mu_z = \text{erf } \mu_S \approx 0,25 \%$

Schubrißneigung bei $b/b_o = 6 \rightarrow 37,5°$

Daraus Zuschlag zu μ_S bei $\alpha = 52,5° \rightarrow 1,8$

$\text{erf } \mu_S = 1,8 \cdot 0,25 = 0,45 \% < \text{vorh } \mu_S = 0,57 \%$.

In diesem Beispiel ist für die Bewehrung der Stege der Nachweis der Rissebeschränkung nicht maßgebend. Bei höherer Schubbeanspruchung kann dieser Nachweis sehr schnell maßgebend werden.

3.) **Hohlkasten mit teilweiser Vorspannung und ohne Vorspannung**

idealisierter Querschnitt:

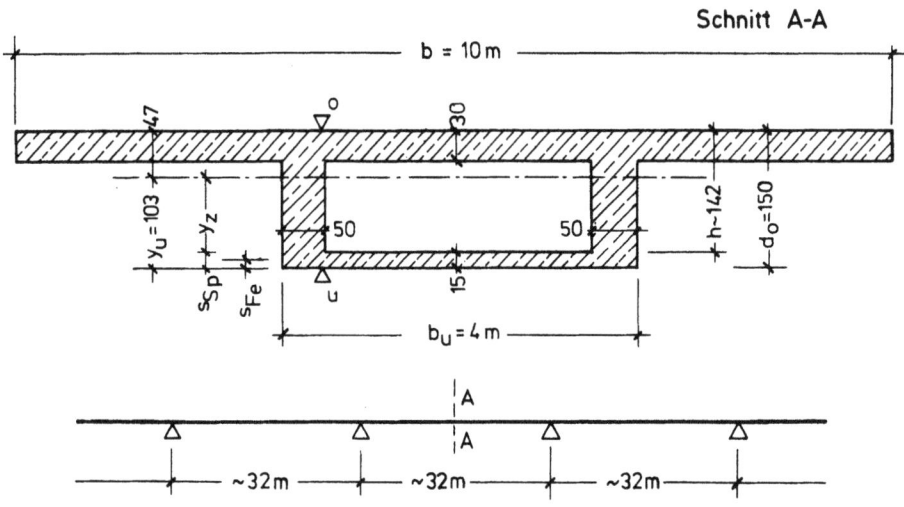

Baustoffe: Bn 450 mit $\beta_{bZ} \sim 25 \text{ kp/cm}^2$

B St 42/50 mit $\beta_S = 4200 \text{ kp/cm}^2$

St 145/160 mit zul $\sigma_z = 0,55 \cdot 16\,000 = 8800 \text{ kp/cm}^2$

$n = E_e/E_b = 5,7$

Querschnittswerte (mitwirkende Breite $b_m = b$):

$$F = 4,65 \text{ m}^2$$
$$W_u = 1,07 \text{ m}^3, \quad W_{Sp} = 1,25 \text{ m}^3$$
$$y_u = 1,03 \text{ m} \quad y_o = 0,47 \text{ m}$$
$$s_{Sp} = 0,15 \text{ m} \quad s_{Fe} = 0,075 \text{ m}$$

Schnittgrößen:

$$M = 1340 \text{ Mpm (volle Gebrauchslast)}$$
$$M_g = 740 \text{ Mpm}$$
$$M_g + \psi \cdot M_p = 1100 \text{ Mpm (Lastgrad 1)}$$

a) teilweise vorgespannter Hohlkasten

B e m e s s u n g mit der Methode von Colonetti in [81], siehe Bild 2.38
volle Vorspannung für Eigengewicht allein (M_v' vernachlässigt)

$$\sigma_u = 0 = \frac{V}{F} = \frac{V \cdot y_z}{W_u} + \frac{M_g}{W_u}$$

$$= \frac{V}{4,65} + \frac{V \cdot (1,03 - 0,15)}{1,07} + \frac{740}{1,07}$$

$$\text{erf } V_\infty = -\frac{740}{1,07 \cdot 1,04} = -667 \text{ Mp}$$

Für den Lastfall Vorspannung + volle Gebrauchslast muß im Spannstahl zul $\sigma_z = 8,8$ Mp/cm² eingehalten werden. Daraus folgt die Spannung σ_z im Spannstahl für Lastfall Vorspannung + Eigengewicht:

σ_z = zul σ_z - geschätzter Spannungszuwachs nach Rißbildung und Verlust durch S + K

$$\sigma_z = 8,8 - \sim 1,6 - \sim 0,4 = 6,8 \text{ Mp/cm}^2$$

$$\text{erf } F_z = \frac{667 \text{ Mp}}{\sim 6,8 \text{ Mp/cm}^2} = 98 \text{ cm}^2$$

2.12 Beispiele der Anwendung

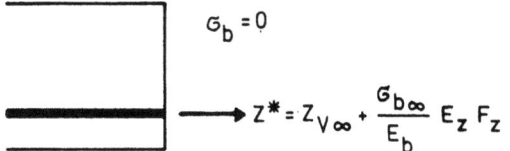

a) Fiktive Zugkraft Z^*

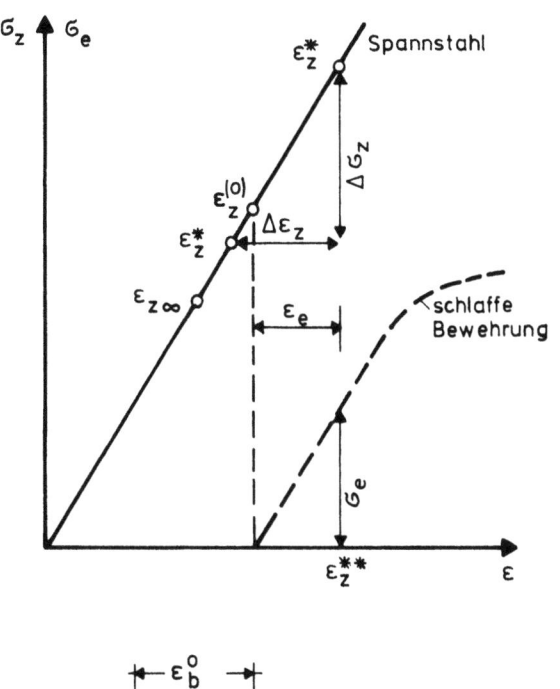

b) Spannungen und Dehnungen

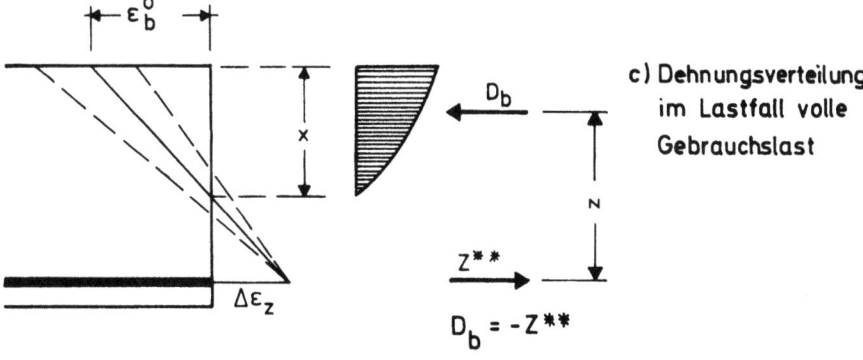

c) Dehnungsverteilung im Lastfall volle Gebrauchslast

Bild 2.38 Berechnung teilweise vorgespannter Querschnitte mit der Methode von Colonetti in [81]

Die fiktive Zugkraft Z^* in Höhe der Spanngliedachse wird so gewählt, daß der Beton spannungsfrei wird:

$$Z^* = Z_{V\infty} + \frac{\sigma_{b\infty}}{E_b} \cdot E_z \cdot F_z$$

$$\sigma_{b\infty} = \frac{-667}{4,65} - \frac{667 \cdot 0,88}{1,25} = -613 \text{ Mp/m}^2$$

$$Z^* = 667 + 613 \cdot 5,7 \cdot 0,0098 = 701 \text{ Mp}$$

Zur Ermittlung der Spannungen nach der Rißbildung (vorh $M \geq M_R$) gehen wir von diesem gedachten, spannungsfreien Zustand aus und wählen eine Dehnungsverteilung derart, daß das Moment der inneren Kräfte gleich dem (äußeren) Moment aus voller Gebrauchslast wird. Nach mehrfachem Probieren wird folgende Dehnungsverteilung gefunden:

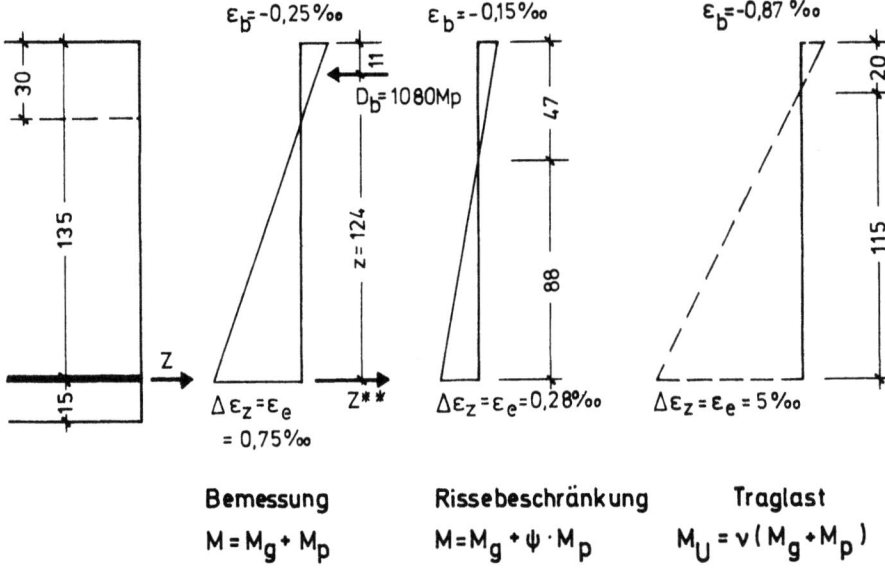

mit $\Sigma M = 0$ folgt: $M_i = D \cdot z = 1080 \cdot 1,24 = 1339$ Mpm $= M_a$

Aus der Dehnung der Stahleinlagen $\epsilon_e \approx \Delta \epsilon_z$ nach Überschreiten von $\sigma_b = 0$ folgt

$$\epsilon_z^{**} = \epsilon_z^* + \Delta \epsilon_z$$

$$Z^{**} = \left(\sigma_z^* + \Delta\sigma_z\right)F_z + \Delta\sigma_e \cdot F_e = -D_b$$

$$\Delta\sigma_z = \Delta\sigma_e = \Delta\epsilon_z \cdot E_e = \epsilon_e \cdot E_e$$
$$= 0,75 \cdot 10^{-3} \cdot 2,1 \cdot 10^3 = 1,575 \text{ Mp/cm}^2$$

$$Z^{**} = 701 + 1,575 \cdot 98 + 1,575 \cdot F_e = 1080 \text{ Mp}$$

2.12 Beispiele der Anwendung

$$\text{erf } F_e = \frac{1080 - 855}{1,575} = \underline{143 \text{ cm}^2} \quad \text{für ganze Gurtbreite}$$

gew. 56 $\emptyset$ 18^{III}, e = 14 cm oben und unten in der Zuggurtplatte

$$\hat{=} 142,8 \text{ cm}^2 \quad \text{(Bild 2.39)}$$

Die erforderliche Traglast (Bruchsicherheit) ist nachzuweisen. Sie ist ausreichend, was hier nicht dargestellt wird.

Nachweise der Rissebeschränkung:

Ermittlung des Rißmomentes bei $\beta_{bZ} = 25$ kp/cm^2

$$\sigma_u = 250 = \frac{-667}{4,65} - \frac{667 \cdot 0,88}{1,07} + \frac{M_R}{1,07}$$

$$M_R = (250 + 143 + 549) \cdot 10,7 = 1008 \text{ Mpm}$$

Ermittlung von σ_{eR}

mit $z \sim 1,24$ m folgt $D_b = \frac{1008}{1,24} = 813$ Mp

$$Z^{**} = 701 + \Delta\sigma_z \cdot 98 + \Delta\sigma_e \cdot 143 = 813 \text{ Mp}$$

$$\Delta\sigma_z = \Delta\sigma_e = \sigma_{eR} = \frac{813 - 701}{241} = 0,465 \text{ Mp/cm}^2$$

Ermittlung von σ_e^{II} bei $M_g + \psi \cdot M_p = 1100$ Mpm

mit $z \sim 1,24$ m folgt $D_b = \frac{1100}{1,24} = 887$ Mp

$$\Delta\sigma_z = \Delta\sigma_e = \sigma_e^{II} = \frac{887 - 701}{241} = 0,772 \text{ Mp/cm}^2$$

Eingangswerte in die Diagramme Bild 2.23

$$F_{bw} = 15 \cdot 400 = 6000 \text{ cm}^2$$

$$\mu_{zw} = \frac{142,8}{6000} = 2,38 \%$$

$$\sigma_{ew} = \sigma_e^{II} - \frac{432 \cdot \sigma_{eR}}{\sigma_e^{II} \cdot \mu_z [\%]} = 772 - \frac{432 \cdot 465}{772 \cdot 2,38} = 663 \text{ kp/cm}^2$$

für $\emptyset$ 18 mm folgt bei $w_{90} = 0,1$ mm

$$\text{erf } \mu_z = 1,0 \% < \text{vorh } \mu_z = 2,38 \%$$

Bei der gewählten Bewehrung ist die Rissebeschränkung für $w_{90} < 0,1$ mm gegeben.

Nachweis für Lastfall volle Gebrauchslast

$$\sigma_{ew} = 1575 - \frac{432 \cdot 465}{1575 \cdot 2,38} = 1522 \text{ kp/cm}^2$$

aus Bild 2.23: zu erwartende Rißbreite bei voller Gebrauchslast $w_{90} \leq 0,2$ mm.

b) Hohlkasten ohne Vorspannung

Bemessung: $b/b_o = \frac{1000}{2 \cdot 50} = 10 > 5$

$$\text{erf } F_e = \frac{\nu \cdot M}{(h - d/2) \cdot \beta_{0,2}} = \frac{1,75 \cdot 1340}{(1,42 - 0,3/2) \cdot 4,2} = 440 \text{ cm}^2$$

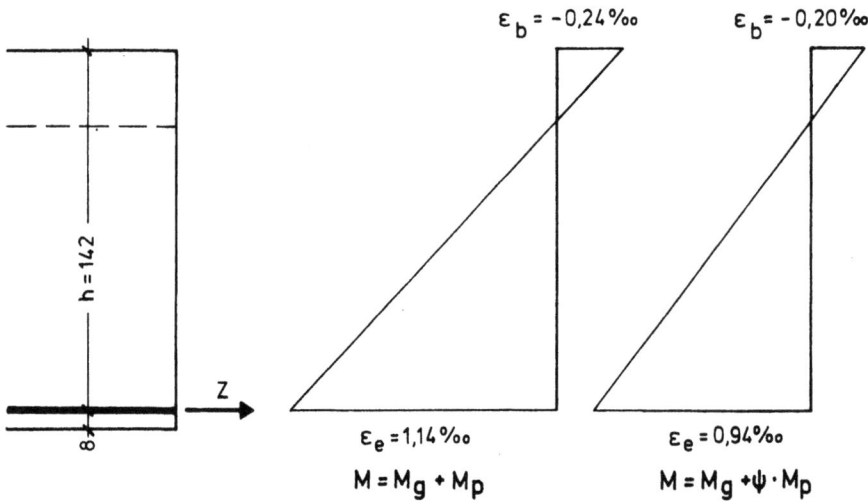

gewählt 2 x 22 = 44 ⌀ 28^{III} im Stegbereich = 271 cm^2

66 ⌀ 18^{III}, e = 9 cm oben und unten
in der Platte = 168 cm^2

vorh F_e = 439 cm^2 (Bild 2.39)

Nachweis der Rissebeschränkung für $M_g + 0,6 M_p$

$$Z = D = \frac{M}{h \cdot \frac{d}{2}} = \frac{1100}{1,27} = 866 \text{ Mp}$$

$$\sigma_e^{II} = \frac{866}{440} = 1,968 \text{ Mp/cm}^2$$

Rißmoment $M_R = \beta_{bZ} \cdot W_u = 250 \cdot 1,07 = 268$ Mpm

$$\sigma_{eR} = \frac{M_R}{z \cdot F_e} = \frac{268}{1,27 \cdot 440} = 0,480 \text{ Mp/cm}^2$$

$$\mu_{zw} = \frac{F_e}{F_{bw}}$$

2.12 Beispiele der Anwendung

Steggurtbereich $\mu_{zw} = \dfrac{271}{2 \cdot 1490} = 9{,}1\ \%$

Nachweis nicht nötig.

Platte $\mu_{zw} = \dfrac{168}{15 \cdot 300} = 3{,}73\ \%$

$\sigma_{ew} = 1968 - \dfrac{432 \cdot 480}{1968 \cdot 3{,}73} = 1940\ \text{kp/cm}^2$

$\mu_{zz} = \dfrac{2600}{\sigma_{ew}} \sqrt{\mu_z} = \dfrac{2600}{1940} \cdot \sqrt{3{,}73} = 2{,}59$

mit Bild 2.25 folgt für ϕ 18 mm, daß die Rissebeschränkung für $w_{90} < 0{,}2$ mm gegeben ist.

Der Nachweis der Rissebeschränkung in den Stegbereichen über dem Gurt erfolgt wie in Beispiel 2 gezeigt.

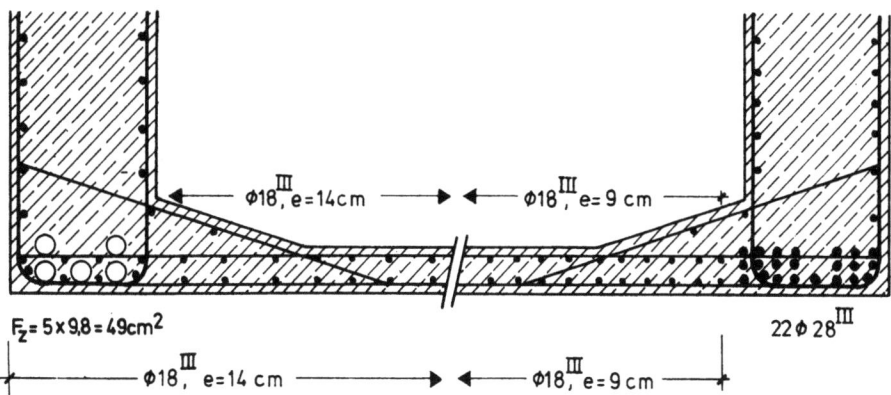

Bild 2.39 Verteilung der Bewehrung in den Stegen und der Platte des Hohlkastens

2.13 Praktische Hinweise, Nachweisgrenzen

2.13.1 Nachweis der Rissebeschränkung kann entfallen

Aus den verschiedenen Tafeln und aus Versuchsergebnissen kann man ableiten, daß Nachweise der Rißbreitenbeschränkung entfallen können, wenn bei Normalbeton der üblichen Betongüten μ_z bzw. μ_{zw} folgende Werte überschreitet:

	bei zul w_{90} =	0,1	0,2	0,4 mm
für Stahlbeton-Zugstäbe				
bei Stäben $\emptyset \leq 12$ mm	$\mu_z >$	1,4	1,0	0,7 %
bei Stäben $\emptyset \approx 20$ mm	$\mu_z >$	1,7	1,2	0,9 %
für Biegezuggurte				
bei σ_e^{II} bis 1200 kp/cm^2				
Stäbe $\emptyset \leq 12$ mm	$\mu_{zw} >$	1,8	0,6	0,3 %
Stäbe $\emptyset \approx 20$ mm	$\mu_{zw} >$	3,5	1,1	0,5 %
bei σ_e^{II} bis 2200 kp/cm^2				
bei $\emptyset \leq 12$ mm	$\mu_{zw} >$	6,0	1,9	0,8 %
bei $\emptyset \approx 20$ mm	$\mu_{zw} >$	9,0	3,6	1,1 %
für Stege im Biegezugbereich (Längsbewehrung, bezogen auf $b_0 \Delta h$)				
bei σ_e^{II} bis 800 kp/cm^2				
bei Stäben $\emptyset \leq 12$ mm	$\mu_z >$	0,8	0,4	0,2 %
bei σ_e^{II} bis 1600 kp/cm^2				
bei Stäben $\emptyset \leq 12$ mm	$\mu_z >$	3,0	0,9	0,3 %
für Stege im Schubbereich lotrechte Bügel bezogen auf $b_0 e_s$				
bei τ_0 bis 20 kp/cm^2				
Stäbe $\emptyset \leq 12$ mm	$\mu_s >$	1,4	0,8	0,6 %
bei τ_0 bis 30 kp/cm^2				
Stäbe $\emptyset \leq 12$ mm oder $\emptyset/h \leq 0,007$	$\mu_s >$	2,0	1,4	1,0 %
für 45° geneigte Bügel genügen die halben μ_s-Werte				

2.13 Praktische Hinweise, Nachweisgrenzen

2.13.2 Stababstände der Bewehrungen

Da die Stababstände einen starken Einfluß auf die Rißbreite haben, ist der Konstrukteur gut beraten, wenn er beim Entwerfen der Bewehrungen folgende Regeln beachtet:

Empfohlene obere Grenzen der Stababstände e in cm, jeweils rechtwinklig zu den Stäben gemessen

bei zul. Rißbreite w_{90}	0,1	0,2	0,4 mm
bei Zug	10	15	20 cm
bei Biegezug mit σ_e^{II} bis $\approx$ 2400 kp/cm^2	10	15	20 cm
bei Biegezug mit σ_e^{II} bis $\approx$ 1200 kp/cm^2	15	20	30 cm
bei Schub bis τ_o = 20 kp/cm^2, lotrechte Bügel	10	15	20 cm
bei Schub bis τ_o = 30 kp/cm^2, lotrechte Bügel	5	10	15 cm
bei Schub bis τ_o = 30 kp/cm^2, 45°-60° geneigte Bügel	10	20	25 cm
Torsion für τ_T > 20 kp/cm^2, Richtung der Bewehrung 0° - 90°	5	8	12 cm
Torsion für τ_T > 20 kp/cm^2, Richtung der Bewehrung 45°	10	20	25 cm

Die Spannungen σ_e^{II} und τ_o bzw. τ_T sind auf den für die Rißbreitenbeschränkung maßgebenden Lastgrad zu beziehen.

2.14 Mindestbewehrungen

Mindestbewehrungen haben zwei Aufgaben zu erfüllen:

1.) Sicherung der Tragfähigkeit, hierfür muß $F_e \beta_S \geq F_{bZ} \beta_{bZ}$ sein, d.h. die Bewehrung muß in der Lage sein, die beim Reißen des Betons verlorengehende und dann vom Stahl allein aufzunehmende Zugkraft aufzufangen, ohne daß die Streckgrenze β_S überschritten wird. Bei mittigem Zug (aus Zwang oder Last) ergibt sich

$$\min \mu_z \approx \frac{\beta_{bZ}}{\beta_S}$$

und damit für BSt 42/50 je nach Betongüte Werte von 0,5 bis 1,0 %, wenn die obere Grenze der Betonzugfestigkeit einer Betonart niedrig mit 0,6 $\beta_{wS}^{2/3}$ angesetzt wird.

Für Biegung haben wir in [1a], 7.5, aufgrund von Versuchen min μ-Werte angegeben, die als für die Praxis ausreichende Regel gelten. Nach Gl. (2.2a) ist für die Biegezugzone anzusetzen:

$$\min \mu_z \approx 0,4 \frac{\beta_{bZ}}{\beta_S}$$

Dies gilt jedoch streng genommen nur für Rechteckquerschnitte mit kleiner Höhe d, so daß die Biegezugbewehrung nicht wesentlich unterhalb dem Schwerpunkt der Biegezugzone liegt. Da die vom Beton auf den Stahl überspringende Zugkraft Z_b von der Biegezugzone $F_{bZ} = b(h-x^I)$ des Zustandes I herrührt, ist min μ_z auf F_{bZ} nach Zustand I zu beziehen. Die Versuche mit Platten zeigten, daß F_{bZ} sogar kleiner angesetzt werden kann.

Bei höheren Balken oder bei I- oder Kastenträgern, bei denen die Spannungsgradiente der σ_{bZ} im Wirkungsbereich der Gurtbewehrung klein ist, springt die Nullinie beim Entstehen des ersten Risses in der Regel gleich erheblich über die Lage von x^I auf x^{II} des Zustandes II hinauf, wodurch sich der innere Hebelarm vergrößert. Man sollte dann zur Kontrolle das min μ_z für reinen Zug, also den ganzen Wert β_{bZ}/β_S, wählen, ihn aber nur auf die Wirkungszone der Gurtbewehrung F_{bw} beziehen.

Für Biegung mit Längsdruck rückt die Nullinie mit zunehmendem Längsdruck nach unten, die Höhe der Biegezugzone $(d - x^I)$ nimmt ab und damit ergibt min $\mu_z \cdot F_{bZ}$ kleiner werdende Bewehrungsmengen. Wird die bezogene Ausmitte e/d (vgl. Bild 2.8) klein, dann wird die mögliche Dehnung des Stahles beim Reißen der Zugzone abhängig von der Größe der Druckspannung am gedrückten Rand begrenzt, so daß die Streckgrenze der Zugstäbe gar nicht mehr erreicht wird, die Stahlspannung σ_{eR} also unter der Streckgrenze bleiben muß. Dann gilt obige Formel nicht mehr. Die Mindestbewehrung richtet sich dann nach den Forderungen zur Rißbreitenbeschränkung in Abschnitt 2.7.4.

Für Schub aus Q ist in [1a] 8.5.3.4 eine Mindestbewehrung für Stege angegeben, für $\tau_o > \tau_{oR}$ ist jedoch ein größeres min μ_S zur Rissebeschränkung nötig.

Liegen diese min μ_z über dem sich aus der üblichen Bemessung für Lasten ergebenden μ_z, dann ist das höhere μ_z nur dann zu beachten, wenn das Versagen der Bewehrung beim Reißen des Betons aus Last- und Zwangspannungen zu groben Rissen oder zu einer Einsturzgefahr führen würde. Dies ist in der Regel nicht der Fall. Das erf. min μ_z kann bei Zugstäben durch Verkleinerung des Betonquerschnittes vermindert werden.

2.) Sicherung der Gebrauchsfähigkeit

Mindestbewehrungen zur Sicherung der Gebrauchsfähigkeit braucht man an den Trägerstellen oder Bauteilen, an denen aus Lasten keine oder nur sehr kleine F_e nötig sind, wo aber aus Temperatur, Schwinden, Auflagerverschiebungen o. ä. Zwangskräfte zu Rissen führen können und diese Risse unerwünscht oder schädlich sind.

Hier gilt es, die zulässige Rißbreite einzuhalten, wobei von Fall zu Fall zu entscheiden ist, ob dabei die Bedingung für Mittelwerte w_m oder für maximale Werte (90 % Fraktile) w_{90} erfüllt werden soll. Die hierzu nötigen min μ_z ergeben sich aus den Ableitungen und Kurventafeln der vorstehenden Abschnitte, auch abhängig vom gewählten Stabdurchmesser, sie können bei hohen Anforderungen, z.B. $w_m \leq 0,1$ mm weit über den min μ_z für Tragfähigkeit liegen - man vergleiche hierzu das Diagramm 2.20 für Zug. Hohe Betongüten führen zu einem hohen Spannungssprung beim Entstehen eines Risses und bedingen entsprechend auch höhere min μ_z. Bei Biegung mit Längsdruck kann andererseits die Mindestbewehrung entfallen, wenn die Voraussetzungen dazu nach Abschn. 2.11 erfüllt sind. Bei Spannbeton beachte man, daß Spannglieder in Hüllrohren in der Regel nicht oder nicht voll zur Rißbreitenbeschränkung mitgerechnet werden dürfen (vgl. 2.7.4).

2.14 Mindestbewehrungen

Empfohlene Mindestbewehrungen

Betongüte β_{wN} [kp/cm^2]					150	250	350	450	550
Mittelwert der Betondruckfestigkeit β_{wS}					200	300	400	500	600
Betonzugfestigkeit etwa $0,60\,\beta_{wS}^{2/3}$ [kp/cm^2]					20	27	33	38	42
Beanspruchung					min μ_z in %				
Mittiger Zug (x = Tragfähigkeit maßgebend)	Tragfähigkeit		BSt 42/50		0,48	0,64	0,78	0,90	1,00
			BSt 50/55		0,40	0,54	0,66	0,76	0,84
	Rissebeschränkung	mit ⌀ 8 BSt 42/50	w_{90}	0,1 mm	1,05	1,10	1,15	1,20	1,25
				0,4 mm	0,52	x	x	x	x
			w_m	0,1 mm	0,85	0,90	0,95	1,00	1,05
				0,4 mm	0,45	x	x	x	x
		mit ⌀ 16 BSt 42/50	w_{90}	0,1 mm	1,45	1,55	1,65	1,70	1,75
				0,4 mm	0,65	0,70	0,75	0,80	0,85
			w_m	0,1 mm	1,20	1,23	1,28	1,32	1,35
				0,4 mm	0,56	0,58	x	x	x
Biegung	Tragfähigkeit nach Stuttgarter Versuchen bei BSt 42/50	Rechteck $\mu = \dfrac{F_e}{bh}$			0,10	0,13	0,16	0,18	0,20
		Plattenbalken $\mu_z = \dfrac{F_e}{b_o(d-x)}$			0,20	0,26	0,31	0,36	0,40
	Rissebeschränkung für $\sigma_e = 2000$ kp/cm^2 ⌀ < 16 mm			min μ_{zw} bezogen auf F_{bw} nach Bild 2.13					
			w_{90}	0,1	4,0	4,2	4,4	4,6	4,8
				0,4	0,7	0,8	0,9	1,0	1,1
			w_m	0,1	2,5	2,6	2,8	2,9	3,0
				0,4	0,50	0,55	0,6	0,65	0,7
Biegung mit Längsdruck (teilweise Vorspannung)	Rissebeschränkung Abhängig von der relativen Höhe der Nullinie im Zustand II bei maßgebender Last, also von $\dfrac{d-x^{II}}{d}$, genügen hier kleinere Bewehrungsgrade als bei reiner Biegung.								
Schub in Stegen bei vertikalen Bügeln	Tragfähigkeit				min μ_S bezogen auf $b_o e_s$				
	bei BSt 42/50				0,10	0,13	0,16	0,18	0,20
	bei BSt 50/55				0,10	0,11	0,13	0,15	0,17
	Rissebeschränkung bei $\tau_o \leq 20$ kp/cm^2 Stäbe ⌀ ≦ 12 mm	w_{90}	0,1		0,6	0,6	0,7	0,7	0,7
			0,4		0,3	0,3	0,35	0,35	0,35
	bei τ_o bis 30 kp/cm^2 Stäbe ⌀ ≦ 12 mm	w_{90}	0,1		1,2	1,2	1,3	1,3	1,3
			0,4		0,6	0,6	0,7	0,7	0,7

x = Tragfähigkeit maßgebend

Ein vereinfachtes Vorgehen zur Ermittlung der Mindestbewehrung für Rißbreitenbeschränkung besteht darin, daß man für mittigen oder wenig ausmittigen Zug mit freier Entwicklung der Dehnung das min μ_z oder min μ_{zw} aus Bild 2.20 abliest. Bei Biegung oder Biegung mit Längsdruck ist der Wert aus Bild 2.20 mit $\frac{d - x^{II}}{d}$ abzumindern, wobei zur Ermittlung von x^{II} zunächst eine Gurtbewehrungsmenge anzunehmen ist.

Für die Begrenzung der Schubrisse auf zul. Rißbreiten werden hier nur vorläufige Werte der min μ_S angegeben. (Definition von μ_S siehe [1a], Gl. 8.33). Hier bedarf es noch weiterer Auswertung von Versuchen an Plattenbalken. Der Einfluß der Stababstände und Stabdurchmesser ist bei Schubrissen besonders groß. Auf eine der wenigen Arbeiten zu diesem Problem von I. Deutsch - Timişoara - Rumänien [23] wird verwiesen.

Die Tafel auf S. 59 gibt die für Tragfähigkeit und für Rißbreitenbeschränkung nötigen Mindestbewehrungsprozentsätze nach dem Stand unserer Kenntnisse im Jahr 1977.

3. Formänderungen der Betontragwerke — Allgemeines

3.1 Zweck der Berechnung von Formänderungen [*]

3.1.1 für die Sicherung der Gebrauchsfähigkeit

Im Gebrauchszustand müssen die Formänderungen (deformations), z.B. Zusammendrückung oder Kürzung (shortening) von Stützen, Durchbiegung (deflection) oder Krümmung (curvature) oder Verdrehung (torque) von Balken oder Platten, so klein bleiben, daß die Gebrauchsfähigkeit des Tragwerkes nicht leidet und keine Einbauteile beschädigt werden. Die Formänderungen sind dabei für die jeweils maßgebenden Anforderungsgrade, im besonderen für die Lastgrade und die zugehörigen Steifigkeiten des Gebrauchszustandes zu rechnen. Durchbiegungen werden in der Regel zu einem Teil durch Überhöhung (camber) bei der Herstellung ausgeglichen, sie sind hierzu nur für die tatsächlich zu erwartende Dauerlast zu rechnen. Können Durchbiegungen Einbauteile beschädigen, dann sind sie für den höchsten Lastgrad zu berechnen und noch mit einem Sicherheitsfaktor zu vergrößern.

Wird die Formänderung behindert, dann entstehen Zwangskräfte, für die manchmal nachgewiesen werden muß, daß sie keine groben Risse oder keine zu hohen Druckspannungen verursachen.

3.1.2 für die Sicherung der Tragfähigkeit

Bei statisch unbestimmten Tragwerken sind außer den Gleichgewichtsbedingungen (equilibrium-conditions) auch die Verträglichkeitsbedingungen (compatibility-conditions) einzuhalten, d.h. die Formänderungen müssen mit den Lagerbedingungen verträglich sein. Da die Traglasten bei Stahlbeton grundsätzlich aus den Bruch-Grenzzuständen berechnet werden, müssen dabei auch die Formänderungen mit den Steifigkeiten für diese Zustände berechnet werden. Dies gilt auch für Nachweise der Sicherheit gegen Knicken, Kippen oder Beulen, wobei streng genommen innerhalb eines Tragwerkes die durch unterschiedliche Beanspruchungsgrade bedingten unterschiedlichen Steifigkeiten berücksichtigt werden müssen.

3.2 Ursachen, Arten, Rechengrößen und Streuung der Formänderungen

3.2.1 Ursachen und Arten

Wir unterscheiden Formänderungen infolge von Lasten, aufgezwungenen Verschiebungen, z.B. Auflagerverschiebungen, ferner durch Temperaturänderung, Schwinden oder Kriechen des Betons.

Die Größe der Formänderung wird beeinflußt durch Grad, Dauer und Wiederholung dieser Ursachen.

---

[*] Das Wort "Formänderung" wird gleichbedeutend neben "Verformung" benützt.

Im elastischen Bereich (Zustände I und II) gehen die Verformungen bei Kurzzeitlast (Lastdauer nur wenige Minuten!) nach Entlastung praktisch auf Null zurück. Längere Lastdauer oder Lastwiederholungen verursachen durch Kriechen des Betons und durch Verlust an Verbund bleibende Verformungen.

Im plastischen Bereich (Zustand III), in dem Spannungen des Stahls und des Betons die Proportionalitätsgrenzen überschreiten, stellen sich auch bei Kurzzeitlast nach Entlasten bleibende Verformungen ein.

Weiter werden Formänderungen nach Art der Beanspruchung unterschieden:

1. durch mittige Längskraft N, Zug (+) oder Druck (-), als Verlängerung oder Verkürzung $\Delta \ell$ eines Prismas der Länge ℓ, abhängig von der Dehnsteifigkeit (longitudinal stiffness) $K_N = EF$

2. durch reine Biegung infolge von Momenten M, die Biegekrümmungen $\varkappa$ und damit Durchbiegungen (+ nach unten, - nach oben) und Drehwinkel erzeugen, abhängig von der Biegesteifigkeit (bending or flexural stiffness) $K_B = EJ$

3. durch Schub infolge Querkraft Q, die sich kreuzende schiefe Hauptspannungen und damit ein System schiefer Zug- und Druckkräfte hervorruft. Sie erzeugen Schubverformungen γ, abhängig von der Schubsteifigkeit (shear rigidity) K_S

4. durch Torsionsmomente M_T, die Verdrehungen ϑ hervorrufen, abhängig von der Torsionssteifigkeit (torsional rigidity) K_T

5. durch Eigenspannungen z.B. infolge von Temperaturgradienten

6. durch erzwungene Verschiebungen an Lagern oder dergleichen.

Diese Beanspruchungsarten treten häufig in Kombination auf, z.B. N + M oder M + Q + M_T. Die Verformungen werden für jede Beanspruchungsart getrennt berechnet und dann überlagert (superponiert), was nur im elastischen Bereich des Zustandes I zu brauchbaren Ergebnissen führt und streng genommen z.B. bei Q + M_T dem tatsächlichen Verhalten nicht entspricht.

3.2.2 Rechenwerte der Steifigkeiten

Zur Berechnung der Formänderungen bedient man sich der schon erwähnten Steifigkeiten, die in Tafel 3.1 zusammengestellt sind. Steifigkeitswerte setzen sich stets aus den Baustoffkennwerten, den Elastizitätsmoduln E_b und E_e, und Querschnittswerten, z.B. der Flächen F_b und F_e, dem Trägheitsmoment J oder bei Torsion J_T zusammen.

3.2.2.1 Baustoffkennwerte E_e und E_b

Stahl: Im elastischen Bereich ist E_e konstant (Bild 3.1).
Im plastischen Bereich wird in der Regel der zur Spannungsstufe gehörige E_{pl}-Modul (Neigung der zugehörigen Sekante) nach der tatsächlichen σ-ϵ-Linie eingesetzt, weil die Betonstähle meist keine ausgeprägte Streckgrenze haben und die ideal-plastische Linie mit horizontalem Zweig, also $E_{pl} = 0$ ein zu "weiches" Verhalten des Trägerteiles vortäuscht.

3.2 Ursachen, Arten, Rechengrößen und Streuung der Formänderungen

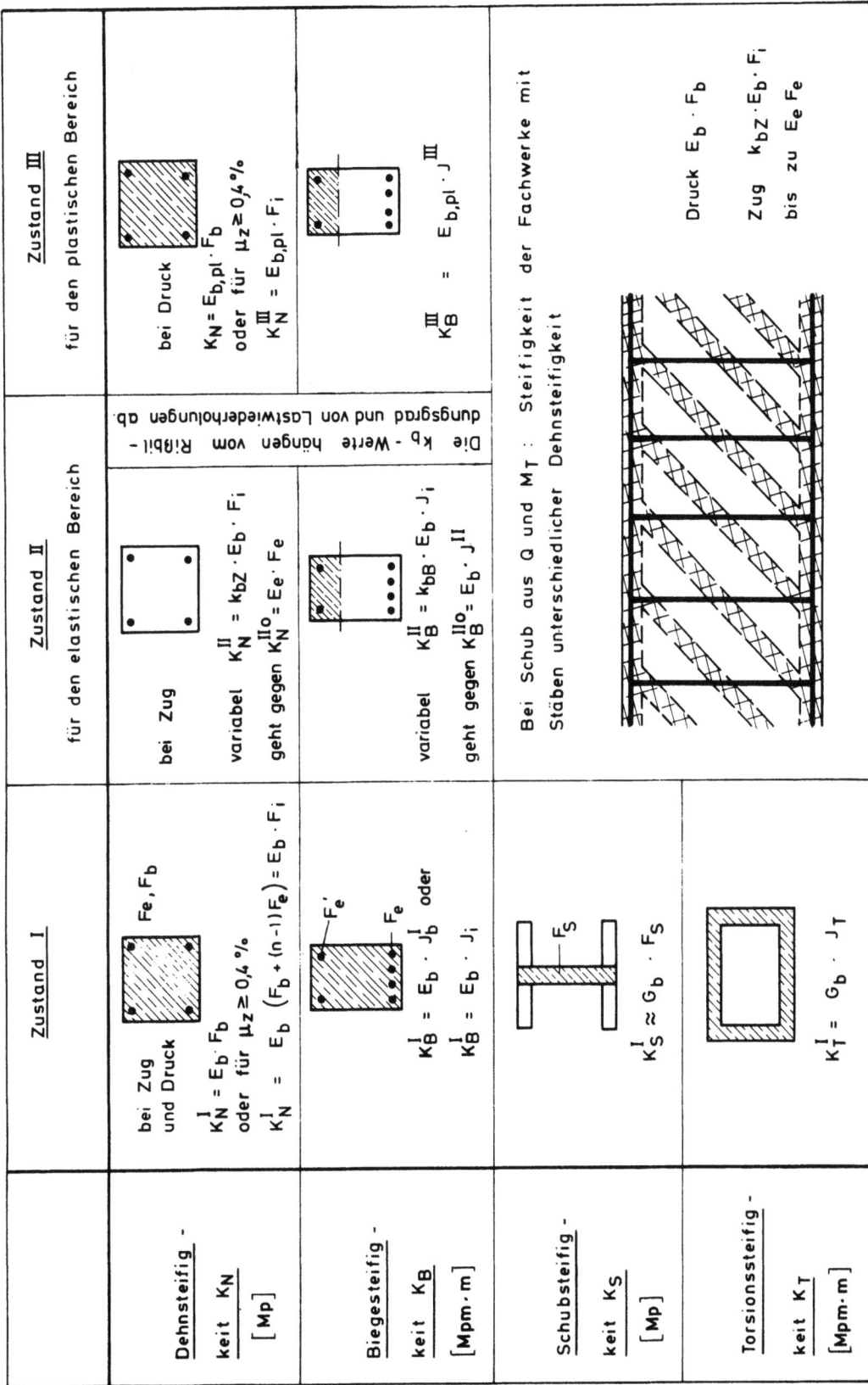

Tafel 3.1 Steifigkeitswerte für verschiedene Beanspruchungen

3. Formänderungen der Betontragwerke - Allgemeines

Beton: Wichtig ist hier, daß den Formänderungsberechnungen der Mittelwert der tatsächlich vorhandenen oder erwarteten Festigkeit des Betons zum Zeitpunkt der Belastung zugrunde gelegt wird. Diese Betonfestigkeit hängt bekanntlich stark vom "Reifegrad" der Erhärtung ab (siehe [1a] Abschn. 2.9.3). Man darf also nicht einfach die Nennfestigkeit β_{wN} des Betons annehmen, die ein garantierter Mindestwert (5 %-Fraktile) sein soll. Richtiger ist es, von der Serienfestigkeit β_{wS} auszugehen, die bei Normalbeton und 28 Tage-Normerhärtung für alle Betongüten um rd. 50 kp/cm^2 über β_{wN} liegt. Wenn in diesem Kapitel und den folgenden β_w geschrieben wird, dann bedeutet dies also den Mittelwert der Würfeldruckfestigkeit bei Belastungsbeginn.

Gemäß der σ-ϵ-Linie des Normalbetons (Bild 3.2) kann im Gebrauchslastbereich bis $\sigma_b = 0,33\,\beta_p$ der E-Modul E_b als konstant angenommen werden mit dem nach DIN 1048 bestimmten Wert, der nur wenig kleiner ist als der Ursprungstangenten-Modul E_{bo}. Oberhalb $\sigma_b > 0,4\,\beta_p$ muß $E_{b,pl}$ variabel vom Beanspruchungsgrad abhängig eingesetzt werden, wobei der Sekanten-Modul für die Gesamtverformung durch die zu σ_b gehörige Last P und der Tangentenmodul für den Zuwachs der Verformung durch kleine Laststufen auf dem Niveau dieser Last gilt.

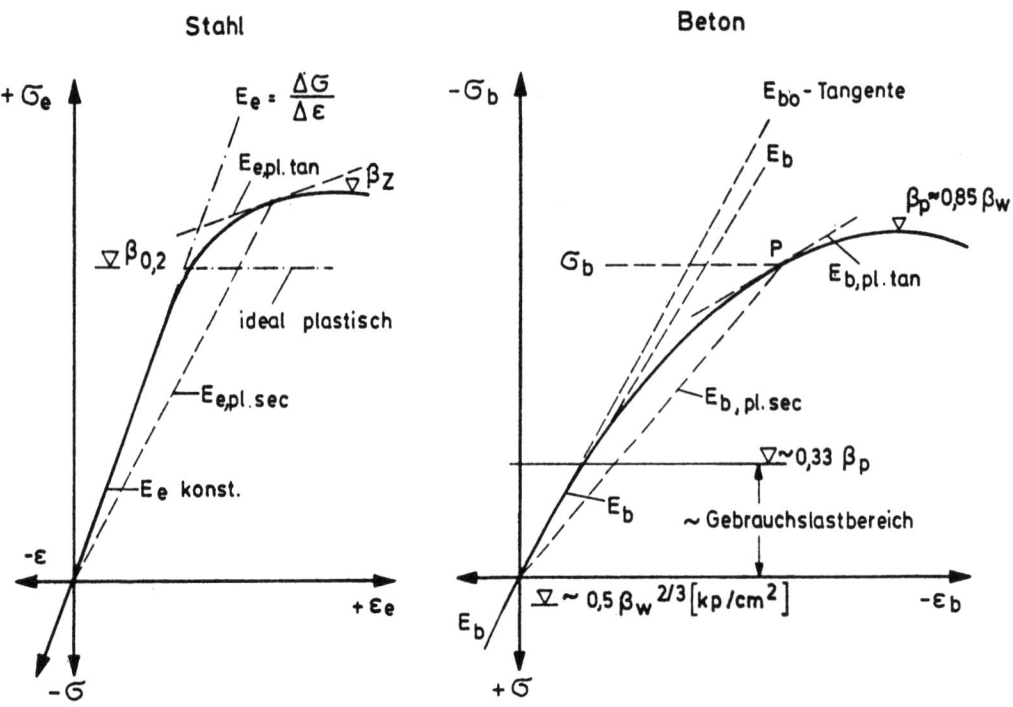

Bild 3.1 Zum E-Modul des Stahles   Bild 3.2 Zum E-Modul des Betons

Die in DIN 1045 angegebenen E_b-Werte sind auf β_w und nicht auf β_{wN} zu beziehen (Tabelle 3.2).

Für schwingende oder dynamische Beanspruchungen ist zu beachten, daß der E-Modul mit zunehmender Frequenz scheinbar zunimmt, weil die Entwicklung der Spannungen und Dehnungen Zeit erfordert und bei hoher Geschwindigkeit der Beanspruchungsänderung, wie sie bei Schwingungsfrequenzen über rd. 100 Hertz gegeben sind, die für ruhende Last gerechneten Spannungswerte nicht mehr erreicht werden. Die Verformungen werden entsprechend kleiner. Der "dynamische E-Modul" ist dadurch scheinbar höher als der statische.

3.2 Ursachen, Arten, Rechengrößen und Streuung der Formänderungen

Der Schubmodul $G = \frac{E}{2(1+\mu)}$ kann nur im Zustand I für Schub- und Torsionsverformungen benützt werden, wobei die Querdehnzahl $\mu = 0,2$ zu setzen ist. Im Zustand II wird der E-Modul maßgebend, weil die Schub- und Torsionsverformungen mit Fachwerkmodellen berechnet werden, in denen sich die Fachwerkstäbe gemäß ihren Dehnsteifigkeiten verformen.

Tabelle 3.2   Mittelwerte der E_b-Moduln von Normalbeton für Verformungsberechnungen – bei Leichtbeton nach Eignungsprüfung

β_w bei Belastungsbeginn	150 ~Bn 100	250 ~Bn 200	350 ~Bn 300	450 ~Bn 400	550 ~Bn 500	kp/cm²
Zustand I u. II $\sigma_b \leq 0,33 \beta_p$	260 000	300 000	340 000	370 000	390 000	kp/cm²
Zustand III $\sigma_b > 0,4 \beta_p$	variabel je nach Beanspruchungsgrad					

Das CEB empfiehlt den E_b-Modul für Gebrauchslastbereiche aus der mittleren Zylinderdruckfestigkeit β_{ct} des Betons im Alter von t Tagen für Normalbeton zu berechnen aus:

$$E_{bt} = 9500 \sqrt[3]{\beta_{ct} + 8} \quad \text{mit E und } \beta \text{ in MPa}$$

3.2.2.2 Querschnittswerte

Bei den Querschnittswerten F oder J muß unterschieden werden, ob sich das Tragwerksteil im Zustand I oder im Zustand II befindet. Im Zustand I wird in der Regel mit den Betonflächen allein gerechnet, solange $\mu = F_e/bd$ bei Normalkraft $<\sim 0,8\%$ und bei Biegung $<\sim 0,5\%$ ist (bei diesen μ-Werten bleibt $F_i/F_b < 1,1$). Bei starker Bewehrung werden die ideellen Querschnittswerte $F_i = F_b + (n-1)F_e$ und entsprechend J_i angesetzt. Bei Leichtbeton wirkt sich die Bewehrung wegen des hohen n-Wertes (15 bis 25) stark aus.

Druckbewehrungen können bei Normalbeton bis $\mu' = F_e'/bd < 0,4\%$ vernachlässigt werden, bei höheren μ' sind sie zur Verminderung von Kriechverformungen von Bedeutung. Bei Leichtbeton wirken sie verstärkt.

Im Zustand II können wir die Querschnittswerte nur im Rißquerschnitt unter Wegfall der zugbeanspruchten Betonflächen rechnerisch klar erfassen. Wir sprechen von Werten im "nackten Zustand II". Die dafür gerechneten Steifigkeitswerte würden zu große Verformungen ergeben, weil der Beton zwischen den Rissen mitwirkt (siehe 3.3) und zudem je nach Beanspruchungsgrad die Rißabstände zunächst groß sein können.

Die Belastungsstufen zwischen erstem Riß und abgeschlossener Rißbildung (kleinste Rißabstände erreicht) erstrecken sich vor allem bei Platten über einen beachtlichen Bereich der Gebrauchslast. In diesem Bereich der Lastgrade sind die Querschnittswerte und damit die Steifigkeiten vom Rißbildungsgrad abhängig und variabel. Dieser Bereich konnte bisher rechnerisch nicht befriedigend erfaßt werden, was zu manchen Fehlschlägen bei Bauausführungen geführt hat (z.B. zu große Überhöhung). Im folgenden versuchen wir hier eine Grundlage zur wirklichkeitsnahen Berechnung der Formänderungen dieses Bereiches zu schaffen.

3.2.3 Streuung der Steifigkeiten

Die vielen Einflüsse auf die Festigkeiten und die E_b-Moduln des Betons ([1a], 2.9 und 2.10) und Toleranzen der Abmessungen ergeben eine erhebliche Streuung der beobachteten Formänderungen der Betontragwerke.

Für die Praxis bedeutet dies, daß die Streubreite genügend genau erfaßt werden muß, so daß je nach der Auswirkung einer Formänderung wahrscheinliche Größt- oder Kleinstwerte berechnet werden können. Im Gebrauchszustand interessieren z.B. für Überhöhungen häufig die wahrscheinlichen Mittelwerte.

Es hat sich als zweckmäßig erwiesen, bei den Berechnungen von Mittelwerten auszugehen und die wahrscheinliche obere, bzw. untere Grenze der Verformungen durch prozentuale Zu- bzw. Abschläge anzugeben.

Die Streuung der E_e-Moduln der Betonstähle ist gering und kann vernachlässigt werden.

Für die Streuung der E_b-Werte geben wir in Tabelle 3.3 die Streuung der Würfeldruck- und der Zugfestigkeit nach H. Rüsch [30] für Normalbeton β_W = 250 bis 550 an; ausgehend vom Mittelwert β_W :

Tabelle 3.3 Streuung der Festigkeiten des Normalbetons

β_W in kp/cm^2	untere Grenze 5 % Fraktile	Mittelwert	obere Grenze 95 % Fraktile
Würfeldruckfestigkeit β_W	$0,85\ \beta_W$	β_W	$1,15\ \beta_W$
β_W bei sehr guter Betonherstellung	$0,91\ \beta_W$	β_W	$1,09\ \beta_W$
Zugfestigkeit β_{bZ}	$0,33\ \beta_W^{2/3}$	$0,52\ \beta_W^{2/3}$	$0,71\ \beta_W^{2/3}$
β_{bZ} innerhalb der gleichen Mischung	$0,36\ \beta_W^{2/3}$	$0,52\ \beta_W^{2/3}$	$0,68\ \beta_W^{2/3}$

3.2.4 Schwind- und Kriechbeiwerte

Die durch Schwinden und Kriechen des Betons verursachten zeitabhängigen Formänderungen werden mit den Schwinddehnungen ϵ_s und der Kriechzahl $\varphi = \dfrac{\epsilon_k}{\epsilon_{el}}$ berechnet (vgl. [1a], 2.9.3). Für die Praxis ist nun zu beachten, daß die in DIN 1045 angegebenen Werte für ϵ_s und φ_0 maximale Werte sind und z.B. zur Ermittlung von max. Spannkraftverlusten in Spannbetontragwerken dienen.

Für das Verhalten der Bauwerke müssen wir jedoch auch hier von Mittelwerten und Streubereichen ausgehen. Ferner ist zu beachten:

1. Der große Einfluß der Betontemperatur auf das Schwind- und Kriechverhalten. So hört die Schwind- und Kriechverkürzung bei Temperaturen unter + 5 °C praktisch auf, bei Temperaturen über + 20 °C nimmt sie dagegen stark zu, was sich u.a. bei Brücken bemerkbar macht, bei denen der Beton der Fahrbahntafeln unter schwarzer Asphaltdecke im Sommer durch Sonnenbestrahlung oft über längere Zeit Temperaturen über + 40 °C erreicht [18].

2. Der Erhärtungs- oder Reifegrad bei Belastungsbeginn, ausgedrückt durch das wirksame Betonalter. Belastet man den Beton zu jung, dann kann die Kriechverformung leicht doppelt so groß werden wie nach Normerhärtung. Auch der Reifegrad bei Belastungsbeginn ist stark temperaturabhängig.

3. Wegen des großen Einflusses der Temperaturen auf ϵ_s und φ_t und auf den Reifegrad bei Belastungsbeginn muß der Ingenieur bei Vorausberechnung von zeitabhängigen Verformungen klären, in welcher Jahreszeit und damit unter welchen durchschnittlichen Temperaturen die Bauteile hergestellt und bis zur Belastung erhärten bzw. ob und wie durch Nachbehandlung z. B. niedrige Temperaturen unter + 10 °C während dieser Zeit verhütet oder höhere Temperaturen erzeugt werden. Ist dies nicht möglich, so müssen obere und untere Grenzen für kalte und warme Jahreszeit vorausberechnet und ein wahrscheinlicher Zwischenwert z. Zt. der Herstellung beachtet werden. Die genannten Einflüsse können mit den Angaben in den Spannbetonrichtlinien 1973 z. T. erfaßt werden.

Streubereiche der ϵ_s, φ_0 und der zugehörigen k-Beiwerte (s. [1a] 2.9.3.7) aus Beobachtungen an Bauwerken sind noch kaum vorhanden. H. Rüsch [31] gibt für Schwinden und Kriechen eine Streubreite von ± 20 % an.

3.3 Die Mitwirkung des Betons zwischen den Rissen

3.3.1 Einfluß von Art und Grad der Beanspruchung auf die mittlere Dehnung von Zugstäben

Um diesen Einfluß aufzuzeigen, betrachten wir einen Stahlbetonstab, beansprucht durch mittigen Zug, der durch eine steigende Last-Zugkraft N erzeugt wird. Wir zeichnen das N-ϵ-Diagramm des Verbundstabes und zwar als Ordinate N und als Abszisse die gemittelte Dehnung $\epsilon_m = \Delta \ell / \ell$, wobei $\Delta \ell$ über Risse hinweg auf eine größere Stablänge ℓ gemessen wird (Bild 3.3). Zum Vergleich ist $\sigma_e = N/F_e$ für den Stahl allein eingetragen.

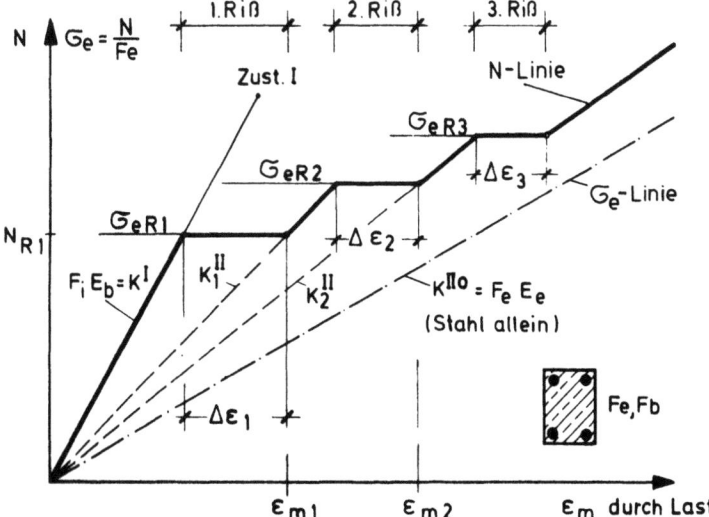

Bild 3.3 Zur Entwicklung der Dehnsteifigkeit eines Stahlbetonstabes bei Lastbeanspruchung

3. Formänderungen der Betontragwerke - Allgemeines

Der erste Riß führt zu einer plötzlichen Zunahme der Dehnung um $\Delta\epsilon_1$, abhängig von μ_z und damit vom Spannungssprung $\Delta\sigma_{eR} = \beta_{bZ}/\mu_z - n\beta_{bZ}$ im Riß und von der Dehnung durch verschieblichen Verbund in den beidseitigen Eintragungslängen ℓ_e (siehe Bild 2.5). Bei geringfügig gesteigerter Zugkraft entsteht ein zweiter Riß, der wieder zu einer Zunahme der Dehnung $\Delta\epsilon_2$ führt. Jede solche Dehnungszunahme bedeutet eine Abminderung der Dehnsteifigkeit K_N des Verbundstabes auf

$$K_1^{II} = \frac{\sigma_{eR_1} \cdot F_e}{\epsilon_{m1}} \quad ; \quad K_2^{II} = \frac{\sigma_{eR_2} \cdot F_e}{\epsilon_{m2}} \quad \text{usw.}$$

d.h. die Dehnsteifigkeit ist im Zustand II veränderlich bis der kleinstmögliche Rißabstand und damit die abgeschlossene Rißbildung (vergl. Bild 2.11) erreicht ist (Bild 3.5). Die Höhe der Spannungsstufen zwischen σ_{eR1}, σ_{eR2} bis σ_{eRn} hängt von der Streuung der Betonzugfestigkeit innerhalb einer Betonmischung ab (siehe Rechenannahmen hierzu in 3.2.3).

Bei den üblichen Bewehrungsgraden $\mu_z = 0,8$ bis $2,0\%$ und der mittleren Betongüte liegt die Stufenzone der σ_e/ϵ_m-Linie mit $\sigma_e = 2,6$ bis $1,0$ Mp/cm^2 gerade im Gebrauchslastbereich, so daß das veränderliche K^{II} für Formänderungsberechnungen in der Praxis gebraucht wird. Man kann also nicht einfach mit einem Festwert K^{II} rechnen.

Wird der Verbundstab durch eine steigende Zwangsdehnung ϵ beansprucht, dann ergibt sich eine grundsätzlich andere σ/ϵ-Linie (Bild 3.4). Mit dem 1. Riß fällt die Zwangszugkraft ab, weil die Steifigkeit von K^I auf K^{II} abnimmt. Die Stahlspannung bleibt um $\Delta\sigma_{eR1}$ niedriger als das der Rißlast N_{R1} entsprechende σ_{eo}. Steigt die Zwangsdehnung weiter an, dann steigt die Zwangskraft entsprechend $K_1^{II} < K^I$ flacher an, bis der zweite Riß wieder mit einem Abfall der Zwangskraft entsteht usw. bis alle innerhalb der Stablänge möglichen Risse entstanden sind oder die Zwangskraft ihren Grenzwert erreicht hat.

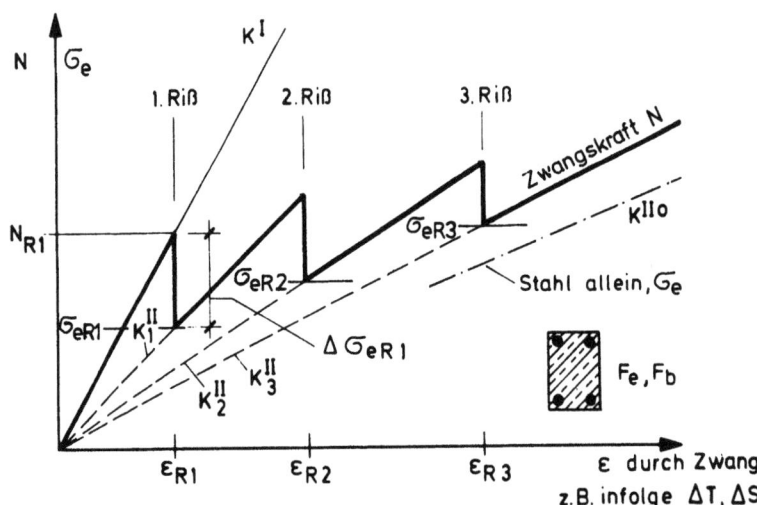

Bild 3.4 Zur Entwicklung der Dehnsteifigkeit eines Stahlbetonstabes bei Zwangsbeanspruchung

Wir haben also auch hier eine vom Rißbildungsgrad und der Streuung der Betonzugfestigkeit abhängige veränderliche Dehnsteifigkeit K^{II} im Zustand II, die sich über einen wichtigen Lastbereich erstreckt und in Bild 3.5 dargestellt ist.

3.3 Die Mitwirkung des Betons zwischen Rissen

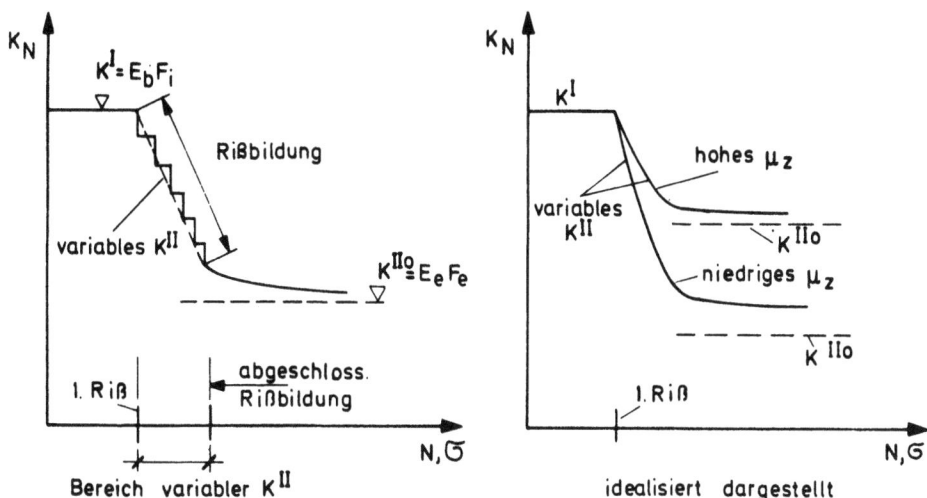

Bild 3.5 Die Steifigkeiten K_N^{II} sind in einem großen Bereich der Lastgrade veränderlich

Dabei ist die relative Größe der Abnahme der Steifigkeit K^{II} gegenüber K^I besonders bei Zwang auch von der Stablänge abhängig. Bei einem kurzen Stab kann schon ein Riß die Steifigkeit K^{II} gegenüber K^I stark vermindern, bei einem langen Stab entsprechend wenig.

Wenn Zwang- und Last-Kräfte gemeinsam auftreten, wird die Rißbildung gegenüber reiner Zwangbeanspruchung verstärkt, die K^{II} und damit die Zwangkräfte nehmen dann stärker ab.

Was hier am Beispiel des gezogenen Stabes gezeigt wurde, gilt im Grundsatz auch für Biegung, weil die Zuggurte von Balken kaum wissen dürften, ob sie durch Zug oder Biegezug beansprucht sind. Ein Unterschied entsteht jedoch durch die unterschiedliche vom Spannungssprung $\sigma_{eR} - n\sigma_b$ abhängige Verbundbeanspruchung (siehe 2.2.1) und durch die Abnahme der Zugspannung zur Nullinie hin.

Der Abstand der σ-ϵ_m-Linie von der Linie für den nackten Stahl allein, die mit $\sigma_e = N/F_e$ und E_e ermittelt wird, stellt die Mitwirkung des Betons zwischen den Rissen dar (vgl. Bild 2.16). Im gestaffelten Bereich ist die Veränderung dieses Abstandes primär abhängig von der Stablänge, auf die die Risse bezogen werden. Nach abgeschlossenem Rißbild hängt dieser Abstand von μ_z, der Verbundgüte, Aufteilung der Bewehrung und von Lastdauer bzw. Lastwiederholungen ab, die die Mitwirkung des Betons zwischen den Rissen vermindern (vgl. k_5-Faktor bei Rißbreiten in 2.4.2). Demnach vermindern sich auch die Steifigkeiten durch Lastdauer oder Lastwiederholungen abhängig von μ_z, schon ohne die Einflüsse von Schwinden und Kriechen des Betons (vgl. Bild 3.6). In Bild 3.7 ist schließlich ein gemessenes N-ϵ_m-Diagramm für einen Leichtbetonstab gezeigt (aus Rostásy [13]).

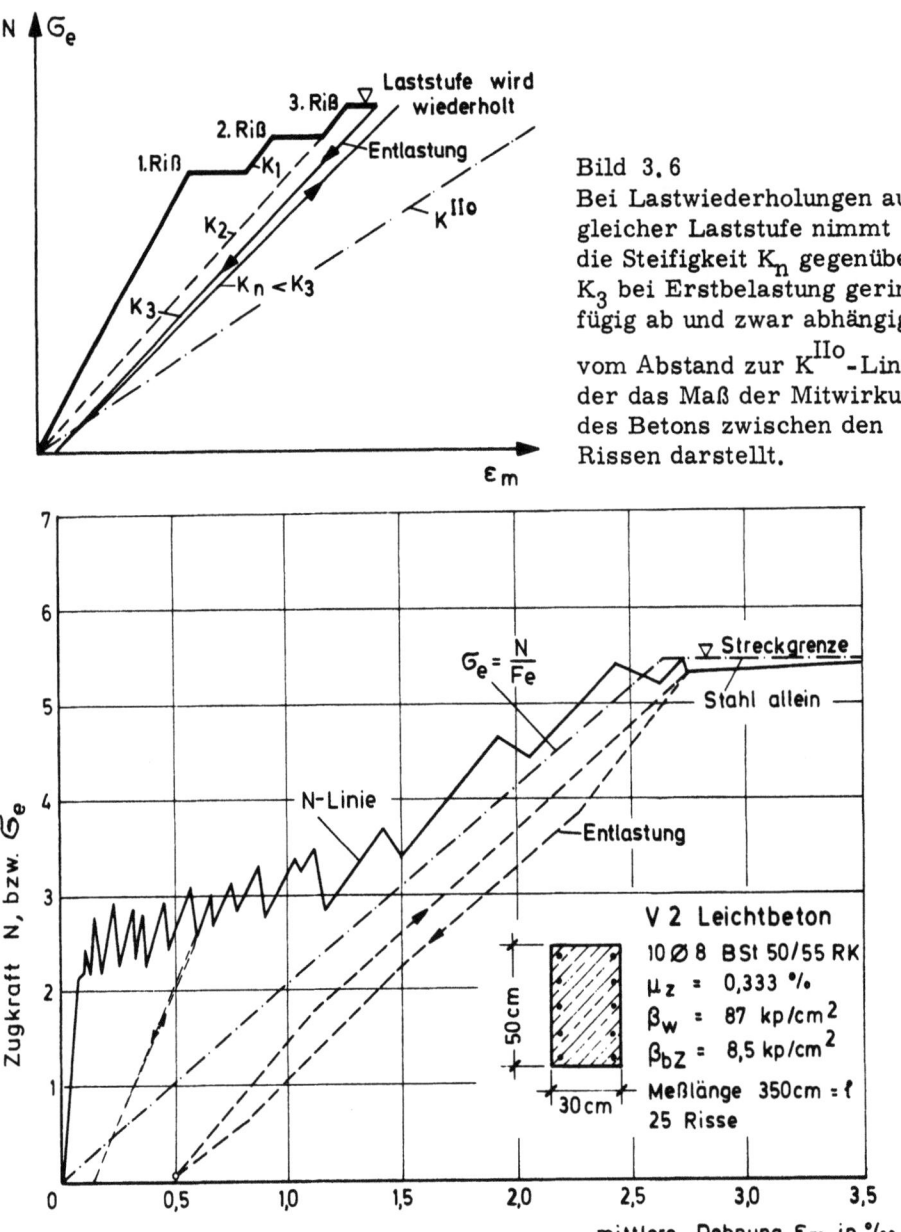

Bild 3.6
Bei Lastwiederholungen auf gleicher Laststufe nimmt die Steifigkeit K_n gegenüber K_3 bei Erstbelastung geringfügig ab und zwar abhängig vom Abstand zur K^{IIo}-Linie, der das Maß der Mitwirkung des Betons zwischen den Rissen darstellt.

Bild 3.7 Gemessener Normalkraft-Dehnungs-Verlauf eines Leichtbetonstabes [13]. Mehrmals 2 Risse bei Kraftabfall.

3.3.2 Annahmen für die rechnerische Erfassung der Mitwirkung des Betons zwischen den Rissen

Wenn man die Verformungen von Stahlbetontragwerken samt ihren Streuwerten für die Praxis in den Griff bekommen will, muß man Annahmen treffen, die auf statistischen Auswertungen von beobachteten Werten beruhen. Hierzu ist noch wenig Material verfügbar. Der folgende Vorschlag für Mittelwerte und Streuung entbehrt noch ausreichender Nachweise, er soll nur einen brauchbaren Weg aufzeigen.

Wir idealisieren dazu die aufgezeigten N-ϵ_m-Linien. Für den 1. Riß wird die Bruchdehnung des Betons zu $\epsilon_{R1} = 0,1$ ‰ angenommen. Dabei gehen wir von einer Betonzugfestigkeit β_{bZ} aus, die etwas unter dem statistischen Mittelwert nach Rüsch [30] aus tausenden Normalbeton-

3.3 Mitwirkung des Betons zwischen den Rissen

mischungen liegt:

$$\beta_{bZ,R1} \approx 0.46 \, \beta_w^{2/3} \quad \text{ergibt } \sigma_{eR1} \text{ bei } \epsilon_{R1} = 0.1 \text{ ‰} \tag{3.1}$$

Für den letzten n-ten Riß, der zum Abschluß der Rißbildung führt, ist die Streubreite der für das Bauwerk vorgesehenen Betonmischung maßgebend, die natürlich viel kleiner ist als diejenige vieler verschiedener Mischungen. Nach R. Koch [32] ist der Variationskoeffizient hierfür nur etwa v = 8 %.

Wir setzen für

$$\beta_{bZ,Rn} \approx 1.25 \, \beta_{bR1} \approx 0.58 \, \beta_w^{2/3} \quad \text{ergibt } \sigma_{eRn} \tag{3.2}$$

Über dem 1. Riß nehmen wir den σ_e-ϵ_m-Verlauf gekrümmt nach dem Ansatz von H. Falkner gemäß Gl. (2.13) an (Bild 3.8)

$$\epsilon_m = \epsilon_e^{II} \left[1 - \left(\frac{\sigma_{eR1}}{\sigma_e^{II}} \right)^2 \right] \tag{3.3}$$

Dabei entspricht σ_e^{II} der für den nackten Zustand II gerechneten Stahlspannung infolge der jeweiligen Kraft $N > N_{R1}$. Die Verminderung der Dehnung durch Mitwirkung des Betons zwischen den Rissen ist jeweils

$$\Delta \epsilon_e = \frac{\sigma_{eR1}^2}{E_e \, \sigma_e^{II}}$$

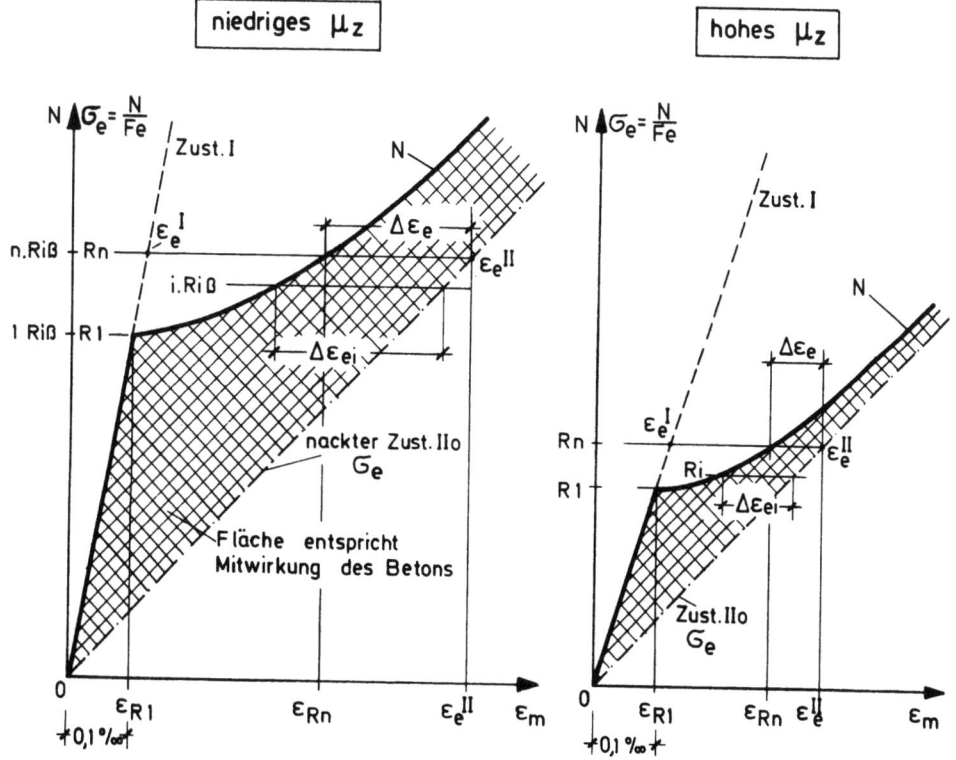

Bild 3.8 Annahmen für die Mitwirkung des Betons zwischen den Rissen bei Erstbelastung am N-ϵ_m-Diagramm des Verbundstabes

Der Einfluß von μ_z und β_w ist jeweils durch die beiden σ_e-Spannungswerte erfaßt.

Diese Annahmen gelten für die Erstbelastung. Die Abnahme der $\Delta\epsilon_e$ und damit der Steifigkeiten durch Lastwiederholungen oder Dauerlast wird später durch einen Korrekturfaktor geregelt.

In Bild 3.9 ist die N-ϵ_m-Beziehung für verschieden hohe Anrißspannungen σ_{eR1} dargestellt.

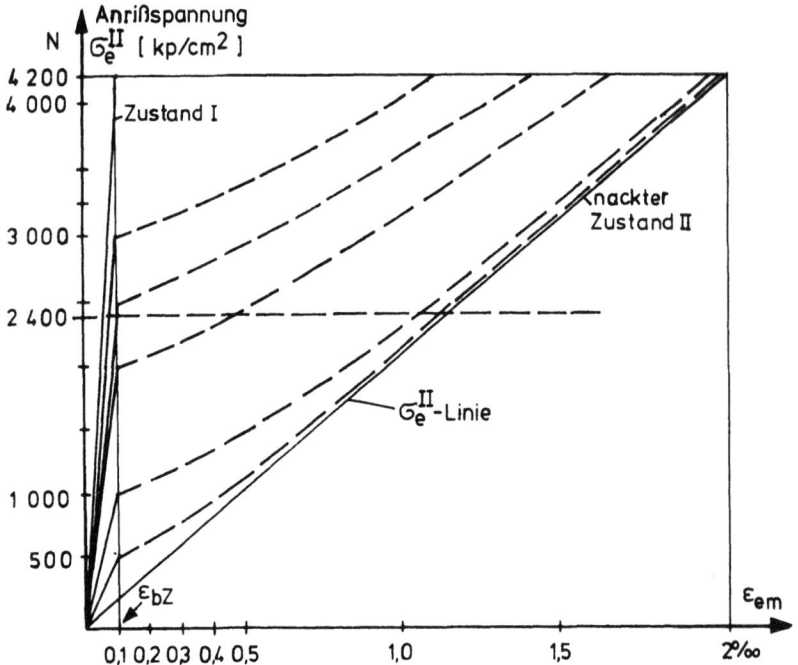

Bild 3.9 N-ϵ_m-Diagramm für verschiedene Anrißspannungen bei Zug und Biegung

3.4 Annahmen für die Streubreite der Steifigkeiten

Für Tragwerke im Zustand II wird ein Streubereich der Steifigkeiten angenommen, dessen untere und obere Grenze mit einem auf den Mittelwert bezogenen ± Prozentsatz angesetzt werden, der berücksichtigt, daß die Streubreite mit zunehmender Betongüte und zunehmendem Bewehrungsprozentsatz abnimmt (Bild 3.10). Diese Prozentsätze können auch auf die Mittelwerte der Verformungen angewandt werden, weil diese den Steifigkeiten proportional sind.

Liegt die Beanspruchung bei der gesuchten Verformung im Rißbildungsbereich, ist also die für Zustand I gerechnete Betonzugspannung zwischen $0,46\ \beta_w^{2/3}$ und $0,58\ \beta_w^{2/3}$ oder noch unter der 95 % Fraktile der Zugfestigkeit von $0,71\ \beta_w^{2/3}$, dann kann die Streuung noch größer sein. Wenn in solchen Fällen ein Überschreiten der angesetzten Grenzwerte zu Schäden oder Mängeln der Gebrauchsfähigkeit führen kann, dann sind diese Grenzen durch einen Faktor 1,3 bis 1,5 zu erweitern.

3.4 Annahmen für die Streubreite der Steifigkeiten

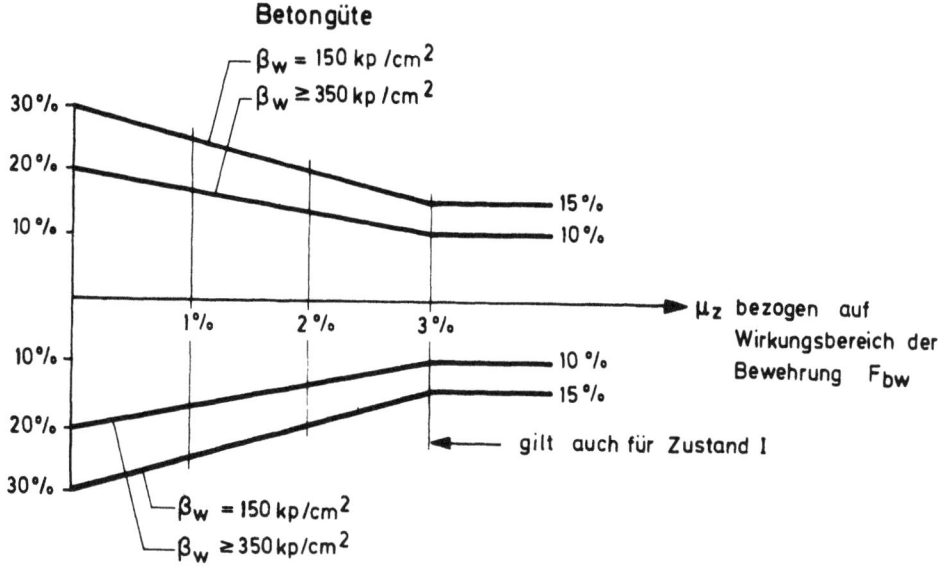

Bild 3.10 Auf Mittelwerte der Steifigkeiten oder Verformungen bezogene Prozentsätze als Streubreite zur Ermittlung der oberen und unteren Grenzwerte

Die untere Grenze der Streuwerte, d.h. die Prozentsätze für $\mu_z > 3\%$ können auch für Trägerteile im Zustand I angesetzt werden. Für nachträgliche Verformungen durch Schwinden und Kriechen wird auf die von H. Rüsch angegebene Streubreite von ± 20 % verwiesen (s. 3.2.4).

Bemerkung zu 3.4

Die hier angenommenen Zahlenwerte und auch die geradlinige Einschaltung von Zwischenwerten bedürfen der wohl langwierigen Überprüfung durch Versuche und Beobachtungen an Bauwerken.

3.5 Annahme für Berücksichtigung von Lastwiederholungen

Für Lastwiederholungen hängt die Abnahme der Steifigkeit von der Höhe der Laststufe ab. Fällt diese in den Bereich der Rißbildung (zwischen R 1 und Rn), dann kann die Abnahme groß sein, fällt sie in den oberen Zweig der $\sigma\text{-}\epsilon_m$-Linie, dann muß sie kleiner ausfallen. Die mögliche Abnahme der Steifigkeit durch Lastwiederholungen muß etwa proportional sein zu dem Abstand $\Delta\epsilon_{ei}$ von der Linie des nackten Zustands II (Bild 3.11), der dem Grad der Mitwirkung des Betons entspricht. Wir schätzen zunächst, daß diese Abnahme 1/3 bis 1/2 $\Delta\epsilon_{ei}$ betragen kann. Systematische Untersuchungen hierzu fehlen noch. Bei hohen μ_z und abgeschlossener Rißbildung kann sich die Steifigkeit nur um wenige Prozente ändern, bei niedrigem μ_z und am Anfang der Rißbildung kann der Steifigkeitsabfall durch Lastwiederholung bis zu rd. 40 % betragen.

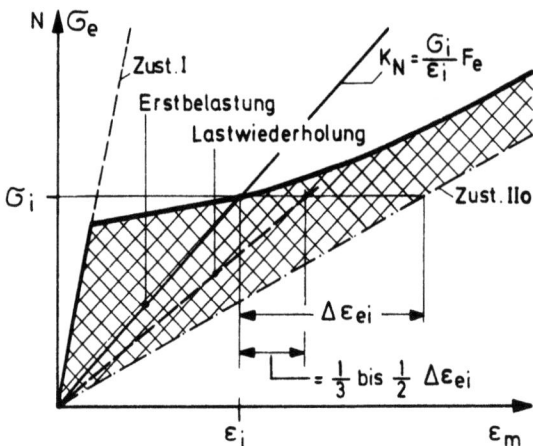

Bild 3.11 Annahmen für die Abnahme der Steifigkeit K_N durch Lastwiederholungen bis zur Spannungsstufe σ_i

4. Verformungen durch Längskraft, Dehnsteifigkeit

4.1 Verkürzung von Druckgliedern bei mittigem Druck Kurzzeit und Dauerlast

Die Dehnsteifigkeit bei Druck ist

$$K_N = E_b F_i = E_b \left(F_b + (n-1) F_e \right) \quad [\text{Mp}] \tag{4.1}$$

Die Verkürzung des mittig gedrückten Stahlbetonstabes (Stütze) von der Länge l unter der Druckkraft P (Bild 4.1) ist für Kurzzeitbelastung (Zeit t = o, Zeiger $_o$) im elastischen Bereich

$$\Delta l_o = \epsilon \, l = \frac{P}{K_N} l$$

Bei Druckgliedern beginnen die **zusätzlichen Kriechverkürzungen** schon in den ersten Minuten nach Lastbeginn, die **Schwindverkürzungen** erst später mit dem Austrocknen. Es ist angezeigt, stets diese zeitabhängigen zusätzlichen Verkürzungen abzuschätzen, wobei für Kriechen nur der ständig oder über lange Zeitdauer wirkende Lastanteil anzusetzen ist.

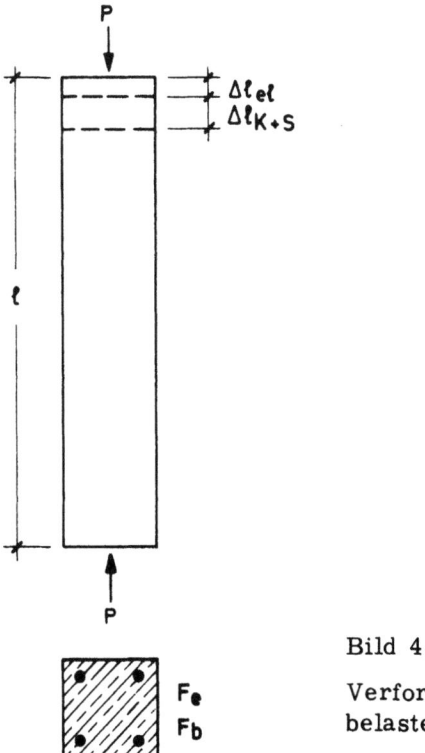

Bild 4.1

Verformungen einer zentrisch belasteten Stütze

Die Kriechdehnung der unbewehrten Betonstütze ist definitionsgemäß $\epsilon_k = \varphi \epsilon_{el}$, die Schwinddehnung ist ϵ_s.

In bewehrten Druckgliedern muß die Bewehrung durch Verbund den Kürzungen $(\epsilon_k + \epsilon_s)\,d\ell$ folgen und erfährt dadurch zusätzliche zeitabhängige Druckspannungen $d\sigma_e$. Aus Gleichgewichtsgründen müssen dabei die anfänglichen Betonspannungen σ_b abnehmen, während die σ_e zunehmen (innere Kräfteumlagerung). Zu jeder Zeit t müssen die inneren Kräfte im Gleichgewicht mit den äußeren sein: $D_b + D_e = P$.

Die Summe der Umlagerungskräfte muß also gleich Null sein:

Demnach ist: $\qquad F_e\,d\sigma_e + F_{bn}\,d\sigma_b = 0$

mit $d\sigma_e$ und $d\sigma_b$ = Spannungsänderung im Zeitintervall t
F_{bn} = Netto-Betonquerschnitt $F_b - F_e$.

Die Spannungszunahme im Stahl wird mit $\mu = F_e/F_{bn}$

$$d\sigma_e = -\frac{d\sigma_b}{\mu} \quad \text{und die Dehnungszunahme } d\epsilon_e = \frac{-d\sigma_b}{\mu E_e} = d\epsilon_b$$

Die Betondehnung $d\epsilon_b$ im Zeitintervall dt setzt sich zusammen aus

1.) Dehnung durch Kriechen $d\epsilon_k = d\varphi \dfrac{\sigma_b}{E_b}$

2.) Dehnung durch Schwinden $d\epsilon_s$

3.) Rückfederung des Betons infolge Spannungsabnahme $d\sigma_b$

$$\Delta d\epsilon_b = \frac{d\sigma_b}{E_b}$$

4.) Erholkriechen oder verzögerte Elastizität - wird hier vernachlässigt, Berücksichtigung siehe [33 u. 34].

Die Summe der Verkürzungs-Dehnung $d\epsilon_b$ aus 1.) bis 3.) muß der Stahldehnung $d\epsilon_e$ gleich sein:

$$d\epsilon_b = d\epsilon_e = \frac{\sigma_b}{E_b}\,d\varphi + d\epsilon_s + \frac{d\sigma_b}{E_b} = -\frac{d\sigma_b}{\mu E_e} \qquad (4.2)$$

Diese Differentialgleichung wurde erstmals von F. Dischinger [35] aufgestellt und mit folgenden Annahmen vereinfacht und mit Substitutionen gelöst:

Schwinden und Kriechen verlaufe über die Zeit affin:

$$\epsilon_s = C\epsilon_k = C\varphi_t \frac{\sigma_b}{E_b}$$

Im elastischen Bereich (E_b konstant) ist diese Affinität unabhängig von σ_b, man kann daher schreiben

$$\epsilon_s = \beta\frac{\varphi}{E_b} \quad \text{mit} \quad \beta = \frac{E_b \epsilon_s}{\varphi} \quad , \text{ somit } d\epsilon_s = \beta\frac{d\varphi}{E_b}$$

4.1 Verkürzung von Druckgliedern bei mittigem Druck

Ferner wird die "Steifigkeitszahl" α eingeführt: $\alpha = \dfrac{\mu n}{1 + \mu n}$
(gilt nur für mittig gedrückten Stab)

Mit diesen Substitutionen wird Gl. (4.2) umgeformt:

$$\frac{d\sigma_b}{d\varphi} + \alpha \sigma_b = -\alpha \beta$$

Die Lösung dieser Differentialgleichung lautet: $\sigma_b = -\beta + C \cdot e^{-\alpha\varphi}$

Die Integrationskonstante C wird mit $\varphi = 0$ bei $t = 0$ für die Anfangsspannung $\sigma_{bo} = P/F_i$ erhalten zu $C = \sigma_{bo} + \beta$.

Damit wird die Betonspannung σ_b zur Zeit t

$$\sigma_{b,t} = -\beta + \left(\sigma_{bo} + \beta\right) e^{-\alpha \varphi_t} \tag{4.3}$$

Änderung der Betonspannung $\Delta\sigma_b$ in der Zeit von $t = 0$ bis t

$$\Delta\sigma_b = \sigma_{b,t} - \sigma_{bo} = -\left(\sigma_{bo} + \beta\right)\left(1 - e^{-\alpha\varphi_t}\right) \tag{4.4}$$

Änderung der Stahlspannung $\Delta\sigma_e$ bis zur Zeit t

$$\Delta\sigma_e = -\frac{1}{\mu}\Delta\sigma_b = \frac{(\sigma_{bo} + \beta)}{\mu}\left(1 - e^{-\alpha\varphi_t}\right) \tag{4.5}$$

<u>Kürzung $\Delta \ell$ der Stahlbetonstütze</u> von der Länge ℓ bis zur Zeit t

$$\Delta \ell \frac{\Delta\sigma_e}{E_e} \ell = \frac{\ell}{\mu E_e}\left(\sigma_{bo} + \beta\right)\left(1 - e^{-\alpha\varphi_t}\right) \tag{4.6}$$

Dabei sind σ_{bo} als Druckspannung und ϵ_s mit negativen Vorzeichen einzusetzen!

Anwendungsbereich

Mit diesen einfachen Formeln werden Spannungsumlagerung und Verkürzung von Stahlbetondruckgliedern bei etwa konstantem P für die in der Praxis vorkommenden Bewehrungsgrade bis $n \cdot \mu = 0,6$ genügend genau ermittelt.

Beispiel

Stahlbetonstütze Bn 250 mit d/b = 30/20 cm; ℓ = 10,0 m; P_D = -50,0 Mp

$E_b = 3,0 \cdot 10^5$ kp/cm^2, $E_e = 21 \cdot 10^5$ kp/cm^2, n = 7,

$\varphi_\infty = 4,0$, $\epsilon_s = 30 \cdot 10^{-5}$, $F_e = 4,76$ cm^2.

Diese hohen Kriech- und Schwindzahlen sind in beheizten Hochbauten bei Herstellung im Spätherbst möglich. Wir brauchen folgende Rechenwerte:

$F_b = 600 \text{ cm}^2$; $\mu = 0,8\%$, also schwach bewehrt.

$$\beta = \frac{E_b \epsilon_s}{\varphi} = \frac{-3 \cdot 10^5 \cdot 30 \cdot 10^{-5}}{4,0} = -22,5 \text{ kp/cm}^2$$

$$\alpha = \frac{\mu n}{1 + \mu n} = \frac{0,008 \cdot 7}{1 + (0,008 \cdot 7)} = 0,053$$

$$F_i = F_b + (n-1) F_e = 600 + 6 \cdot 4,76 = 628 \text{ cm}^2$$

$$\sigma_{bo} = \frac{P_D}{F_i} = -\frac{50\,000}{628} = -79,6 \text{ kp/cm}^2$$

$$\sigma_{eo} = n \cdot \sigma_{bo} = 7 \cdot (-79,6) = -557 \text{ kp/cm}^2$$

Änderung der Betonspannung nach der Zeit $t = \infty$ aus Gl. (4.4)

$$\Delta \sigma_{b\infty} = -(-79,6 - 22,5)\left(1 - e^{-0,053 \cdot 4,0}\right) = +19,5 \text{ kp/cm}^2$$

also

$$\sigma_{b\infty} = -79,6 + 19,5 = -60,1 \text{ kp/cm}^2$$

Änderung der Stahlspannung nach Gl. (4.5)

$$\Delta \sigma_{e\infty} = -\frac{1}{0,008} \cdot 19,5 = -2438 \text{ kp/cm}^2$$

also

$$\sigma_{e\infty} = -557 - 2438 = -2995 \text{ kp/cm}^2.$$

Dieses Ergebnis setzt eine Stahlgüte mit $\beta_S > \sim 3000 \text{ kp/cm}^2$ voraus; bei Stählen mit niedrigerer Streckgrenze würde sich diese Umlagerung nur bis zur Streckgrenze vollziehen. Darüber hinaus wird der Beton durch die dann eintretende plastische Verformung des Stahles weniger entlastet.

Die Kürzung der 10 m langen, mit $\mu = 0,8\%$ bewehrten Stütze infolge Kriechen und Schwinden beträgt nach Gl. (4.6)

$$\Delta \ell_\infty = \frac{-2438}{21 \cdot 10^5} \cdot 1000 = -1,15 \text{ cm}$$

Eine mit $\mu = 6\%$ stark bewehrte Stütze würde sich unter gleichen Bedingungen nur um 0,45 cm verkürzen und ihr Beton würde dabei fast ganz entlastet (vgl. Bild 4.2). Man erkennt, wie stark die zeitabhängige Verkürzung durch den Bewehrungsgrad beeinflußt werden kann.

Für die Bemessung folgt daraus, daß man bei großem μ mit $n\mu > 0,6$ sinnvoll die gesamte Last dem Stahlquerschnitt zuweist, wie es für mit St 90 bewehrte Stützen in Heft 222 des DAfStb. vorgesehen ist (vgl. auch [1c] S. 195/196).

Für hochbeanspruchte Stützen in Hochhäusern muß man solche Berechnungen anstellen, um zu verhüten, daß die Verkürzungen der Stützen gegenüber den $\Delta \ell$ der Treppen- und Aufzugschächte, Kernwände oder anderer weniger beanspruchter Druckglieder nicht zu groß werden.

4.2 Verlängerung von Zuggliedern bei mittigem Zug

Der Einfluß starker Umschnürung auf die Verkürzung von Stahlbetonsäulen ist für den Gebrauchszustand noch wenig erforscht. Durch die Umschnürung wird die Querdehnung des Betons innerhalb der Wendel behindert. Der dadurch entstehende Querdruck verkleinert die Verkürzung.

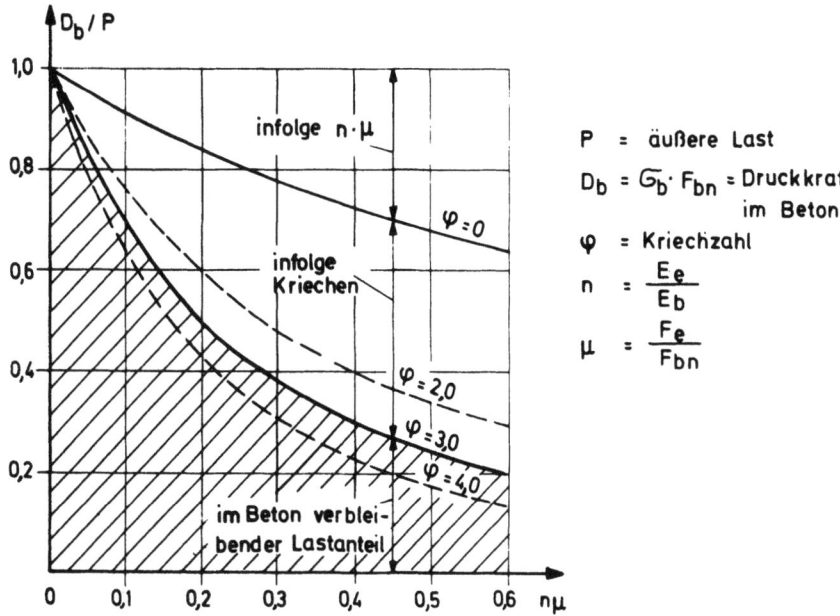

Bild 4.2 Umlagerung der inneren Kräfte vom Beton auf den Stahl in Stützen infolge Kriechen allein nach $t = \infty$, in Abhängigkeit vom Bewehrungsgrad und der Betongüte, ausgedrückt durch $n\mu$ (gerechnet nach Dischinger)

4.2 Verlängerung von Zuggliedern bei mittigem Zug

4.2.1 Zustand I bei Kurzzeit- und Dauerlast

Man beachte min $\mu_z = \beta_{bZ}/\beta_{0,2}$, weil sonst σ_e beim 1. Riß die Streckgrenze überschreitet!

Die Dehnsteifigkeit bei Zug im Zustand I ist

$$K_{NZ}^{I} = E_b F_i = E_b \left(F_b + (n-1) F_e \right) \quad [\text{Mp}] \qquad (4.7)$$

Sie gilt bei $\sigma_b = \dfrac{N_Z}{F_i} \leq \beta_{bZ} \approx 0,52 \, \beta_w^{2/3}$ (Mittelwert),

solange keine Eigenspannungen mitwirken. Letzteres ist meist nicht der Fall. Die max. Zugdehnung für alle Güten des Normalbetons ist bei Kurzzeitlast

max $\epsilon_{bZ} \approx 0,1$ ‰   mit 0,08 ‰ und 0,12 ‰ als ungefähre Grenzen der Streubreite.

Unter Dauerlast kriecht der Beton auch bei Zug, doch ist die Kriechdehnung bei Zug (Verlängerung) noch wenig erforscht und auch von untergeordneter praktischer Bedeutung.

4.2.2 Zustand II bei Kurzzeit- und Dauerlast

Die Dehnsteifigkeit bei Zug im Zustand II ist

$$K_{NZ}^{II} = k_{bZ} \cdot K_{NZ}^{I} \text{ mit dem Grenzwert } K_{NZ}^{II} = E_e \cdot F_e \qquad (4.8)$$

K^{IIo} ist der Grenzwert für Stahl allein (nackter Zustand II)
$k_{bZ} < 1,0$ ist abhängig vom Rißbildungsgrad und von der Stablänge, besser von der innerhalb der Stablänge aufgetretenen Zahl der Risse (Bild 4.3).

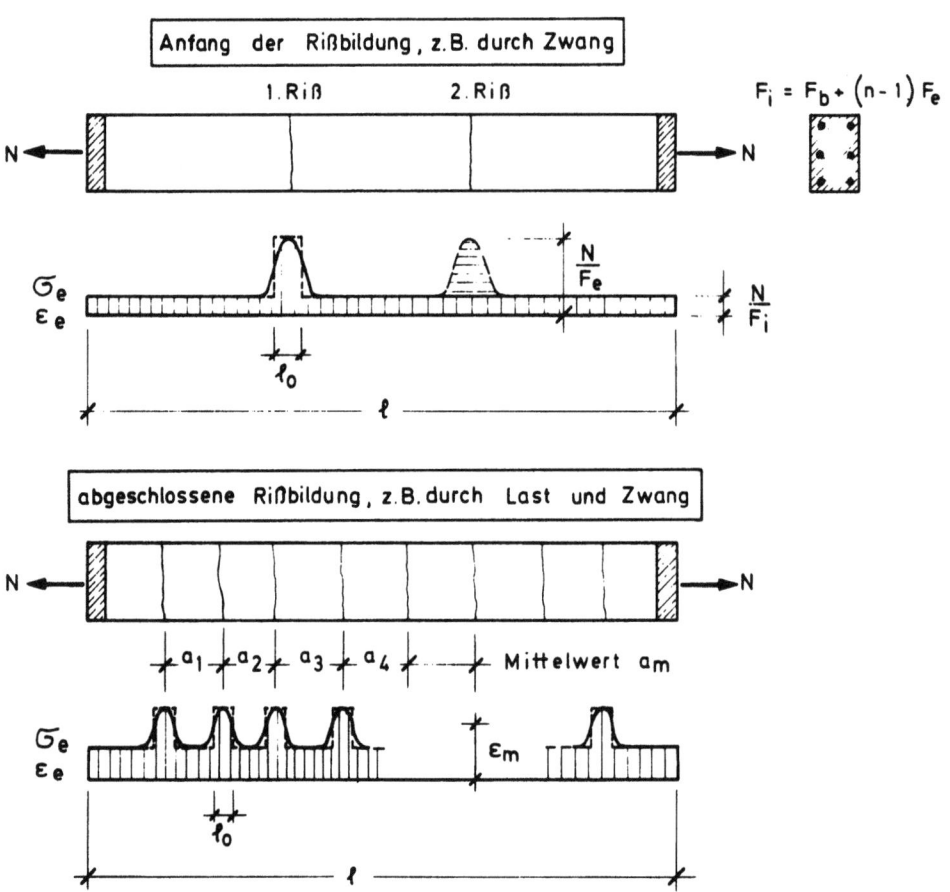

Bild 4.3 Rißbildung eines Zugstabes bei geringer und starker Beanspruchung

Die Veränderlichkeit der Dehnsteifigkeit im Rißbildungsbereich veranschaulicht ein Rückblick auf die Bilder 3.3 bis 3.7.

Wir versuchen zunächst die Steifigkeit im Rißbildungsbereich, also das veränderliche k_{bZ} darzustellen. Gemäß unseren Annahmen in 3.3.2 erstreckt sich dieser Bereich zwischen den Spannungen

$$\sigma_b^I = \frac{N}{F_i} = 0,46 \, \beta_w^{2/3} \quad \text{und} \quad 0,58 \, \beta_w^{2/3} \quad \text{mit Streubreite nach Bild 3.10.}$$

4.2 Verlängerung von Zuggliedern bei mittigem Zug

Den Rißbildungsgrad definieren wir hier mit

$$\psi_R = \frac{r_i}{r_n} \qquad (4.9)$$

Darin ist r_i = Anzahl der auf die Stablänge ℓ vorhandenen Risse bei dem betrachteten Zustand der Dehnlänge (Zwang) oder der Lastbeanspruchung N_i/F_e

$r_n = \ell/a_m$ = Anzahl der innerhalb der Stablänge ℓ möglichen Risse bei mittlerem Rißabstand a_m nach Gleichung (2.9).

An jedem Riß steigt die Stahlspannung auf $\sigma_e = \frac{N}{F_e}$ mit der entsprechenden Dehnung ϵ_e. Nach Falkner [15] (vgl. auch Kap. 2.4.4) wird eine Länge ℓ_o so definiert, daß im Störbereich des Risses folgende Gleichung erfüllt ist:

$$\ell_o \epsilon_e = a_m \epsilon_m$$

$\psi_F = \frac{\ell_o}{a_m}$ ist vom Bewehrungsgrad μ_z bei Kurzzeitlast genähert wie folgt abhängig:

$$\psi_F = (0,3 + 0,2\,\mu_z[\%]) \leq 0,8 \qquad (4.10)$$

Bei r_i Rissen wird die mittlere Dehnung auf die Länge $\ell_r = r_i a_m$

$$\epsilon_m^{\ell_r} = \psi_F \epsilon_e = \psi_F \frac{N}{K_N^{IIo}}$$

auf der ungerissenen Restlänge $\ell - \ell_r$ ist

$$\epsilon_m^{(\ell - \ell_r)} = \epsilon_b^I = \frac{N}{F_i E_b} = \frac{N}{K_N^I}$$

Die mittlere Dehnung des Stabes auf die Gesamtlänge wird demnach

$$\epsilon_{mi} = \frac{N\left(\ell_r \psi_F \frac{1}{K_N^{IIo}} + (\ell - \ell_r)\frac{1}{K_N^I}\right)}{\ell} \qquad (4.11)$$

Daraus errechnet sich nun die Dehnsteifigkeit zu

$$K_{NZ}^{II} = \frac{N_i \cdot F_i}{F_e \cdot \epsilon_{mi}} = k_{bZ} K_N^I$$

Das Verhältnis $K_N^{II}/K_N^I = k_{bZ}$ hängt leider von der unbekannten Zahl der Risse r_i ab, die wieder über a_m vom Bewehrungsgrad μ_z und $\emptyset$ u.a. beeinflußt wird. Man muß eine Annahme treffen und iterieren.

Setzt man voraus, daß die Einflüsse von Verbundgüte und Betondeckung klein sind gegenüber den Einflüssen von μ_z und $\emptyset$, dann kann man k_{bZ} für verschiedene μ_z bei bestimmten $\emptyset$ abhängig vom angenommenen Rißbildungsgrad ψ_R und damit von $\sum_i r_i \ell_o/\ell$ auftragen (Bild 4.4). Der Wert $K^{IIo} = n\mu_z$ ist von der Betongüte abhängig, die hier für Bn 250 ($\beta_W = 300$ kp/cm^2) mit n = 7 gewählt wurde.

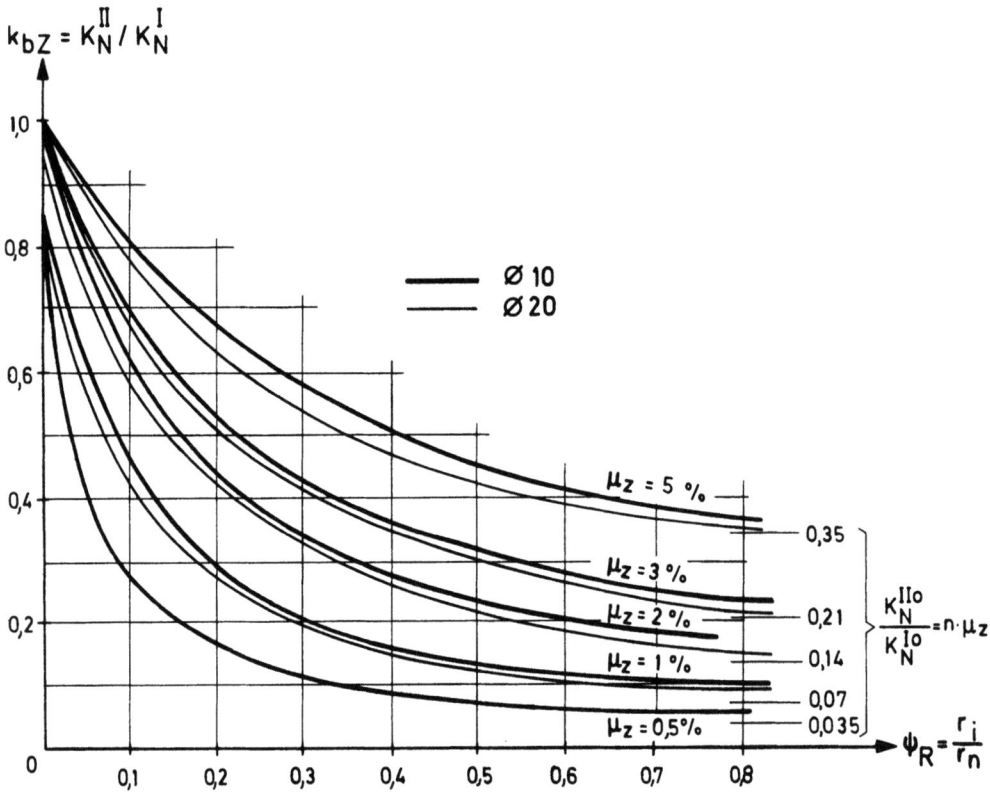

Bild 4.4 Abhängigkeit der auf K_N^I bezogenen Dehnsteifigkeit K_N^{II} vom Rißbildungsgrad $\psi_R = \dfrac{r_i}{r_n}$ für verschiedene μ_z und $\emptyset$. Endwerte gezeichnet für Bn 250 ($\beta_w = 300\,\text{kp/cm}^2$). Der Stabdurchmesser $\emptyset$ kommt über a_m = mittlerer Rißabstand herein.

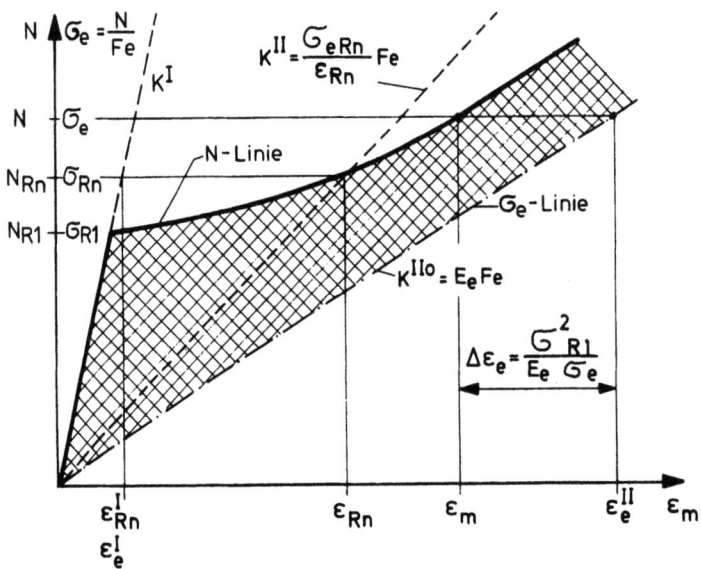

Bild 4.5 Zur Ermittlung von K^{II} im Bereich oberhalb R_n, bei abgeschlossener Rißbildung

4.2 Verlängerung von Zuggliedern bei mittigem Zug

Bei <u>Dauerlast</u> verändert sich $\dfrac{\ell_o}{a_m}$, also ψ_F. Man kann annehmen, daß die beiden Grenzwerte

von $\quad \psi_F = 0{,}4$ und $0{,}80$

für $\quad \mu_z \leqq 0{,}5\,\% \geqq 3\,\%\quad$ anwachsen bis zu

$\quad\quad\psi_{FD} = 0{,}6$ und $0{,}9$.

Steifigkeit im Bereich abgeschlossener Rißbildung

Dieser Bereich beginnt mit dem n-ten Riß, also bei der gedachten Betonspannung $\sigma_b = \dfrac{N}{F_i} \geqq 0{,}58\,\beta_w^{2/3}$. Die folgenden Ansätze sind entsprechend nur gültig für

$$\sigma_e = \frac{N}{F_e} > \sigma_{eRn} = \frac{1{,}25\,\beta_{bZ}}{\mu_z} = \frac{0{,}58\,\beta_w^{2/3}}{\mu_z}\quad\text{und}\quad \mu_z > \frac{1{,}75\,\beta_{bZ}}{\beta_{0,2}}$$

Aus den Annahmen in 3.3.2 und mit Bild 4.5 erhält man

$$\boxed{K_{NZ}^{II} = \frac{\sigma_e F_e}{\epsilon_e^{II} - \Delta\epsilon_e} = \frac{\sigma_e F_e}{\epsilon_e^{II} - \dfrac{\sigma_{eR1}^2}{E_e\,\sigma_e}} = \frac{\sigma_e^2 F_e E_e}{\sigma_e^2 - \sigma_{eR1}^2}}\qquad(4.12)$$

mit $\sigma_e = \dfrac{N}{F_e}$, $\quad \epsilon_e^{II} = \dfrac{\sigma_e}{E_e}$, $\quad \sigma_{eR1} = \dfrac{\beta_{bZ}}{\mu_z} = \dfrac{0{,}46\,\beta_w^{2/3}}{\mu_z}$

K_{NZ}^{II} ist damit auch bei abgeschlossener Rißbildung noch erheblich abhängig vom Grad der Beanspruchung, weil die Mitwirkung des Betons zwischen den Rissen abnimmt.

K_{NZ}^{II} kann am Anfang dieses Bereiches, also bei σ_e wenig über σ_{eRn}, noch wesentlich über $K^{IIo} = E_e F_e$ liegen. Das Verhältnis dieser beiden Werte wird

$$\frac{K_{NZ}^{II}}{E_e F_e} = \frac{\sigma_e^2 F_e E_e}{\left(\sigma_e^2 - \sigma_{eR1}^2\right) E_e F_e} = \frac{\sigma_e^2}{\sigma_e^2 - \sigma_{eR1}^2}$$

Es ist für $\sigma_e = \sigma_{eRn}$ bei den getroffenen Annahmen theoretisch für alle Bewehrungsgrade $\dfrac{1{,}25^2}{1{,}25^2 - 1^2} = 2{,}75$.

Würde man σ_{eRn} annehmen, sinkt dieses Verhältnis nur auf $2{,}25$.

Mit zunehmender Stahlspannung nimmt K^{II}/K^{IIo} rasch ab auf Werte von $1{,}2$ bis $1{,}05$ für Bewehrungsgrade von $2\,\%$ bis $5\,\%$ bei $\sigma_e = 2400\,\text{kp/cm}^2$ (Bild 4.6).

Diese theoretische Betrachtung ist natürlich noch sehr hypothetisch, auch wenn sie auf dem durch viele Versuche bestätigten typischen Verlauf der σ_e-ϵ_m-Linien aufgebaut ist. Sie soll lediglich zeigen, daß K_{NZ}^{II} auch bei abgeschlossener Rißzahl noch stark vom Beanspruchungsgrad abhängig ist und noch weit über K^{IIo} liegen kann.

Bei Dauerlast oder Lastwiederholungen kann in Gleichung (4.12) der Anteil $\Delta \epsilon_e$ auf 1/2 bis 1/3 seines Wertes absinken.

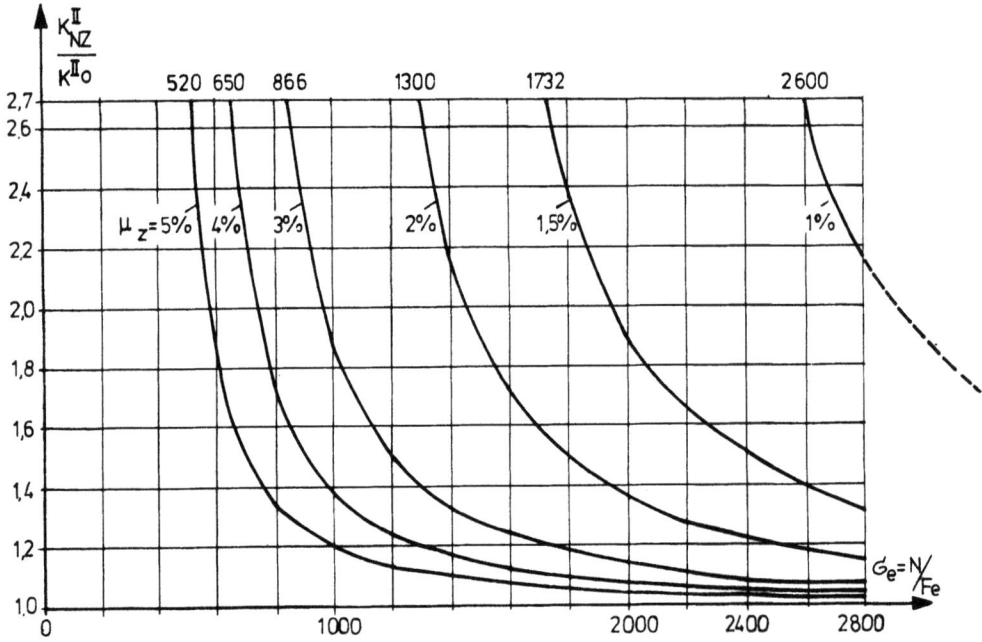

Bild 4.6 Verhältnis der Dehnsteifigkeit K^{II}_{NZ} bei Mitwirkung des Betons zur Dehnsteifigkeit K^{IIo} für Stahl allein bei verschiedenen μ_z abhängig von der Stahlspannung σ_e bei Beton mit $\beta_w = 300$ kp/cm^2

5. Verformungen durch Biegung, Biegesteifigkeit
— ohne Schubverformung und ohne Längskraft —

5.1 Grundlagen zum Verständnis, einfach dargestellt

Ein Stab mit konstantem Querschnitt bd mit dem Trägheitsmoment $J = \dfrac{bd^3}{12}$ erfährt unter konstantem Biegemoment M eine gleichmäßige K r ü m m u n g (Bild 5.1).

$$\varkappa = \frac{1}{\rho} = \frac{M}{EJ} = \frac{M}{K_B} \qquad \begin{array}{l} \rho = \text{Radius der Biegekrümmung} \\ EJ = \text{Biegesteifigkeit} = K_B \end{array}$$

Diese Krümmung $\varkappa$ läßt sich allgemein mit den Absolutwerten der Dehnungen der Randfasern anschreiben:

$$\varkappa = \frac{\epsilon_o + \epsilon_u}{d} \qquad (5.1)$$

Ein Stabelement von der Länge s erfährt die B i e g e d r e h u n g φ (Bild 5.2)

$$d\varphi = \frac{ds}{\rho} = \varkappa\, ds = \frac{ds\,(\epsilon_o + \epsilon_u)}{d}$$

Wir können also die <u>Momenten-Krümmungsbeziehung, die M-$\varkappa$-Linie, für Stahlbetonbalken</u> sowohl im Zustand I als auch im Zustand II angeben, wenn wir die Dehnungen der Randfasern ϵ_o und ϵ_u kennen.

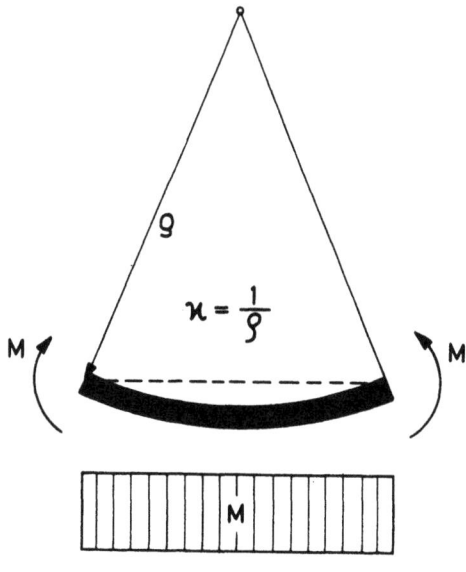

Bild 5.1 Biegekrümmung $\varkappa = \dfrac{1}{\rho}$

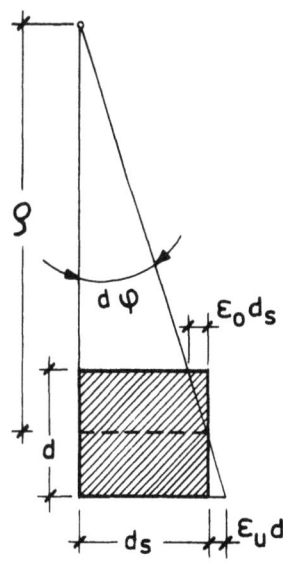

Bild 5.2 Biegedrehung φ am Stabelement ds

Die M-ϰ-Linie ist eine Gerade, wenn E und J konstant sind, wenn wir also einen Stab aus homogenem Baustoff im elastischen Bereich biegen (Bild 5.3). Die M-ϰ-Linie ist gekrümmt, wenn E sich stetig ändert (Beton im plastischen Bereich) oder unstetig, wenn sich J z.B. durch Rißbildung im Beton unstetig ändert. Aus der M-ϰ-Linie ergibt sich die **Biegesteifigkeit** an jeder Stelle für den zugehörigen Beanspruchungsgrad zu:

$$K_B = EJ = M/\varkappa \quad [\text{Mpm m}] \qquad (5.2)$$

d.h. die Biegesteifigkeit drückt sich durch die Neigung bzw. die Gradiente der M-ϰ-Linie aus.

Kennt man die Krümmung ϰ jeden Elementes eines auf Biegung beanspruchten Balkens, so kann die **Durchbiegung** durch doppelte Integration ermittelt werden. Wir zeigen dies am einfachsten Beispiel des Balkens mit Gleichlast (Bild 5.4).

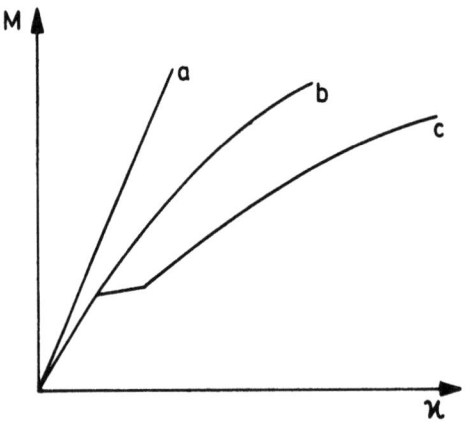

Bild 5.3 Momenten-Krümmungslinien kennzeichnen die Biegesteifigkeit $K_B = M/\varkappa$
a elastischer Baustoff ⎫ Querschnitt konstant
b plastischer Baustoff ⎭
c Querschnitt verändert sich durch Risse im Beton

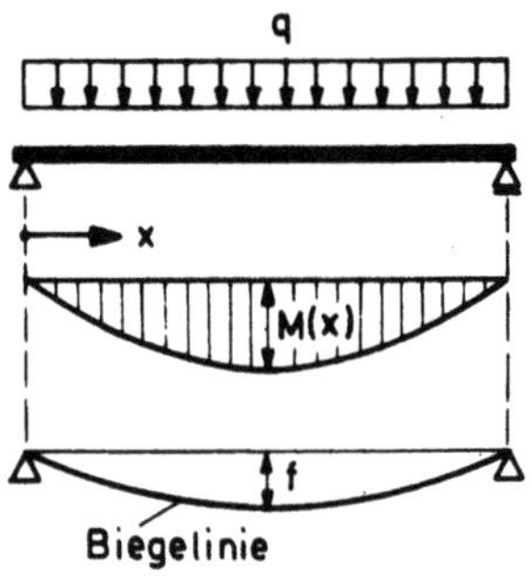

Bild 5.4 Momentenverlauf und Biegelinie eines Einfeldträgers unter Gleichlast

$$M(x) = -\frac{4M}{\ell}\left(\frac{x^2}{\ell} - x\right) \text{ mit } M = \max M = \frac{q\ell^2}{8}$$

Die mit x veränderliche Krümmung wird in der üblichen Schreibweise

$$\varkappa(x) = -y''(x) = \frac{4M}{EJ\ell}\left(\frac{x^2}{\ell} - x\right)$$

Mit der Randbedingung $y'\left(\frac{\ell}{2}\right) = 0$ ergibt die erste Integration die Neigung der Biegelinie

$$y'(x) = \frac{4M}{EJ\ell}\left(\frac{x^3}{3\ell} - \frac{x^2}{2} + \frac{\ell^2}{12}\right)$$

Die zweite Integration liefert mit der Randbedingung $y(o) = 0$ die **Gleichung der Durchbiegung**

$$y(x) = \frac{2M}{EJ\ell}\left(\frac{x^4}{6\ell} - \frac{x^3}{3} + \frac{x\ell^2}{6}\right)$$

5.1 Grundlagen zum Verständnis, einfach dargestellt

mit dem Größtwert in $x = \frac{\ell}{2}$

$$f = \frac{5}{48} \frac{M}{EJ} \ell^2 = k_M \frac{M}{EJ} \ell^2 \qquad (5.3)$$

Der Faktor k_M ist vom statischen System und der Belastungsverteilung abhängig und ist für gebräuchliche Tragwerke und Belastungen in Taschenbüchern zu finden (Beispiele siehe Abschnitt 5.9).

Bei Stahlbetonträgern liegt die Schwierigkeit darin, daß EJ nicht als Konstante angenommen werden kann, sondern besonders für Zustand II vom Beanspruchungsgrad und von der Bewehrungsführung abhängig ist.

Kennen wir jedoch ϵ_o und ϵ_u und damit die M-ϰ-Werte jeweils für kurze Stabstücke, dann lassen sich die Biegeverformungen durch numerische Integration auch für komplexe Fälle wirklichkeitsnah ermitteln.

Schließlich sei an den <u>Mohr'schen Satz</u> erinnert, wonach allgemein

> die Durchbiegung eines Stabtragwerkes an der Stelle x gleich dem Biegemoment des mit der M/EJ-Fläche belasteten Trägers in x und die Neigung der Biegelinie gleich der Querkraft des so belasteten Trägers ist.

Diese Analogie ist oftmals eine wertvolle und vor allem anschauliche Hilfe.

Bei Tragwerken aus Stahlbeton und Spannbeton verlaufen die Dehnungen ϵ_o und ϵ_u bei zunehmender Last, ausgedrückt durch M, nicht geradlinig, wir haben vielmehr den aus den vorhergehenden Abschnitten schon bekannten geknickten und gekrümmten Verlauf nach Bild 5.5, auf dem die Summe $\epsilon_o + \epsilon_u \approx \epsilon_b + \epsilon_{em} = \varkappa h$ abhängig vom Moment M für ein bestimmtes μ dargestellt ist.

Wir unterscheiden <u>4 Bereiche der Steifigkeiten</u> abhängig vom Beanspruchungsgrad:

1. Bereich: Zustand I mit K_B^I gültig bis Rißmoment M_{R1}.

2. Bereich: Rißbildungsbereich vom 1. bis n. Riß mit $k_B K_B^I$.

3. Bereich: Zustand II, abgeschlossenes Rißbild, Linie der $\epsilon_o + \epsilon_u$ annähernd geradlinig, also Verformungsverhalten annähernd elastisch. Die Zahl der Risse ändert sich nicht mehr, nur noch ihre Breite. Steifigkeit K_B^{II}.

4. Bereich: Zustand III, zunehmende plastische Verformung des Betons und Fließbeginn des Stahles. Steifigkeit K_B^{III} variabel.

Als <u>Grenzgröße</u> ist der "nackte Zustand II" wichtig, den man rechnerisch leicht erfassen kann, indem die Mitwirkung des Betons in der Zugzone außer acht gelassen wird. Die zugehörige Steifigkeit bezeichnen wir mit K_B^{IIo}.

Für Gebrauchsfähigkeitsnachweise brauchen wir nur die Bereiche 1 bis 3.

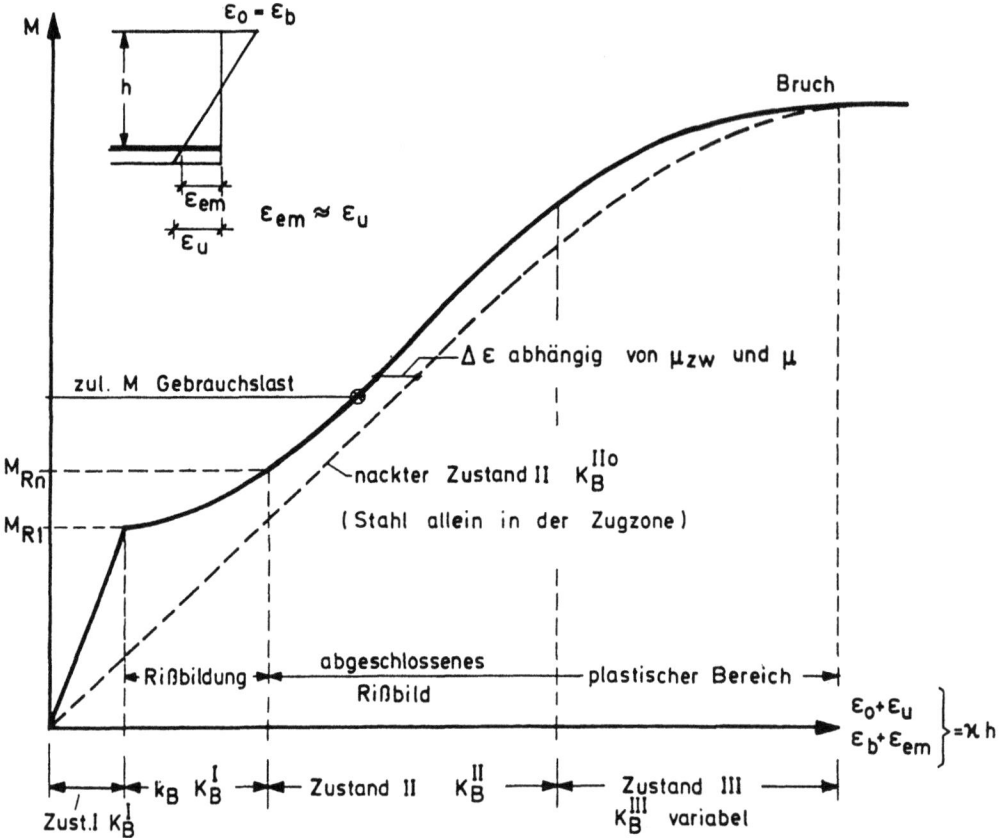

Bild 5.5 Die Bereiche der Biegesteifigkeiten, ausgedrückt durch eine bezogene Momenten-Krümmungslinie

5.2 Biegesteifigkeit im Zustand I

In der Regel wird für $K_B^I = E J^I$ das Trägheitsmoment J^I für den Betonquerschnitt allein (ohne $n F_e$) gerechnet. Beim Rechteckquerschnitt machen sich jedoch Bewehrungsprozentsätze $\mu > 0,5\%$ schon deutlich mit $J_i > 1,06 J^I$ bemerkbar, bei Leichtbeton sollte schon bei $\mu > 0,2\%$ mit J_i^I gerechnet werden.

Rechnet man bei $\mu > 0,5\%$ (evtl. auch $\mu' > 0,5\%$) den Stahl mit, so ist

$$J_i^I \text{ für } F_b + (n-1) F_e \text{ bzw. auch für } (n-1) F_e'$$

zu berechnen mit $n = \dfrac{E_e}{E_b} = 5,4$ bis 8 für Normalbeton und höheren n für Leichtbeton.

Die Biegesteifigkeit ist dann $K_B^I = E_b J_i^I$ \hfill (5.4)

Bei Platten wird die Biegesteifigkeit im Zustand I durch die Behinderung der Querdehnung vergrößert:

$$K_{B,\text{Platten}}^I = \frac{E_b J_i}{(1-\mu^2)} \qquad \text{für } b = 1 \text{ wird } K_{B,\text{Pl.}}^I \approx \frac{E_b d^3}{12(1-\mu^2)} \qquad (5.5)$$

hier ist μ = Querdehnzahl.

5.3 Biegesteifigkeit im Rißbildungsbereich
– nur für $\mu < 0{,}7\,\%$ von Bedeutung –

Die Krümmung und Biegesteifigkeit wird im Zustand II wesentlich von der Zuggurtdehnung ϵ_m bestimmt, für die eine ähnliche Abhängigkeit von σ_e gelten muß wie beim Zugstab, mit dem Unterschied, daß die Stahlspannung bei einem bestimmten μ wesentlich niedriger ist (vgl. Kap. 2.2).

Wir nehmen hier den Ansatz von H. Falkner gemäß Gl. (2.13)

$$\epsilon_{em}^{II} = \epsilon_e^{II} - \Delta\epsilon \quad \text{mit} \quad \Delta\epsilon = \frac{\sigma_{eR1}^2}{E_e \sigma_e^{II}}\,, \tag{2.13}$$

wobei nun

σ_{eR1} die Stahlspannung infolge M_{R1} ist,

dem Biegemoment, das mit $\sigma_{bZ} = \beta_{bZ}$ zum 1. Riß führt. σ_e^{II} ist die Stahlspannung bei dem betrachteten Lastgrad für den nackten Zustand II und $\epsilon_e^{II} = \sigma_e^{II}/E_e$.

Der Falkner-Ansatz schließt in den σ_e-Werten die Einflüsse des Bewehrungsgrades, der Betongüte, der Querschnittsform und einer evtl. vorhandenen Normalkraft ein. Es ist nur noch nicht genügend untersucht, wie sich die Vernachlässigung von ϵ_{bZ} bei niedrigen Anriß-Spannungen auswirkt (Bild 3.9).

Für σ_{eR} infolge M_{R1} und M_{Rn} nehmen wir die Betonzugfestigkeit bei Biegung um 20 % höher an als bei reinem Zug, also

$$\beta_{bZ,R_1} = 0{,}55\,\beta_w^{2/3} \quad \text{und} \quad \beta_{bZ,Rn} = 0{,}70\,\beta_w^{2/3} \tag{5.6}$$

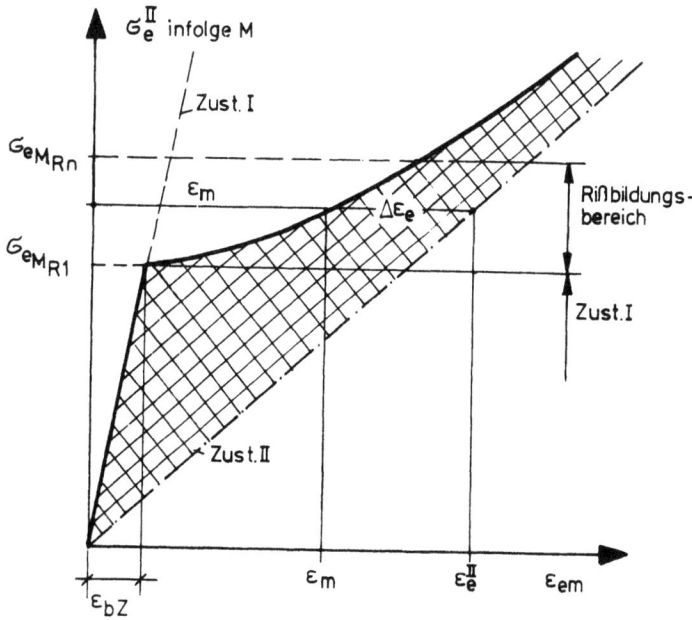

Bild 5.6 Zu den Rechenannahmen für die Mitwirkung des Betons zwischen Rissen

Mit solchen Annahmen für die M-ϵ_{em}-Linie läßt sich nun für den Belastungsgrad M > M_{R1} die mittlere Dehnung des Zuggurtes ϵ_{em} berechnen. Die Dehnung an der äußeren Faser der Druckzone ϵ_b wird in üblicher Weise für M_{R1} mit $\frac{\sigma_b^I}{E_b}$ und für M_{Rn} aus $\frac{\sigma_b^{II}}{E_b}$ für den nackten Zustand II berechnet, weil die Mitwirkung des Betons auf Zug im Zuggurt auf ϵ_{bD} wenig Einfluß hat. Zwischen M_{R1} und M_{Rn} können die ϵ_b-Werte geradlinig eingeschaltet werden.

Kennt man nun das ϵ_{em} und ϵ_b für diesen Bereich, dann ist

$$K_B = k_{bB} K_B^I = \frac{M \cdot h}{\epsilon_{em} + \epsilon_b} \qquad [\text{Mpm m}] \qquad (5.8)$$

Für die Praxis muß man für bezogene Momente $m = \frac{M}{b d^2}$ die m-$\varkappa$-Linien für die auf b d bezogenen μ-Werte und bei Plattenbalken für verschiedene b/b_o aufzeichnen und in Tafeln zur Verfügung stellen (Beispiel siehe Bild 5.14).

Bemerkung:

Aus obigem geht hervor, daß dieser Bereich rechnerisch schwierig zu erfassen ist. Andererseits spielt er in der Praxis vor allem bei Platten eine wesentliche Rolle, weil diese in häufigen Fällen unter $g + \psi_1 p$ nur wenige Risse erleiden, also im Rißbildungsbereich arbeiten. Dies gilt vor allem, wenn der Beton bei Verwendung guten Transportbetons eine höhere Festigkeit aufweist als im Entwurf angenommen wurde. Bei Plattenbalken, mit $\mu > 0,7\%$, also $\mu_{zw} > \approx 3\%$, kann dieser Bereich vernachlässigt werden, indem nur zwischen Zustand I und II unterschieden wird.

5.4 Biegesteifigkeit im Zustand II, abgeschlossene Rißbildung

Die Mitwirkung des Betons im Zuggurt spielt auch bei abgeschlossenem Rißbild eine Rolle, wenn μ und μ_{zw} klein sind. Wir erfassen sie ebenfalls mit den Annahmen des Bildes 5.6 und Gleichung 2.13.

ϵ_b^{II} der obersten Faser der Druckzone kann hier für den nackten Zustand II gerechnet werden. Die Biegesteifigkeit wird dadurch wieder

$$K_B^{II} = \frac{M \cdot h}{\epsilon_{em}^{II} + \epsilon_b^{II}} \qquad [\text{Mpm m}]$$

und wird für praktischen Gebrauch in M/$\varkappa$-Tafeln aufgezeichnet (Bild 5.14).

5.4 Biegesteifigkeit im Zustand II, abgeschlossene Rißbildung

K_B^{II} läßt sich für Rechteckquerschnitte mit einem von μ abhängigen Faktor $k_{bB}^{II} > 1,0$ auf die für nackten Zustand II berechnete Steifigkeit beziehen

$$K_B^{II} = k_{bB}^{II} \, K_B^{IIo}$$

wobei k_{bB}^{II} Bild 5.7 zu entnehmen ist.

Der Bezug auf $\mu = F_e/b \cdot h$ ist nötig zum genauen Bezug auf E_B^{IIo}. Da die Mitwirkung des Betons auf Zug von μ_{zw} abhängt, gelten die Kurven nur soweit $(d-x)$ nicht wesentlich größer als d_w nach Bild 2.13 ist. Für größere d kann die zweite Bezugsskala der μ_{zw} mit

$$\mu_{zw} = \mu \, \frac{2(d-x)}{d_w} \left(\frac{d_w}{d-x}\right)^2 \qquad \text{benützt werden.}$$

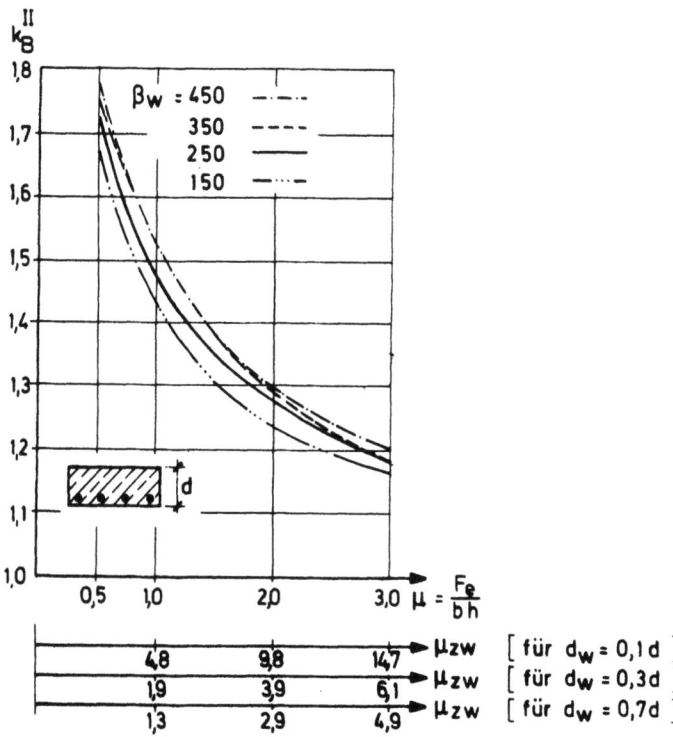

Bild 5.7 Faktor k_{bB}^{II} zur genäherten Ermittlung von $K_B^{II} = k_{bB}^{II} \cdot K_B^{IIo}$ für Rechteckquerschnitte

5.5 Biegesteifigkeit im nackten Zustand II

Vernachlässigt man die Mitwirkung des Betons im Zuggurt, dann sind die wirksamen Querschnittsteile eindeutig rechnerisch erfaßbar. Im Gebrauchslastbereich kann man E_b, E_e und n als konstant annehmen, damit ist das σ_b-Diagramm ein Dreieck. Die Nullinienhöhe x wird in bekannter Weise aus den Gleichgewichtsbedingungen gerechnet.

Für Rechteckquerschnitte ergibt sie sich zu

$$x = h \left(\sqrt{(2+n \cdot \mu) n \cdot \mu} - n\mu\right) \quad \text{mit } \mu = \frac{F_e}{bh}$$

Damit läßt sich das Trägheitsmoment anschreiben zu (Bild 5.8)

$$J^{IIo} = \frac{1}{3} b x^3 + n F_e (h-x)^2$$

Aus $D_b = Z_e$ läßt sich bei dreieckigem σ_b-Diagramm herleiten

$$\frac{1}{2} b x^2 = n F_e (h-x), \qquad \text{damit wird}$$

$$J^{IIo} = \frac{2}{3} n F_e (h-x) x + n F_e (h-x)^2$$

$$\boxed{J^{IIo} = n F_e (h-x) \left(h - \frac{x}{3} \right)} \qquad \text{für Rechteckquerschnitte} \qquad (5.9)$$

$$\boxed{\begin{array}{l} K^{IIo} = E_b J^{IIo} \\ \varkappa^{IIo} = M/K^{IIo} \end{array}}$$

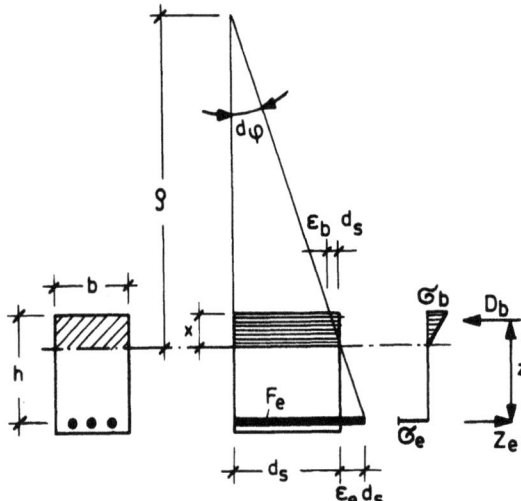

Bild 5.8 Krümmung eines Balkenelementes im nackten Zustand II

Dieser Ausdruck kann auch aus den Randdehnungen abgeleitet werden (Bild 5.8)

$$\sigma_b = \frac{2 D_b}{b x} = \frac{2 M}{b x z} \qquad \epsilon_b = \frac{\sigma_b}{E_b} = \frac{2 M}{E_b b x z}$$

$$\sigma_e = \frac{Z_e}{F_e} = \frac{M}{z F_e} \qquad \epsilon_e = \frac{\sigma_e}{E_e} = \frac{M}{E_e F_e z}$$

Aus $\dfrac{1}{\rho} = \dfrac{\epsilon_b}{x} = \dfrac{\epsilon_e}{h-x}$ wird $\dfrac{1}{\rho} = \dfrac{2 M}{E_b \cdot b \cdot x^2 z} = \dfrac{M}{E_e \cdot F_e \cdot z(h-x)} = \dfrac{M}{EJ}$

Daraus $\boxed{K^{IIo} = EJ = \frac{1}{2} E_b b x^2 z = E_e F_e z (h-x)}$ (5.10)

für Rechteck- und Plattenbalken

5.5 Biegesteifigkeit im nackten Zustand II

Dieser Ausdruck gilt auch für Plattenbalken, wenn das richtige x und z eingesetzt wird. Für Rechteckquerschnitte ist $z = h - \frac{x}{3}$, damit wird der Ansatz mit F_e identisch mit demjenigen der Gl. (5.9).

Um zu zeigen, daß die zur Vereinfachung getroffenen Annahmen E_b und E_e = konstant zutreffen, wurden in Bild 5.9 die mit den wirklichen σ-ϵ-Diagrammen für Bn 250 ($\beta_w \approx 300$ kp/cm^2) und B St 42/50 K gerechneten m-$\varkappa h$-Linien für drei Werte von μ aufgezeichnet und die nach DIN 1045 zulässigen Gebrauchslasten eingetragen. Man erkennt, daß die Linien im Gebrauchslastbereich genügend genau gerade sind. Bei Entlastung und Wiederbelastung entfällt natürlich der Zweig des Zustandes I, es gilt die gestrichelte Linie mit einer kleinen unelastischen Krümmung bei m = 0.

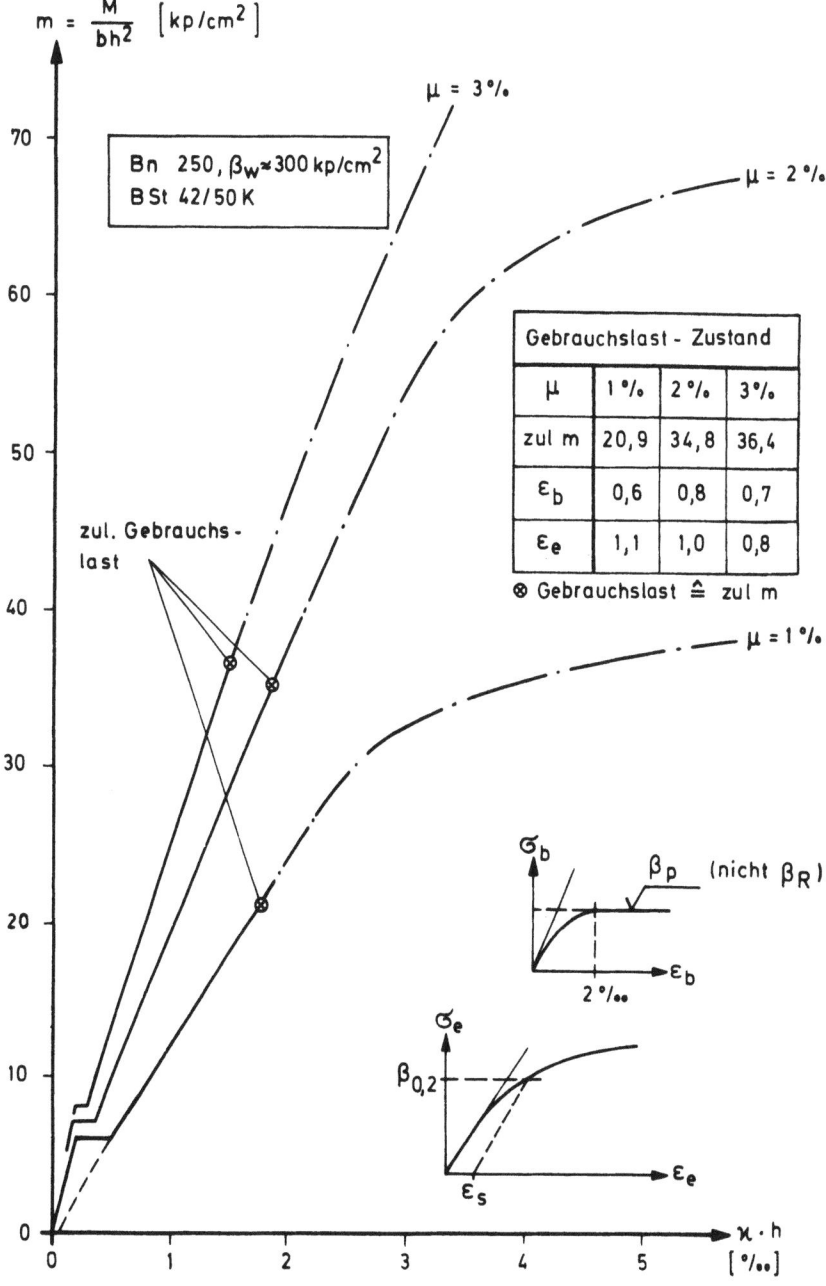

Bild 5.9 Verlauf der Momenten-Krümmungsbeziehung für verschiedene Bewehrungsgrade (Rechteckquerschnitt, reine Biegung, nackter Zustand II, ohne Beton auf Zug)

Für die Praxis muß bemerkt werden, daß für die Ermittlung von x und z in Gl. (5.10) die k_x- und k_z-Werte üblicher Bemessungstafeln nicht zutreffend sind, weil diese auf ν-fache Gebrauchslast = erforderliche Traglast bezogen sind. Daher wird im folgenden Bild 5.10 eine Kurvenschar gegeben, aus der für M, bezogen auf $bh^2 \beta_w$ und für μ bezogen auf β_w, die bezogene Krümmung $\varkappa h$ abgelesen werden kann. Die Tafel gilt für Rechteckquerschnitte und alle Beton- und Stahlgüten.

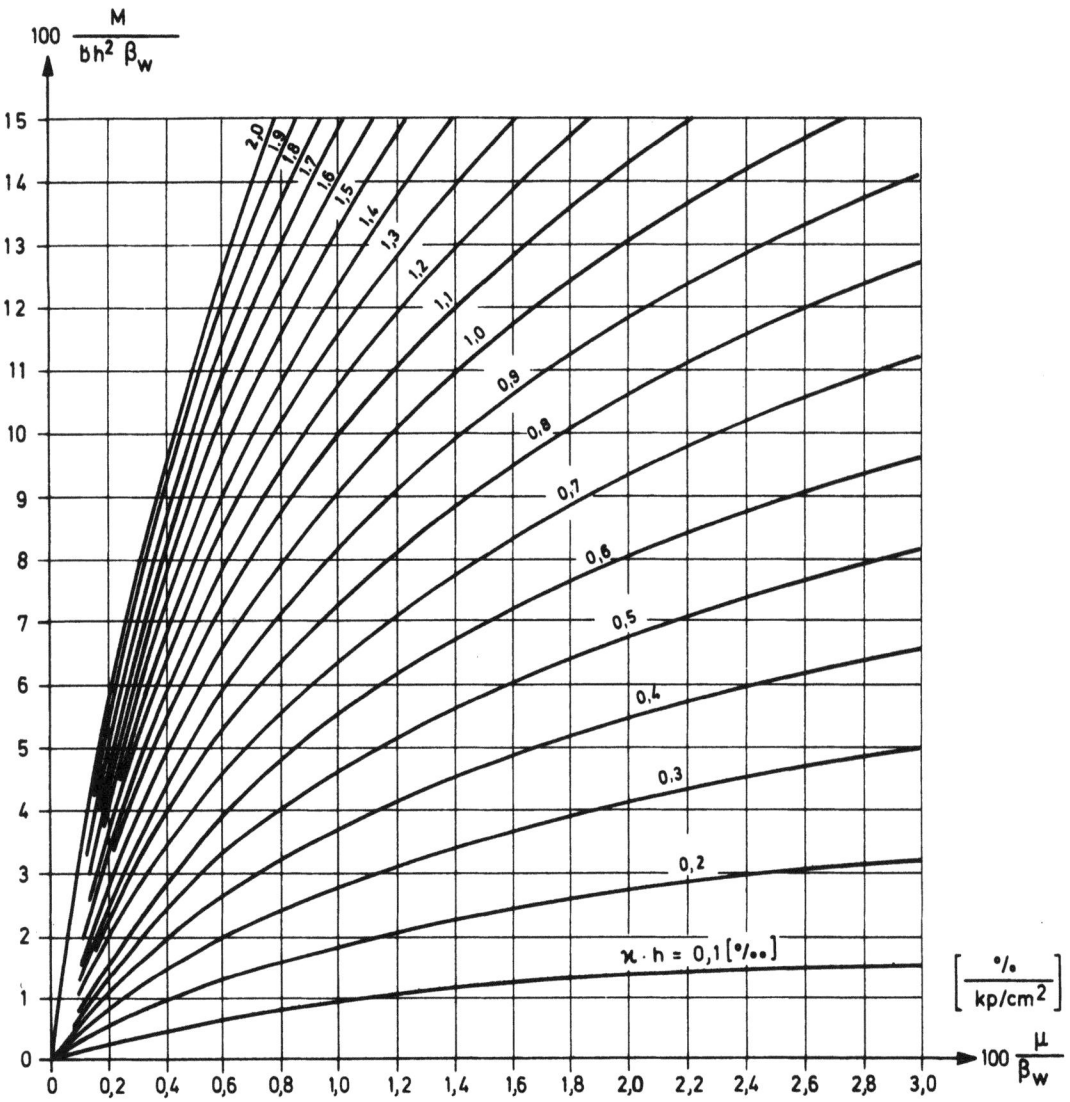

Bild 5.10 Bezogene Krümmung $\varkappa \cdot h$ im nackten Zustand II. $\mu = \dfrac{F_e}{bh}$, für Rechteckquerschnitte $K^{IIo} = \dfrac{M}{\varkappa}$.

5.6 Änderung der Biegesteifigkeiten bei steigender Biegebeanspruchung

Für den Ingenieur in der Praxis ist es stets wertvoll, die ihn interessierenden Größen, hier die Biegesteifigkeiten in ihrer Abhängigkeit vom Beanspruchungsgrad durch M bzw. M/bd^2 und vom Bewehrungsgrad der Bemessung $\mu = F_e/bh$ graphisch darzustellen, was in Bild 5.11 für die Betongüte $\beta_w = 300$ kp/cm^2 und mittlere Zugfestigkeiten zwischen $\beta_{bZ} = 24$ kp/cm^2 beim 1. Riß und 32 kp/cm^2 beim n-ten Riß geschehen ist. Dabei wurde ein Rechteckquerschnitt angenommen. Bei Plattenbalken würden die Linien im Bereich abgeschlossener Rißbildung etwas tiefer liegen. Mit einer gestrichelten Linie ist eingetragen, an welcher Stelle der k_B-M-Linie die Stahlspannung $\sigma_e^{II} = 2400$ kp/cm^2 wird. Diese Linie grenzt also den Gebrauchslastbereich für den Betonstahl B St 42/50 ab.

Man erkennt, daß der Gebrauchslastbereich bei den häufigen Bewehrungsgraden zu einem großen Teil im Bereich 2, also im Rißbildungsbereich liegt, in dem die Biegesteifigkeit steil abfällt, von vielen Zufälligkeiten abhängig ist und damit entsprechend streut. Man muß das Maß der Streuung daher in dieser Zone besonders groß ansetzen, wenn Nutzungsschäden entstehen könnten (vgl. 3.4).

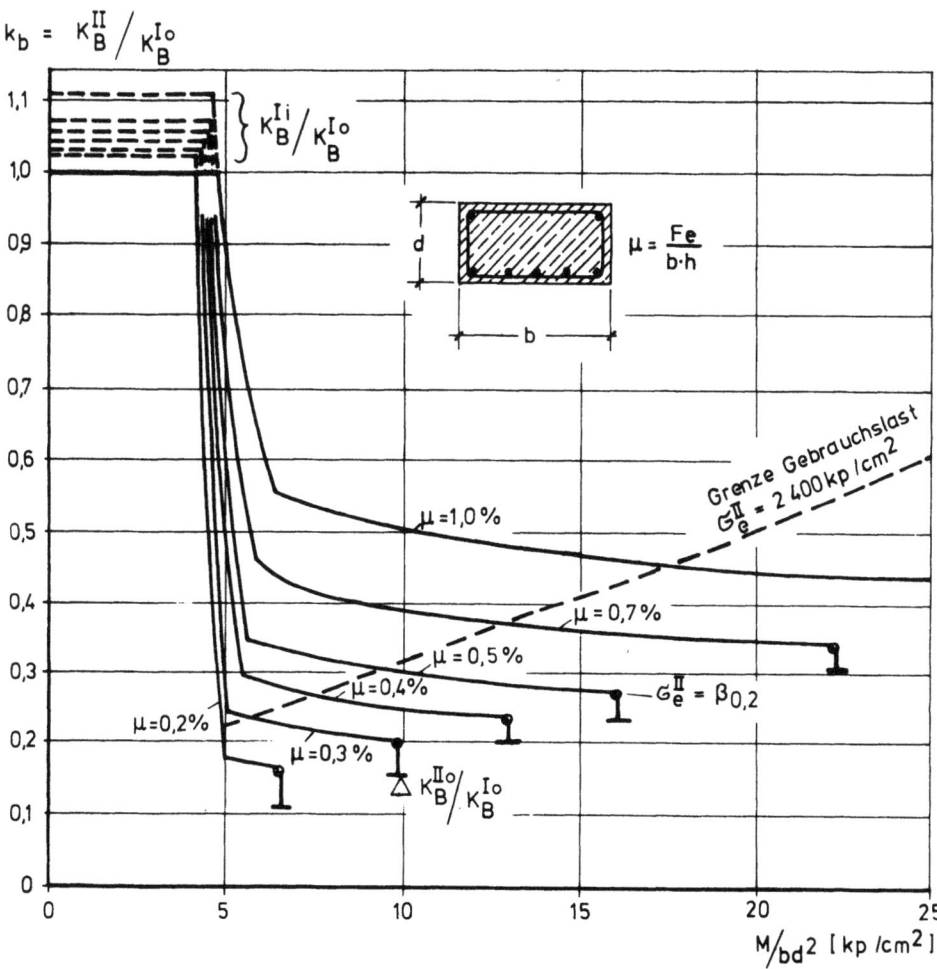

Bild 5.11 Abnahme der Biegesteifigkeit K_B^{II} ausgehend von $K_B^{Io} = E_b J_i$ bei steigender Momentenbeanspruchung für verschiedene μ. Gebrauchslastbereich für B St 42/50 und Bn 250 ($\beta_w = 300$ kp/cm^2)

5.7 Die Berechnung von Durchbiegungen f_0 bei Erst- und Kurzzeitlast

5.7.1 Verschiedene Abhängigkeiten

1. In Balken und Platten gibt es stets Teillängen, in denen $M < M_{R1}$ ist, also die Biegezugzone nicht reißt. Dort gilt K_B^I auf die Längen $\psi^I \ell$ (Bild 5.12). Ebenso gibt es Zonen im Bereich 2, in dem $k_{bB} K_B^I$ gilt. Schließlich werden in der Regel Zonen im Bereich 3 liegen, in dem K_B^{II} gilt.

2. Die Größe der Teillängen $\psi \ell$ dieser 3 Zonen hängt ab, einmal von der Lastverteilung und dem statischen System und damit vom Momentenbild, zum anderen vom Lastgrad, den wir hier mit $M_D/\max M$ ausdrücken wollen. M_D ist das längere Zeit oder dauernd wirkende M, $\max M$ ist das Moment infolge voller Gebrauchslast.

3. Eine weitere Abhängigkeit entsteht durch die Bewehrungsführung, hier ausgedrückt durch den Verlauf des Bewehrungsgrades μ, der in der Regel nicht konstant ist, weil die Gurtbewehrungen abgestuft werden.

4. Schließlich ist die Abhängigkeit von der Dichte der Bewehrung im Wirkungsbereich F_{bw}, also von μ_{zw} zu beachten, die bei gleichem μ die Durchbiegung eines Plattenbalkens mit großem μ_{zw} deutlich größer werden läßt als die Durchbiegung einer Platte, weil beim Plattenbalken M_R niedriger und die Mitwirkung des Betons auf Zug kleiner ist.

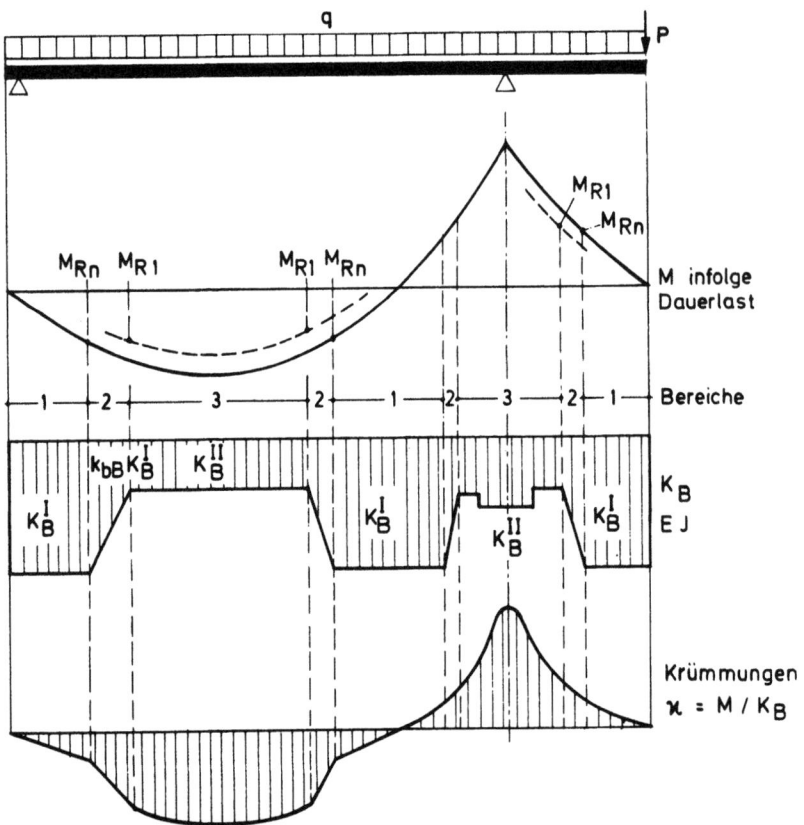

Bild 5.12 Verlauf der Biegesteifigkeiten und Krümmungen entlang eines Balkens abhängig vom Momentenverlauf

5.7 Berechnung von Durchbiegungen f_o bei Erst- und Kurzzeitlast

Betrachten wir noch in Bild 5.13 die Entwicklung der anfänglichen Durchbiegung einer Platte mit niedrigem μ und μ_{zw} in einer etwas übertriebenen Darstellung: Bei der ersten Belastung mit $M_D/\max M \approx 0,5$ entstehen nur 2 bis 3 Risse. Wird auch nur kurz höher belastet, so entstehen weitere Risse. Bei Entlastung auf M_D ist dann die Steifigkeit auf eine größere Teillänge zurückgegangen, und es stellt sich eine größere Durchbiegung ein. Bei voller Entlastung würde f nicht auf Null zurückgehen. Wir erkennen den Einfluß der Belastungsgeschichte, der bei Platten mit niedrigem μ besonders groß ist, bei Plattenbalken mit hohem μ und μ_{zw} jedoch klein sein kann, wie das zum Vergleich skizzierte Beispiel zeigt. Dies wirkt sich auch auf den Streubereich und auf Lastwiederholungen aus (siehe Abschnitte 3.4 und 3.5).

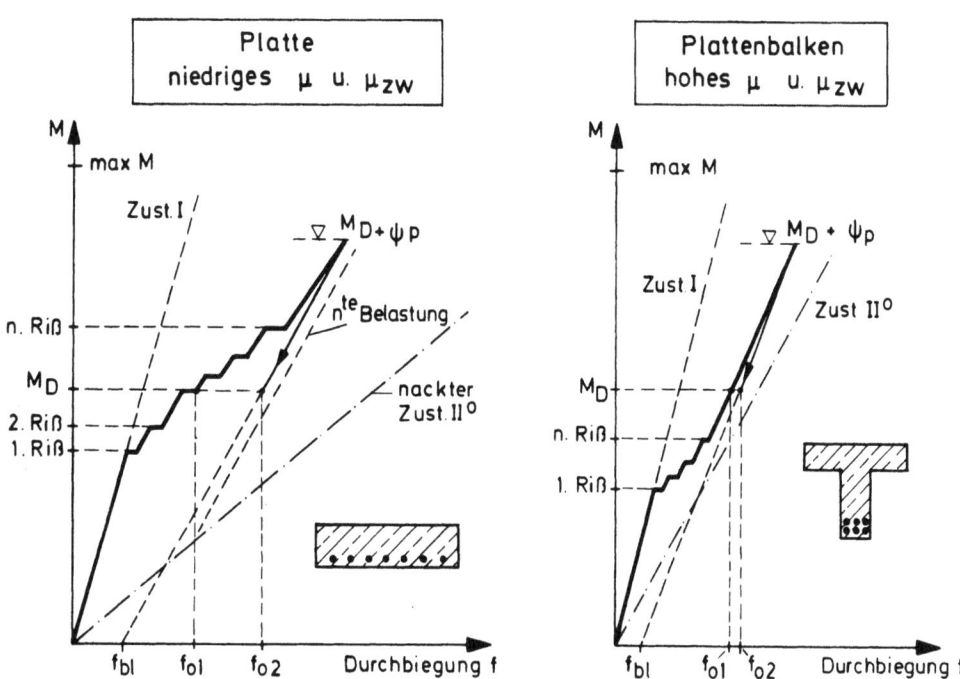

Bild 5.13 Entwicklung der Durchbiegung eines Plattenstreifens und eines Plattenbalkens bei Erstbelastung, Laststeigerung und Lastwiederholung

5.7.2 Ermittlung der anfänglichen Durchbiegung f_o

Die Durchbiegung ist für einen bestimmten Lastgrad (je nach Zweck) zu ermitteln. Für diesen wird die Momentenlinie gezeichnet. Mit den Werten M_{R1} und M_{Rn}, die mit $\sigma_b = \beta_{bZ}$ nach Gl. (5.6) gerechnet werden, werden die Längen der Bereiche 1, 2 und 3 gemäß Bild 5.12 ermittelt. Aus der Bemessung und Bewehrungsführung ist μ, μ_z bzw. μ_{zw} bekannt (μ_{zw} siehe Bild 2.13).

Um nun die Ermittlung der zu M und μ gehörigen Biegesteifigkeiten bzw. Krümmungen $\varkappa$ zu erleichtern, werden M-$\varkappa$-Tafeln aufgestellt, wie sie Bild 5.14 als Beispiel zeigt. Damit läßt sich die Verteilung der $\varkappa$ über die Trägerlänge aufzeichnen.

Die Biegelinie f(x) wird nun aus $\varkappa(x)$ durch numerische Integration, also durch tabellarische Addition der $\Delta l \varkappa$-Werte gewonnen. Mit f = 0 an Auflagern läßt sich die Durchbiegung $f_o(x)$ und max f_o angeben.

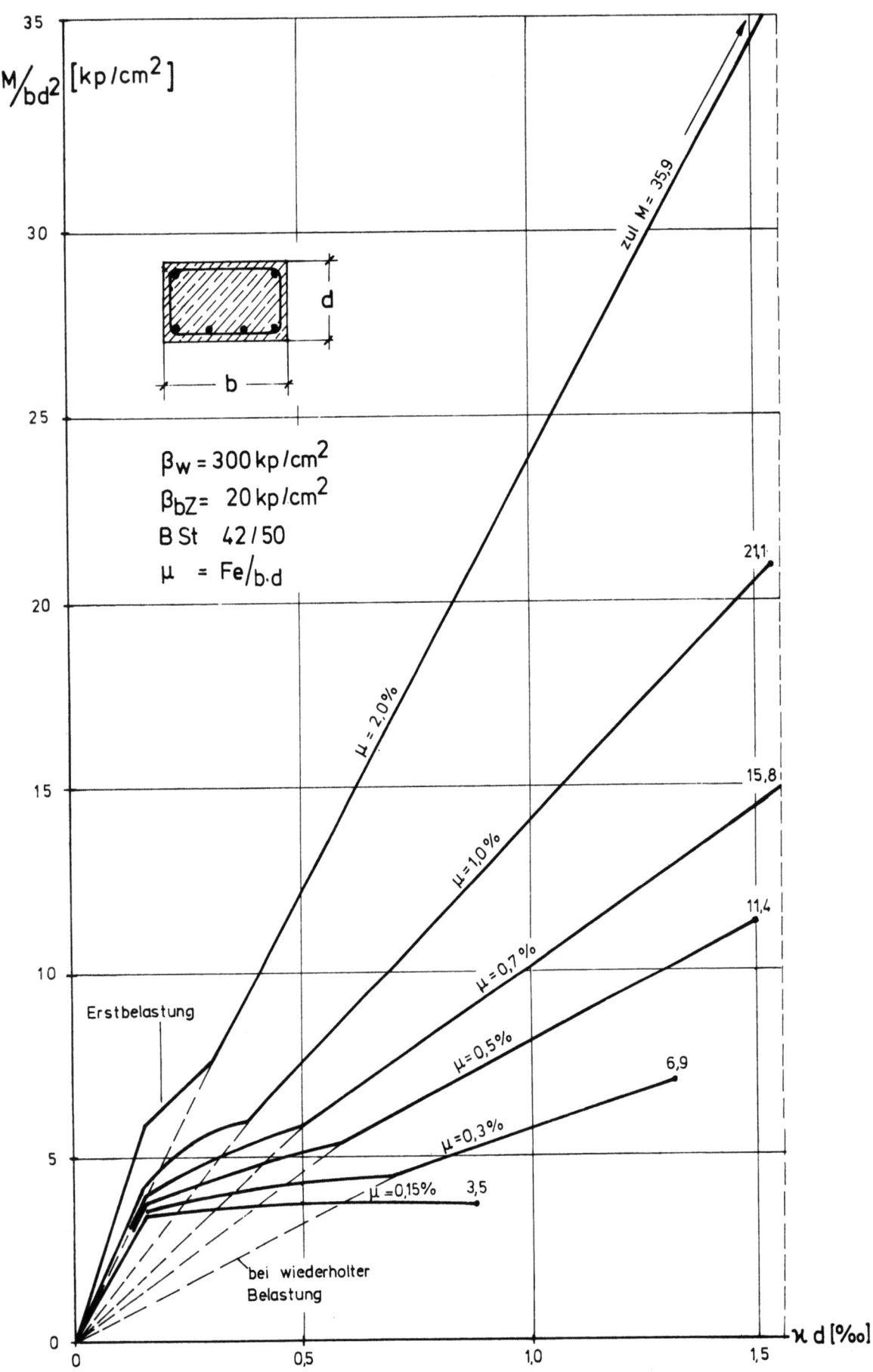

Bild 5.14 M-ϰ-Linien im Bereich der zulässigen Gebrauchslast

5.7 Berechnung von Durchbiegungen f_o bei Erst- und Kurzzeitlast 99

Ein solches Verfahren ist langwierig und in der Praxis nur bei großen Tragwerken, z.B. bei Brücken, im Aufwand vertretbar.

Nachteilig ist auch, daß die M-$\varkappa$-Kurven sich wohl auf b h und μ beziehen lassen, nicht aber auf die Betongüte β_w und die Verteilung der Gurtbewehrung z.B. ausgedrückt durch μ_{zw}. Es sind also viele M-$\varkappa$-Tafeln für je 2 bis 3 Werte von β_w und evtl. Korrekturen für $\mu : \mu_{zw}$ nötig.

Vereinfachte Verfahren sind daher dringend nötig. Das erste 1959 von F. Leonhardt [36] angegebene Verfahren ist überholt und sollte nicht mehr verwendet werden.

5.7.3 Vereinfachte Verfahren zur Ermittlung von f_o

In Heft 240 des DAfStb. ist von Grasser und Thielen, München, [37] ein Verfahren angegeben, bei dem der wahrscheinliche Mittelwert f_o aus den Grundwerten f_o^I (Zustand I) und f_o^{II} (nackter Zustand II) mit Korrekturbeiwerten ψ_o abhängig von M_R/M_F (Rißmoment zu größtem Feldmoment) berechnet wird zu

$$f_o = f_o^I + \psi_o \left(f_o^{II} - f_o^I \right)$$

Die Beiwerte ψ_o sind nur für den Einfeldbalken angegeben und mit einer nur bilinearen M-$\varkappa$-Linie ermittelt und damit für niedrige μ und hohe Betongüten ziemlich ungenau. Der Rechenaufwand ist zudem noch erheblich.

Für den Einfeldbalken können Tafeln angegeben werden, mit denen ein Mittelwert oder eine obere Grenze von f_o direkt angeschrieben werden kann zu

$$f_o = \alpha f^{IIo} = \alpha k_M \varkappa^{IIo} \ell^2 \tag{5.11}$$

$\varkappa^{IIo}$ ist Bild 5.10 zu entnehmen, k_M siehe Abschnitt 5.9.2

Der Beiwert α setzt sich zusammen aus

α^I zur Berücksichtigung der ungerissenen Teillängen, in denen $M < M_{Rn}$ mit $\sigma_b = 0,7 \beta_w^{2/3}$ (obere Grenze) ist.

α^{II} zur Berücksichtigung des Betons auf Zug im Zustand II. α^{II} wurde hier unabhängig von μ mit 0,9 angesetzt - also ziemlich hoch als obere Grenze.

H.O. Kayatz hat die Tafeln der α-Werte für parabelförmige und dreieckige M-Flächen für β_w = 300 und 500 kp/cm^2 aufgetragen. Beispiele sind in Bild 5.15 bis 5.17 gegeben. Die untere Linie entspricht dem Zustand I. Man erkennt leicht den großen Bereich, in dem Balken mit Rechteckquerschnitt (entspr. auch Platten) bei Teilbelastung und vor allem bei hoher Betongüte im Zustand I bleiben.

Für den Hochbau sollten Hilfstafeln solcher Art zur Verfügung gestellt werden.

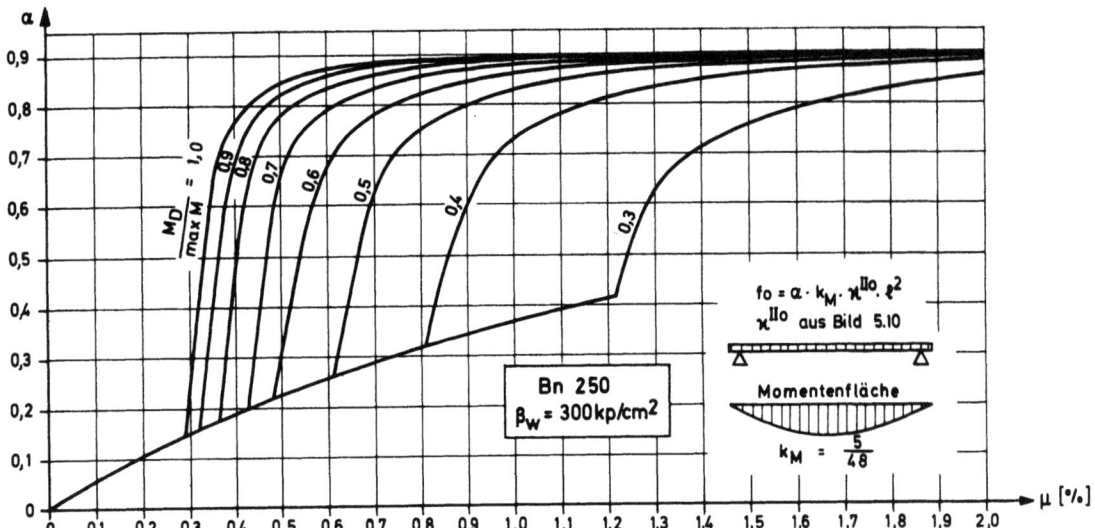

Bild 5.15 α-Werte für gleichmäßig belastete Einfeldträger für Bn 250 zur Ermittlung der anfänglichen Durchbiegung f_o in $\ell/2$

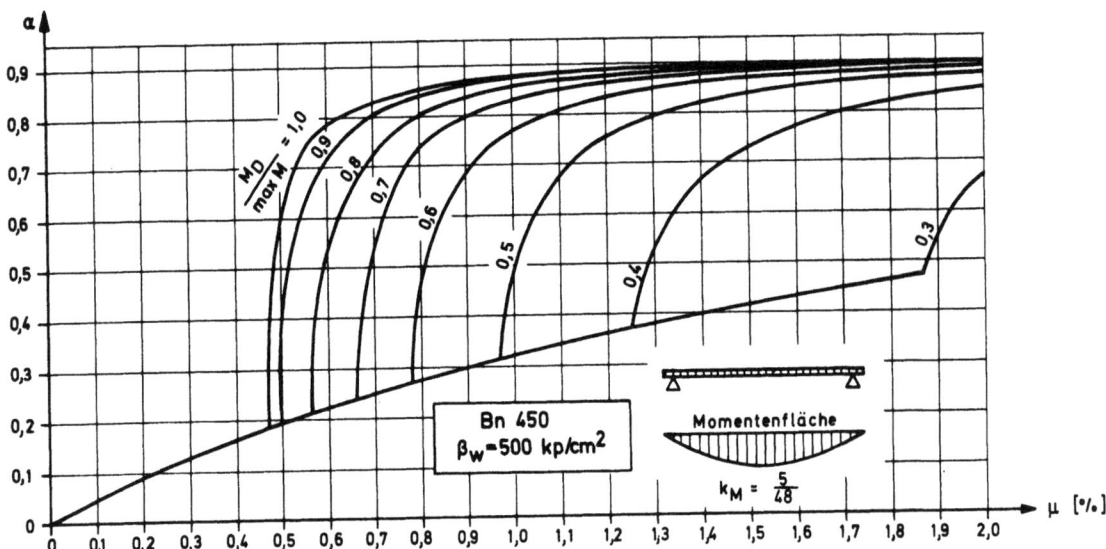

Bild 5.16 α-Werte für gleichmäßig belastete Einfeldträger für Bn 450

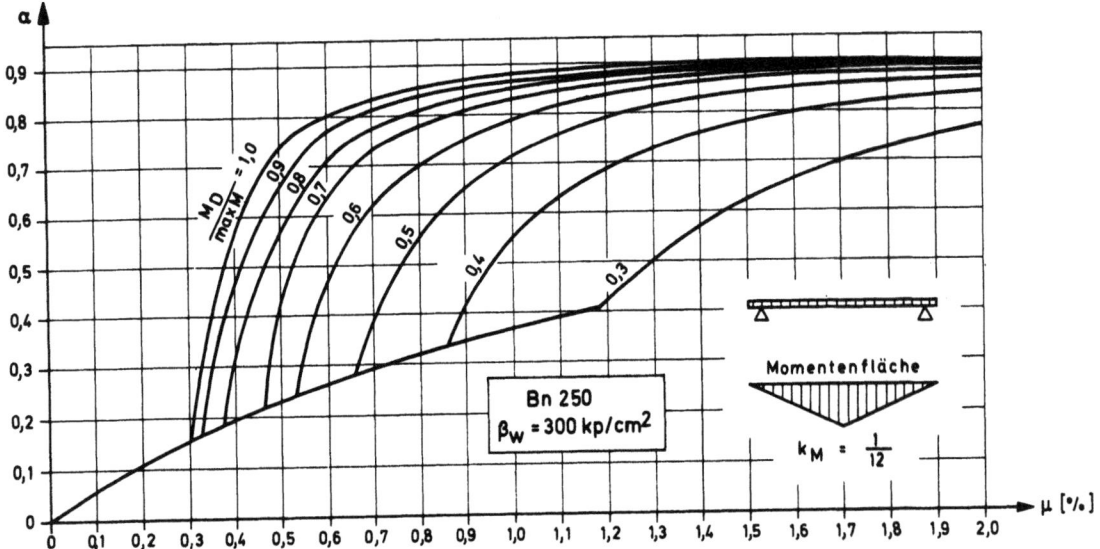

Bild 5.17 α-Werte für durch eine mittige Einzellast belastete Einfeldträger für Bn 250

5.7 Berechnung von Durchbiegungen f_0 bei Erst- und Kurzzeitlast

5.7.4 Verminderung der Größe von f_0 durch Druckgurtbewehrung

Der Einfluß einer Druckbewehrung F_e' im Druckgurt auf die anfängliche Krümmung bzw. Durchbiegung ist gering, 5 bis 15 %, selbst bei $F_e' = F_e$. Dies zeigt Bild 5.18, das für die Betongüte Bn 250 ($\beta_w = 300$ kp/cm²) gilt, für höhere Betongüten wird der Einfluß noch geringer.

Druckbewehrung kann dagegen die **nachträgliche** Durchbiegung durch Schwinden und Kriechen wesentlich reduzieren (siehe Abschnitt 5.8.1).

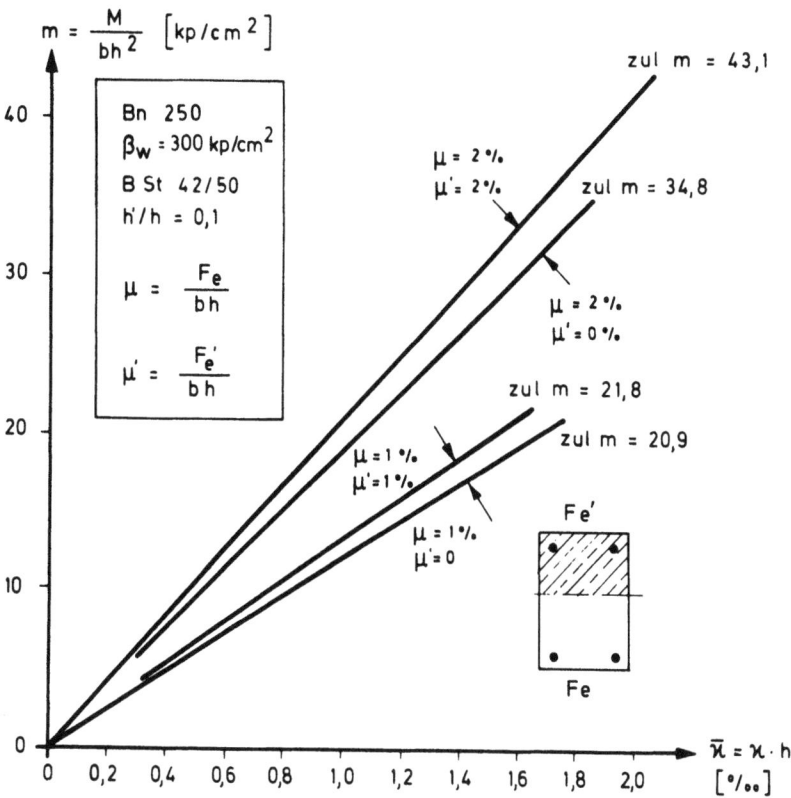

Bild 5.18 Einfluß der Druckbewehrung auf die anfängliche Krümmung $\varkappa$ bei Kurzzeitlast (Rechteckquerschnitt)

5.8 Berechnung der Durchbiegung bei Dauerlast (Kriechen u. Schwinden)

5.8.1 Durchbiegung infolge Kriechen des Betons und Einfluß von Biegedruckbewehrung

An einem Versuch von P.W. Abeles [14] mit einem im Spannbett vorgespannten Rechteckbalken sei die Veränderung der Durchbiegung durch Kriechen deutlich demonstriert (Bild 5.19). Der Balken hatte zunächst 920 Tage lang nur sein Eigengewicht zu tragen und bog sich dabei durch Kriechen zunehmend nach oben durch. Er wurde dann mit 0,45 P_U, also etwa voller Gebrauchslast für beschränkte Vorspannung, 420 Tage lang belastet; der bereits 2 1/2 Jahre alte Beton kroch noch erheblich. Die Steigerung der Last auf 0,63 P_U führte zu sehr hohen Biegedruckspannungen (im Zustand II > 299 kp/cm²) und damit zu erneuter starker Zunahme der Durchbiegung durch Kriechen. Der Lastgrad war dabei so hoch, daß Biegerisse entstanden, deren Breite durch die Kriechkrümmung und durch den schwachen Verbund glatter Drähte anwuchs. Das Kriechen spielt daher bei den Durchbiegungen eine erhebliche Rolle, bei Veränderungen der Dauerlast auch bei altem Beton.

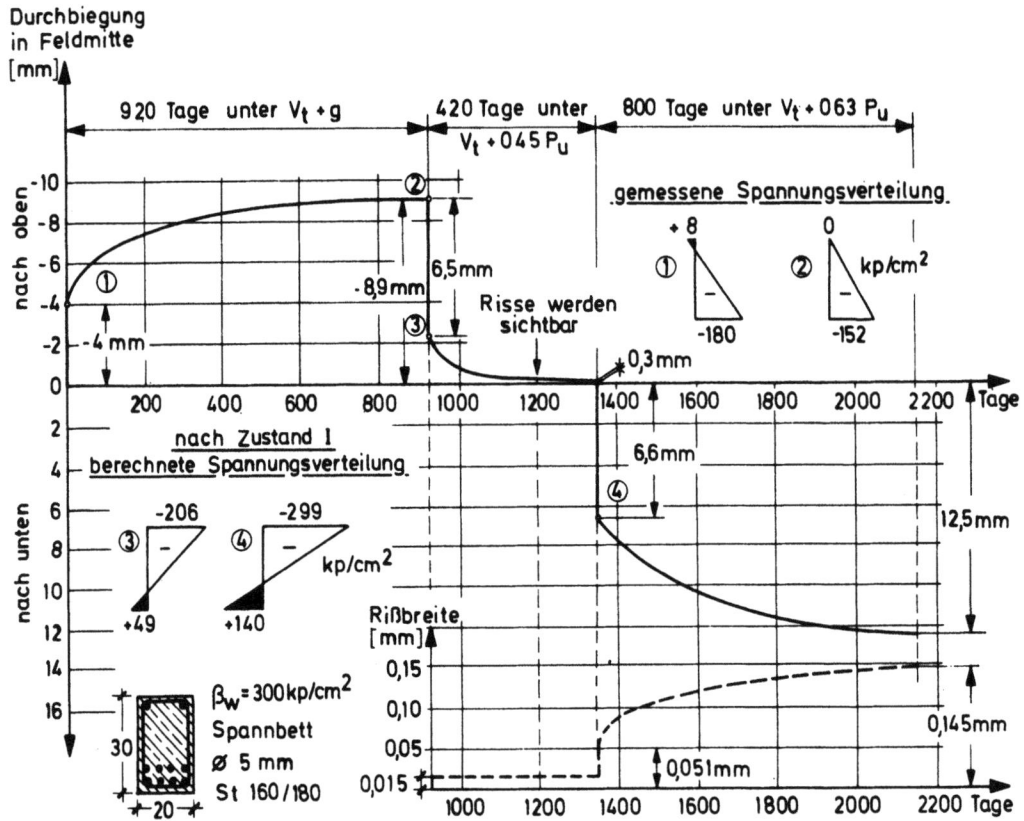

Bild 5.19 Durchbiegungen und Rißbreiten eines Spannbetonbalkens ($l = 6,6$ m) mit Belastungsbeginn im Alter von rund 2 1/2 Jahren (nach P.W. Abeles [14])

Bei der Wahl des Kriechbeiwertes φ ist Abschnitt 3.2.4 zu beachten. Durch das Kriechen des Betons in der Biegedruckzone wird ε_b stark vergrößert, die Nullinie wandert nach unten, der Hebelarm z wird kleiner, die Stahlspannungen σ_e nehmen zu, die obere Randspannung des Betons σ_b nimmt in der Regel etwas ab, weil die Biegedruckzone höher und völliger wird (Bild 5.20).

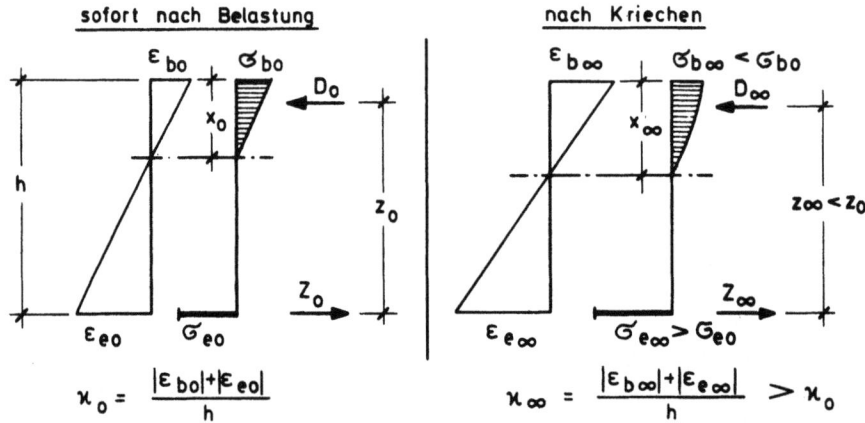

Bild 5.20 Veränderung der Spannungen und Dehnungen infolge Kriechen

5.8 Berechnung der Durchbiegung bei Dauerlast (Kriechen und Schwinden)

Die Krümmung nach Kriechen $\varkappa_\infty$ ist demnach wesentlich größer als die Anfangskrümmung zur Zeit t_o. Entsprechend nehmen die Durchbiegungen stark zu.

K. Hajnal-Kónyi [38] war der erste, der dies durch Versuche bestätigte. Bild 5.21 zeigt sein Meßergebnis an einem Rechteckbalken b/d = 12,7/19 cm, an der Meßstelle belastet mit M_D = 0,48 Mpm.

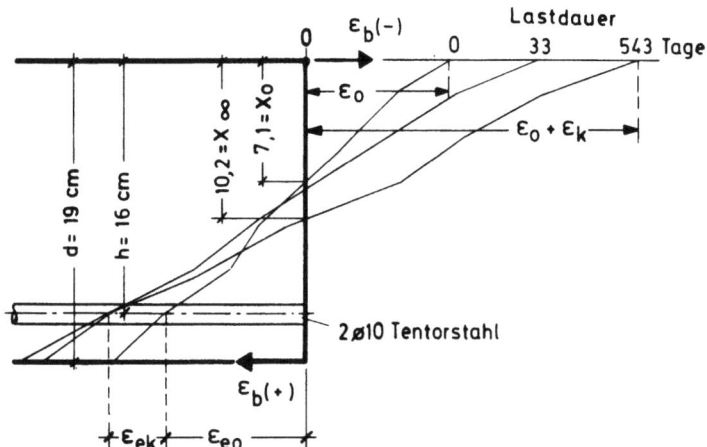

Bild 5.21 Dehnungen an der Oberfläche von Stahlbetonbalken bei Dauerstandbelastung nach Versuchen von K. Hajnal-Kónyi [38]

Im Gebrauchslastbereich sind die Spannungen σ_b niedrig genug, um bei konstanter Spannung die Kriechdehnung mit $\epsilon_k = \varphi \epsilon_{el}$ proportional ansetzen zu können. Da σ_b in Wirklichkeit etwas abnimmt, σ_e aber zunimmt, kann man mit

$$\epsilon_{bt} = (1 + \varphi_t) \epsilon_{b,el} \quad \text{und mit} \quad \epsilon_{et} \approx \epsilon_{eo}$$

schon gute Näherungswerte der Krümmung $\varkappa_t = \dfrac{|\epsilon_{bt}| + |\epsilon_e|}{h}$ erhalten.

Entsprechend hat man in früheren Jahren den Durchbiegungszuwachs durch Kriechen $f_k = f_t - f_o$ einfach mit $E_{bt} = \dfrac{E_{bo}}{(1 + \varphi_t)}$ berechnet [36].

Eine erste und sehr einfach anzuwendende Verbesserung brachte H. Mayer, München, [39].

Die Kriechdurchbiegung wird danach berechnet zu

$$\boxed{f_k = k_\varphi \varphi f_o} \qquad (5.12)$$

mit f_o = anfängliche Durchbiegung zur Zeit t = 0 nach Abschnitt 5.7.2 oder 5.7.3

φ = Kriechzahl, siehe Abschnitt 3.2.4

k_φ = Kriechkrümmungsbeiwert, abhängig von μ und μ', den auf bh bezogenen Bewehrungsgraden des Zug- und Druckgurtes.

Die k_φ-Werte sind Bild 5.22 zu entnehmen. Man erkennt hier den starken Einfluß der Druckbewehrung μ' in der Biegedruckzone auf die Kriech-Durchbiegung.

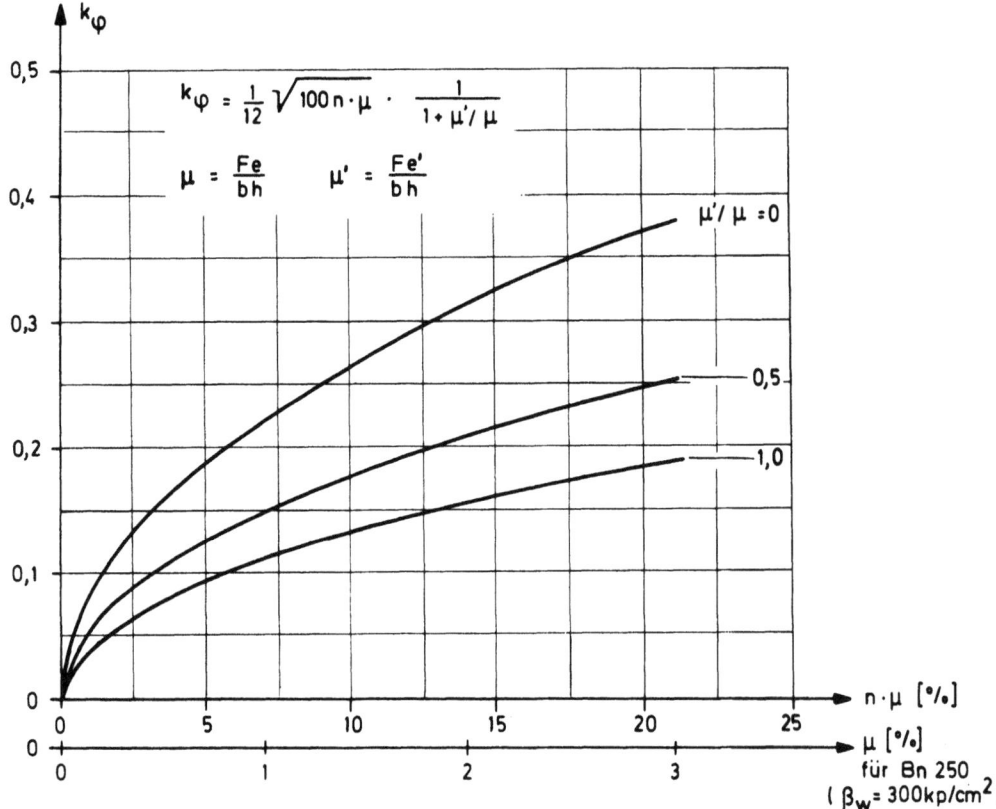

Bild 5.22 Kriechkrümmungsbeiwert k_φ nach H. Mayer [39]

H. Trost [40] hat unter Berücksichtigung der Relaxation, die durch Abnahme der σ_b eintritt und der Zunahme von σ_e Beiwerte $\varkappa_k$ berechnet, mit denen f_o^I und f_o^{IIo} zu multiplizieren sind, um die Kriechdurchbiegungen dieser gedachten unteren und oberen Grundwerte zu erhalten. Die Lage des wahrscheinlichen Wertes zwischen diesen Grundwerten wird dann eingeschätzt.

Diese Trost'schen $\varkappa_k$ finden sich auch im Heft 240 DAfStb. [37] und in [40] sowie in [31].

Im allgemeinen genügt jedoch das einfache Verfahren von H. Mayer [39].

5.8.2 Durchbiegung infolge Schwinden des Betons im Zustand II

Es wird angenommen, daß die äußere Druckgurtfaser des Balkens sich um das ganze Schwindmaß ϵ_s verkürzt (Bild 5.23). Im Zuggurt wird das Schwinden des Betons zwischen Rissen je nach Rißabstand und Verbundgüte durch die Stahlstäbe behindert, was die Stahlspannung zwischen den Rissen vermindert. Dies wird vernachlässigt.

Man erhält so den Krümmungszuwachs infolge Schwinden in grober Näherung zu

$$\varkappa_s = \frac{1}{\rho_s} = \frac{\epsilon_s}{h}$$

5.8 Berechnung der Durchbiegung bei Dauerlast (Kriechen und Schwinden)

In Wirklichkeit verhält sich der Balken nicht so einfach, was u.a. auch H. Mayer [39] aufzeigte. Das Schwinden beeinflußt z.B. die Kriechkrümmung und es wird natürlich durch eine Druckgurtbewehrung vermindert.

H. Mayer faßt diese Einflüsse in einem Schwindkrümmungsbeiwert k_s zusammen, so daß die Durchbiegung durch Schwinden zu berechnen ist zu

$$f_s = k_M \cdot k_s \frac{\epsilon_s}{h} \ell^2 \qquad (5.13)$$

mit k_s nach Bild 5.24, k_M siehe Abschnitt 5.9.2.

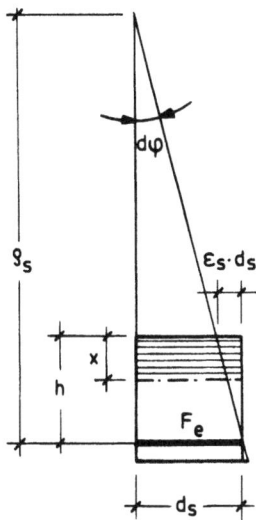

Bild 5.23 Krümmung des Balkenelementes infolge Schwindkürzung am Druckrand

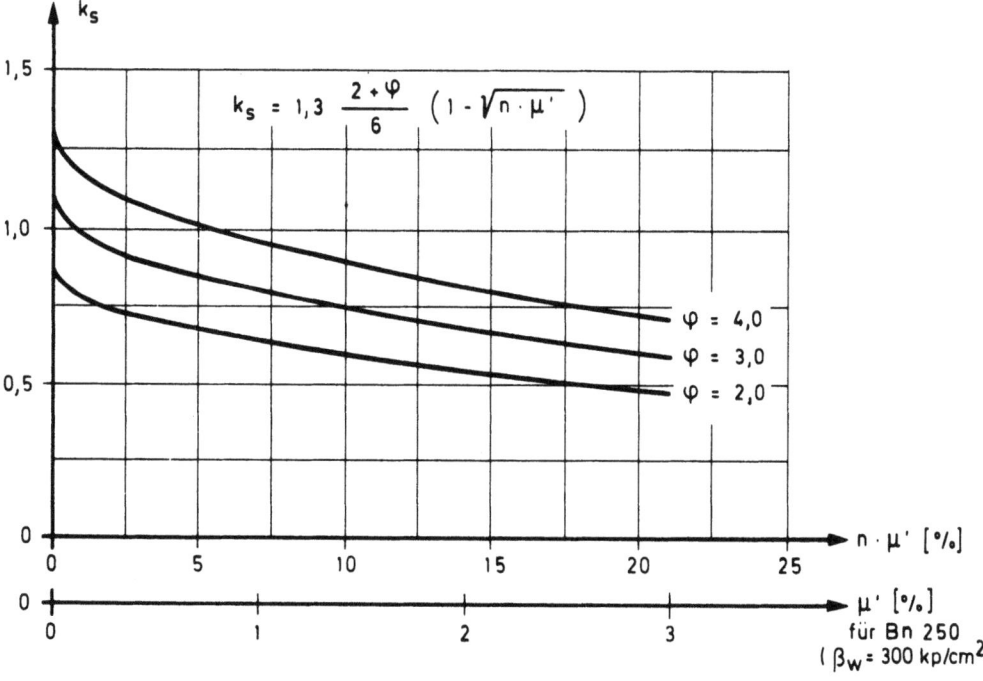

Bild 5.24 Schwindkrümmungsbeiwert k_s nach H. Mayer [39]

5.9 Weitere Hinweise zur Durchbiegung

5.9.1 Durchbiegung bei Biegung mit Längskraft und bei besonderen Querschnitten

Eine mit einem Biegemoment M zusammen auftretende Längskraft N beeinflußt - je nachdem ob sie Druck oder Zug ist - in unterschiedlicher Weise die Größe und damit die Lage des Rißmomentes M_R. Die Bereiche 1 werden bei N = Druck größer, bei N = Zug kleiner, die Bereiche 3 umgekehrt kleiner bzw. größer. N beeinflußt auch die Höhe x der Nullinie und damit die ϵ_o und ϵ_u.

Bei Biegung mit Längsdruck (auch Spannbeton mit unterschiedlichem Vorspanngrad) ist noch zu beachten, daß der Spannungssprung beim Entstehen der Risse sehr klein werden kann. Oft bleiben dabei die Rißabstände größer als der mittlere Rißabstand a_m. Entsprechende Versuchsergebnisse und Deutungen wurden in 2.7.4 mitgeteilt. Das Rißbild erreicht also nicht die dem a_m nach Gl. (2.9) entsprechende Anzahl der Risse. Damit wird die Mitwirkung des Betons auf Zug gesteigert, die Biegesteifigkeit nimmt zu und der Übergang von K^I nach K^{II} erstreckt sich über einen größeren Momentenbereich. Diese Erscheinungen sind auch bei den Berechnungen von Turm-Ausbiegungen von großer Bedeutung. Experimentelle Ergebnisse hierzu dürfen bald erwartet werden.

Man kann für M + N Formeln für ϵ und damit auch M-$\varkappa$-Beziehungen aufstellen (z.B. Dissertation R. Koch [32]). Dies gelingt für Rechteckquerschnitte; für Plattenbalken, Hohlkasten usw. würden geschlossene Ausdrücke zu kompliziert. Es wird daher empfohlen, in solchen Fällen die ϵ-Werte unter den in vorstehenden Abschnitten beschriebenen Annahmen abschnittsweise zu rechnen und damit $\varkappa$ und Biegelinien zu bestimmen.

5.9.2 Einige Hilfsmittel für verschiedene statische Systeme und Belastungen

Beispiele für Beiwerte k_M zur Ermittlung der Durchbiegung

$$\boxed{f = k_M \, \varkappa \, \ell^2}$$

Die Beiwerte gelten für konstantes EJ, sie sind auf das Moment M_m bzw. M_K bezogen.

5.9 Weitere Hinweise zur Durchbiegung

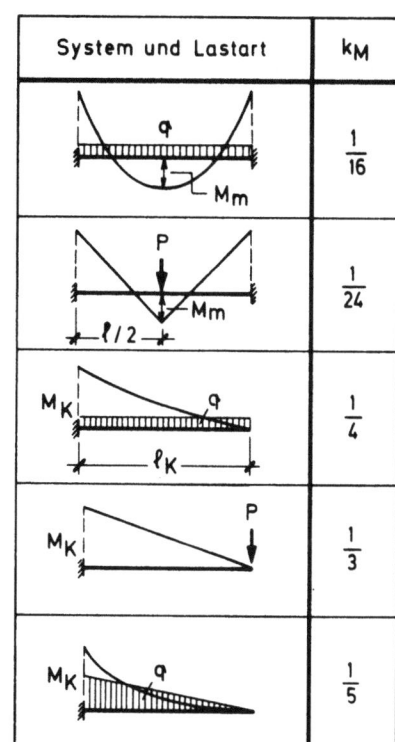

Bild 5.25 Beiwerte k_M für Einfeldträger und Kragarme für die Durchbiegung in $\ell/2$ oder am Ende eines starr eingespannten Kragarmes

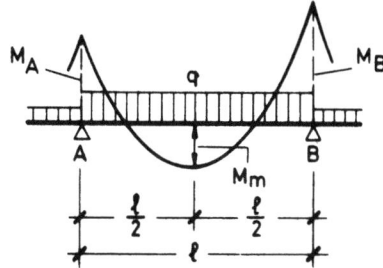

Innenfeld unter Gleichlast:

$$k_M = \frac{5}{48}\left(1 + \frac{M_A + M_B}{10\,M_m}\right)$$

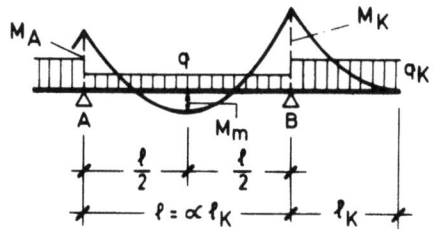

Kragarm unter Gleichlast:

$$k_M = \frac{1}{4}\left(1 + 2\alpha\,\frac{M_K + 2M_m}{3\,M_K}\right)$$

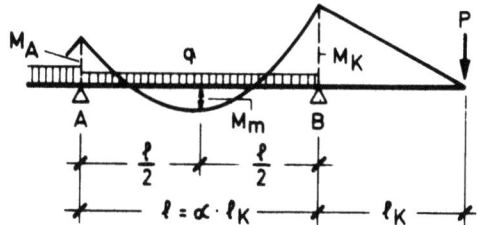

Kragarm unter Einzellast:

$$k_M = \frac{1}{3}\left(1 + \alpha\,\frac{M_K + 2M_m}{2\,M_K}\right)$$

Bild 5.26 Beiwerte k_M für Durchlaufträger ohne und mit Kragarm für die Durchbiegung in $\ell/2$ oder am Ende des Kragarmes. Die Momente sind mit ihren Vorzeichen einzusetzen.

k_M für zweiachsig gespannte Platten, vierseitig gelagert

Aus den Tabellen von Czerny wurden k_M-Werte für die Durchbiegung in Plattenmitte unter Gleichlast ermittelt, sie sind in Bild 5.27 auf das Feldmoment m_x in Feldmitte und auf die kürzere Spannweite l_x bezogen.

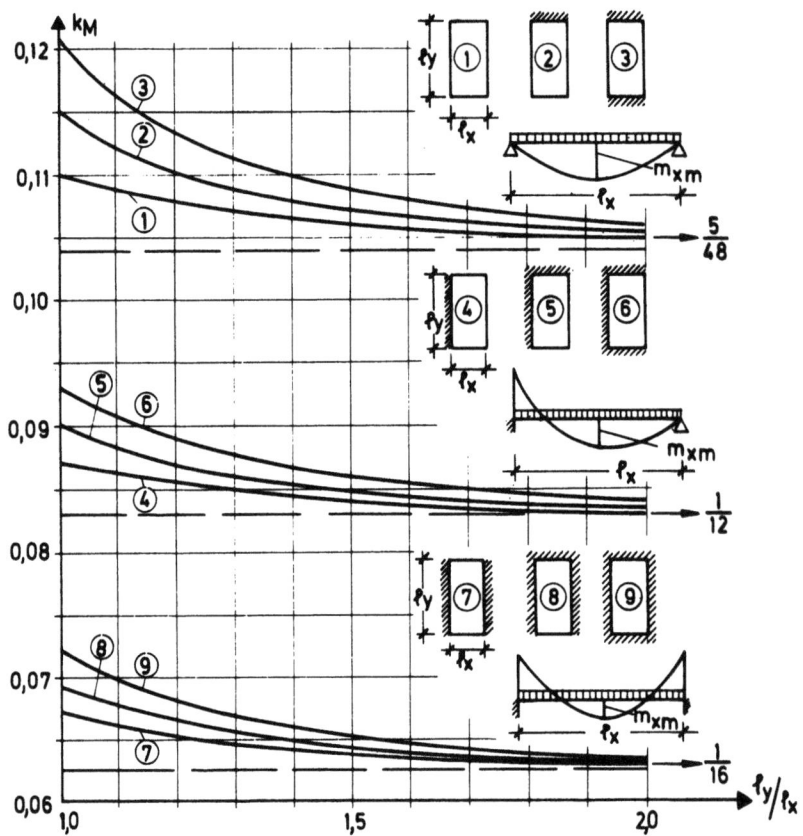

Bild 5.27   Beiwert k_M für vierseitig gelagerte Rechteckplatten

Die zweiachsige Druckbeanspruchung der Biegedruckzone ergibt ein verkleinertes ϵ_b, so daß für genauere Untersuchungen die $\varkappa$-Werte etwas abgemindert werden müßten.

Bei dreiseitig gelagerten Platten kann die Durchbiegung am freien Rand für einen schmalen Plattenstreifen als Einfeldträger berechnet werden.

5.10 Verhütung von Schäden durch Durchbiegungen von Stahlbetontragwerken und Begrenzung der Durchbiegung

5.10.1 Häufige Schadensarten und Abhilfe

Anfängliche und insbesondere nachträgliche Durchbiegungen durch Schwinden und Kriechen verursachen oftmals Schäden, die folgender Art sein können:

1. große Durchbiegung von schlanken Balken und Deckenplatten mit unzulässiger Neigung am Auflager. Für die Nutzung muß die Decke waagerecht sein. Bringt man zum Ausgleich zusätzlichen Estrich auf, dann verstärkt man insbesondere die nachträgliche Durchbiegung durch zusätzliche Last.

A b h i l f e n :

a) Ausreichende Überhöhung bei der Herstellung für $f_o + \frac{1}{2} f_{k+s}$

Dabei ist in der Regel nur das Eigengewicht anzusetzen. Platten aus gutem Beton bleiben häufig im Zustand I, daher mit vorsichtigen Annahmen, höchstens mit Mittelwerten, rechnen. Eine zu große Überhöhung kann genau so schädlich sein wie eine zu große Durchbiegung (Bild 5.28).

b) Schlankheit $l : d$ vermindern

c) Beton lange erhärten lassen vor Belastungsbeginn, z.B. durch Behelfsstützen mit kontrollierter Stützkraft

d) Druckbewehrung anordnen, wenn Schlankheit nicht vermindert werden kann und nachträgliche Durchbiegung zu groß werden würde.

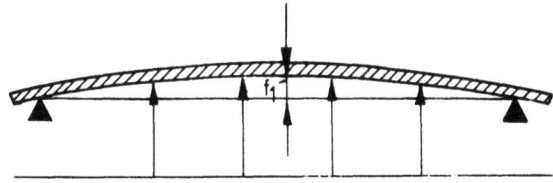

Auf Rüstung überhöhen für $f_1 = -(f_{og} + \frac{1}{2} f_{K+S})$

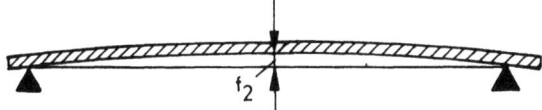

nach Ausrüsten bleibt $f_2 = -\frac{1}{2} f_{K+S}$

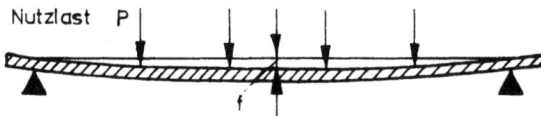

nach Zeit $t \rightarrow \infty$: Durchbiegung $f = +\frac{1}{2} f_{K+S} + f_p$

Bild 5.28 Zweckmäßige Überhöhung eines Einfeldträgers

2. Übermäßige Durchbiegung von Kragarmen, insbesondere von auskragenden Dachplatten, führt dazu, daß das nach innen geplante Dachgefälle sich umkehrt und das Regenwasser über die Dachkante abläuft. Nachträgliche Abhilfe ist schwierig, daher ausreichend stark überhöhen, z. B. für $f_o + 1,3 \cdot f_{k+s}$ mit oberen Streuwerten gerechnet (Bild 5.29).

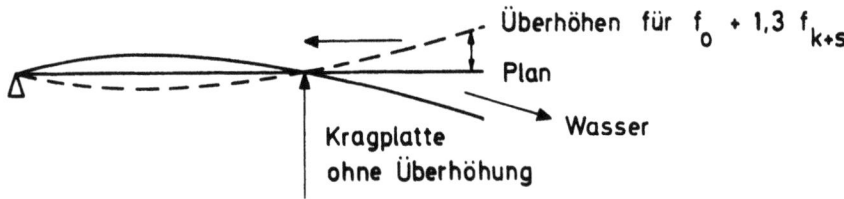

Bild 5.29 Überhöhung für eine Kragplatte eines Flachdaches

3. Nichttragende Wände aus sprödem Baustoff, z. B. Gipsplatten oder Kalksandstein, zeigen Risse infolge nachträglicher Durchbiegung der biegeweichen Decke (Bild 5.30).

Solche Schäden sind in der Regel nur bei Deckenspannweiten $l > 5$ m beobachtet worden. Sie können nur verhütet werden, indem die Schlankheit der Deckenträger klein gewählt wird ($l/h \leq 18$) oder indem f_{k+s} mit Druckbewehrung und langem Aushärten des Betons vor Belastung vermindert wird. Bei weitgespannten schlanken Decken müssen Zwischenwände aus sprödem Baustoff vermieden werden.

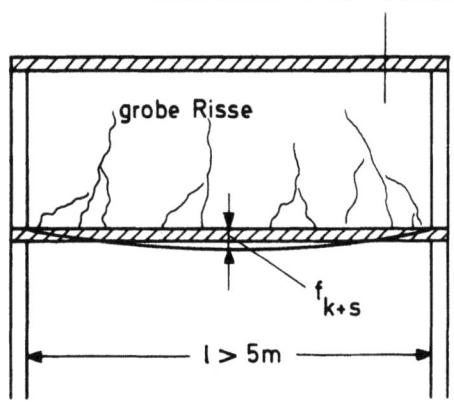

Bild 5.30 Schäden an einer Zwischenwand infolge nachträglicher Durchbiegung einer schlanken Decke

4. Nachträgliche Durchbiegung von Decken oder Deckenbalken an Fassaden zerstört Fensterscheiben, insbesondere die sehr teuren, großen Schaufensterscheiben, oder beeinträchtigt vorgehängte Fassaden.

Abhilfe: Vorausberechnung der nachträglichen Durchbiegung mit oberen Werten des Streubereiches und Sicherheitszuschlag 1,5 ergibt erforderlichen Spielraum zwischen UK Träger und OK Fensterrahmen.

5.10 Verhütung von Schäden durch Durchbiegungen von Stahlbetontragwerken und Begrenzung der Durchbiegung

5. <u>Knickgefährdung schlanker Wände oder Stützen</u> durch die am Auflager verursachten Drehwinkel der Biegelinie schlanker Decken oder Balken, die biegesteif mit der Stützung verbunden sind (Bild 5.31).

Abhilfe: Zentrierte gelenkige Lagerung

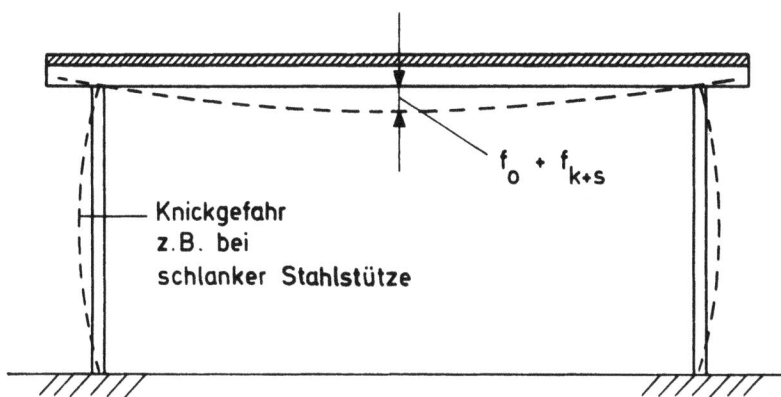

Bild 5.31 Gefährdung der Standsicherheit durch Auflagerdrehungen infolge der Durchbiegung von Deckenbalken oder -platten

6. Auflagerdrehwinkel sich durchbiegender Platten können die Stabilität gemauerter Wände gefährden (Bild 5.32) oder z.B. bei Flachdächern an der Außenwand horizontale Risse entlang der Unterkante der Decke verursachen.

Abhilfe:
Primär: Reduktion der nachträglichen Durchbiegung und kleinere Schlankheit;
sekundär: planmäßige Fuge mit zentrierter Lagerung der Deckenplatte.

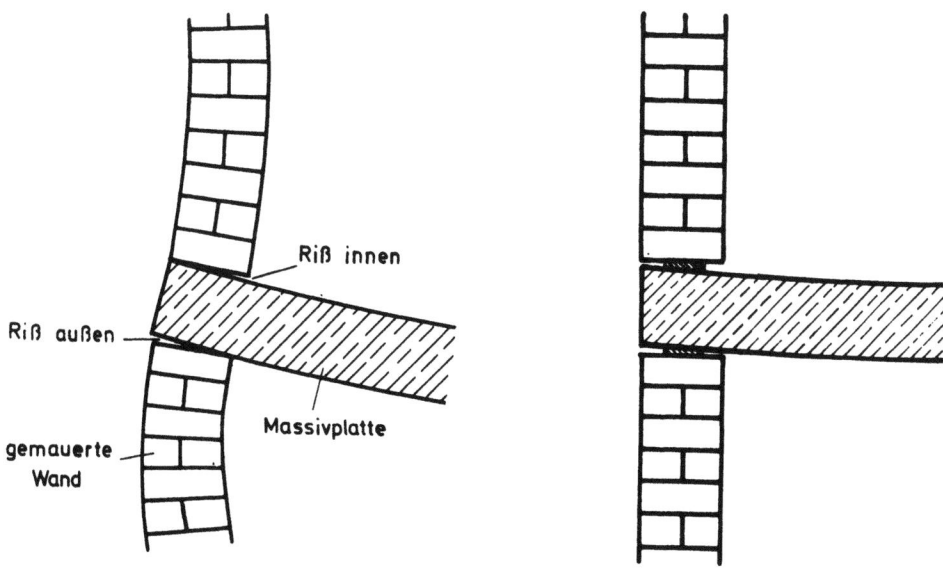

Bild 5.32 Schäden an gemauerten Wänden infolge Auflagerdrehwinkel einer schlanken Massivplatte. Abhilfe durch zentrierende Fugeneinlagen.

5.10.2 Vorbeugung gegen Schäden

Bei schlanken Tragwerken mit $\ell > 5$ m, bei denen obige Schadensmöglichkeiten gegeben sind, sollte der Ingenieur die Durchbiegung berechnen und sie schriftlich dem verantwortlichen Architekten mitteilen, damit die Durchbiegung beim Innenausbau oder bei Fassaden berücksichtigt wird. Erforderliche Überhöhungen sind in die Schalpläne einzutragen. Die Bauleitung ist anzuweisen, wie und wie lang die Decken und Träger vor Beginn der Belastung mit g oder g+p nachzubehandeln sind, damit die Voraussetzungen für die Durchbiegungsberechnung erfüllt werden. Der Hinweis auf den Einfluß kühler Witterung darf nicht fehlen.

5.10.3 Begrenzung der Durchbiegungen und Schlankheiten ℓ/d

In verschiedenen Vorschriften werden die Durchbiegungen abhängig von der Spannweite ℓ begrenzt, z.B. mit max f = $\ell/300$. Solche Durchbiegungsbegrenzungen sind wenig sinnvoll, weil sie in einem Fall z.B. bei Dachplatten mit genügender Dachneigung ohne Schaden noch etwas überschritten werden könnten, während sie in anderen Fällen schon zu erheblichen Schäden führen können. Die zulässige Durchbiegung hängt also ganz von der Nutzungsart des Tragwerkes ab, wobei für größere Spannweiten häufig nicht die Durchbiegung, sondern die Schwingung nach Frequenz und möglicher Amplitude maßgebend wird.

Das Gleiche gilt von den Schlankheiten. Man sollte allerdings die Schlankheit eines Balkens oder einer Platte nicht ohne Not übertreiben, schon weil Schlankheit meist teuer wird. Wenn jedoch eine große Schlankheit gewählt wird, dann muß man sich mit den Durchbiegungen und ihren Folgen sorgfältig beschäftigen.

6. Verformungen durch Querkraft, Schubverformungen, Schubsteifigkeiten

6.1 Überblick, praktische Bedeutung

Die technische Biegelehre trennt zur mathematischen Behandlung die Beanspruchung eines Trägers in die Biegespannungen σ_x infolge M, die Schubspannungen τ_{xy} infolge Q, und vernachlässigt in der Regel die in Lastrichtung wirkende Komponente σ_y. Bei Berechnung der Verformungen wird diese Trennung beibehalten, eine Durchbiegung wird also aus der Biegeverformung, hervorgerufen durch M und σ_x, und aus der Schubverformung hervorgerufen durch Q und τ_{xy}, zusammengesetzt. Es soll aber wieder daran erinnert werden, daß in Wirklichkeit ein System von sich kreuzenden Hauptspannungen σ_I und σ_{II} wirkt und die in der Theorie angenommenen vertikalen Verschiebungen aus τ_{xy} nur die Komponenten der tatsächlichen Verformungen sind. Die technische Biegelehre liefert nur dort richtige Ergebnisse, wo der Baustoff homogen und ideal elastisch ist.

Die Schubverformungen sind bei schlanken und breitstegigen Tragwerken sowohl im Zustand I wie auch im Bereich von Schubrissen so klein, daß sie für die Praxis in der Regel vernachlässigt werden. Sobald jedoch Schlankheiten $l/h = 12$ unterschritten werden, kann der aus der Schubverformung im Zustand II herrührende Beitrag zur Durchbiegung das 0,2 bis 3,0-fache der Biegeverformung ausmachen und darf dann nicht mehr vernachlässigt werden. Den Beweis dafür lieferten die Stuttgarter Schubversuche [41] z.B. an den Trägern T1 und T2, die zum Nachweis der oberen Schubspannungsgrenze entworfen waren und deren 10 cm dicker Steg mit $\mu_S = 2,85\%$ bewehrt war. Die Schlankheit war $l/h = 600/82,5 = 7.3$. Bild 6.1 zeigt die gemessenen Durchbiegungen in $l/2$ im Vergleich zu den für die Biegung allein mit EJ^{IIo} (für den nackten Zustand II) gerechneten Werten.

Für die volle Gebrauchslast von rd. 100 Mp z.B. ist die aus Biegung allein herrührende Durchbiegung von $\sim$ 6,2 mm durch Schubverformung bei vertikalen Bügeln auf 12,4 mm, bei 45°-Bügeln auf 9,4 mm vergrößert worden, also auf das 2,0- bzw. das 1,52-fache. Gleichzeitig geht daraus der große Einfluß der Neigung der Schubbewehrung in Form enger Bügel auf die Schubverformung hervor.

Da heute schwer belastete Träger häufig vorkommen, mußten Methoden zur Berechnung der Schubverformungen für den Zustand II entwickelt werden. Dies geschah zuerst aufgrund der Stuttgarter Schubversuche durch W. Dilger [42].

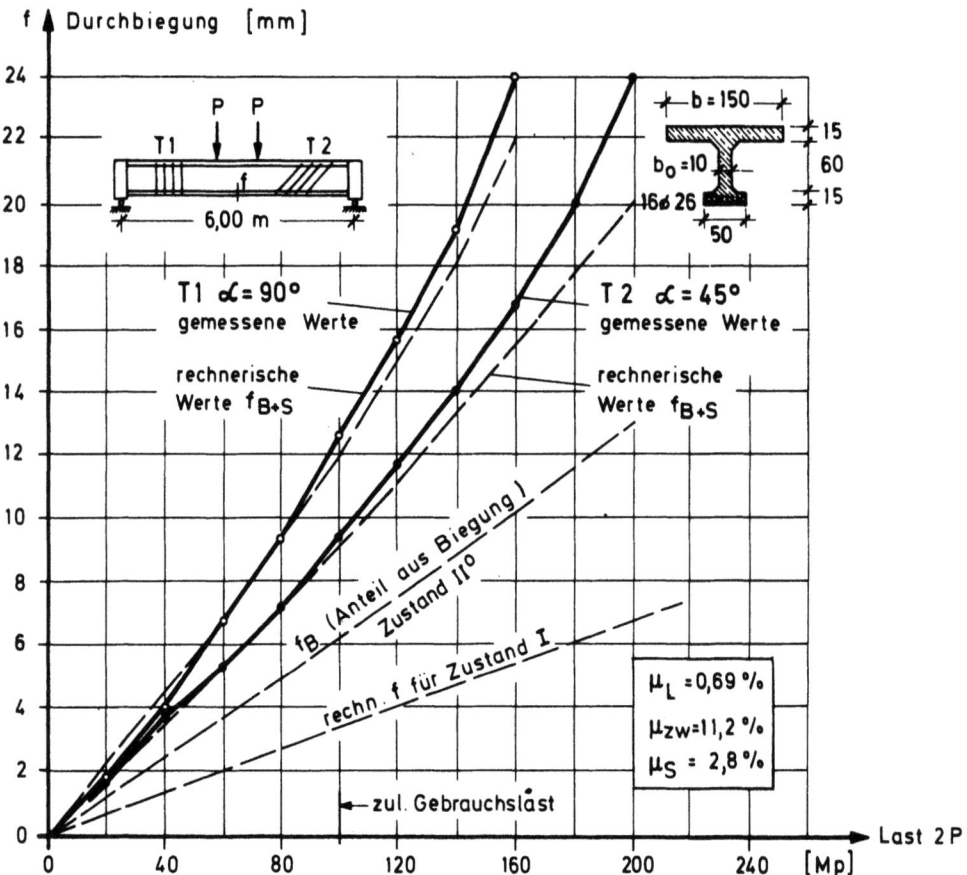

Bild 6.1 Gemessene und berechnete Durchbiegungen in $\ell/2$ bei zwei Plattenbalken mit hohen Bewehrungsgraden und dünnem Steg, α = Bügelneigung

6.2 Schubverformungen im Zustand I (in der Praxis vernachlässigbar)

Bei homogenem Baustoff wird die **Schubsteifigkeit** mit Hilfe des **Schubmoduls** $G = \frac{E}{2(1+\mu)}$ ermittelt. Für Beton schwankt die Querdehnzahl μ je nach Betongüte und Belastungsgrad zwischen 0,15 und 0,25. Im Mittel wird $\mu = 0,2$ zutreffen, so daß $G_b \approx 0,42\, E_b$ wird.

Der in die **Schubsteifigkeit**

$$K_S^I = G_b F_S = 0,42\, E_b \cdot F_S \quad [\text{kp}] \tag{6.1}$$

eingehende Querschnittswert F_S hängt von der Form des Trägerquerschnittes bzw. von seinem auf Schub beanspruchten Teil (Steg) und der Schubspannungsverteilung ab, die beim Rechteckquerschnitt parabolisch, bei Plattenbalken gestuft ist. Für Rechteckquerschnitte gilt $F_S = 5/6\, F_b = 0,83 \cdot F_b$, für Plattenbalken sei auf [43] verwiesen, sofern man nicht näherungsweise für F_S die Stegfläche $b_0 \cdot d_0$ einsetzt. Die Bewehrung wird hierbei vernachlässigt.

6.2 Schubverformungen im Zustand I

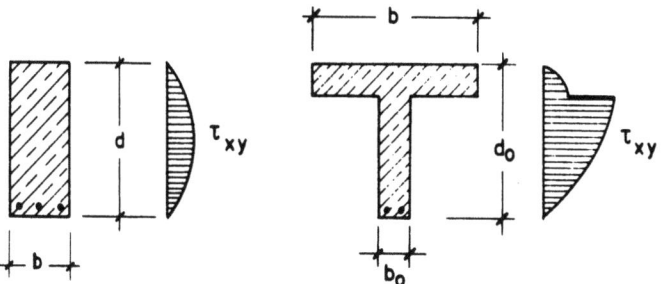

Bild 6.2 Schubspannungsverteilung bei Rechteck- und Plattenbalkenquerschnitt im Zustand I

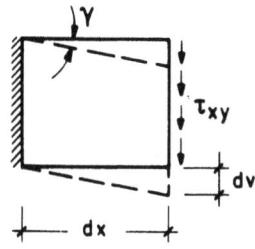

Die Schubverformung wird mit Hilfe des gedachten Gleitwinkels γ des Elementes der Länge dx aus der Querkraft Q ermittelt zu

$$\gamma = \frac{Q}{K_S^I} = \frac{Q}{G_b F_S}$$

Die vertikale Verschiebung des Elementes auf die Länge dx wird damit

$$dv = \gamma\, dx = \frac{Q}{K_S^I}\, dx, \text{ woraus auch } K_S^I = \frac{Q}{\gamma} \text{ hervorgeht.} \tag{6.1a}$$

Die Durchbiegung eines Balkens an der Stelle x infolge Schubverformung allein wird damit

$$v_{x,S} = \int_0^x \frac{Q(x)}{K_S^I}\, dx \tag{6.2}$$

Die Biegekrümmung eines Balkens wird durch die Schub-Gleitverformung nicht verändert, weil sich die ϵ_o und ϵ_u der Randfasern nicht ändern.

6.3 Schubverformungen im Zustand II

6.3.1 Wichtige Vorbemerkung

Sobald Schubrisse auftreten, können Schubverformungen nicht mehr nach der technischen Biegelehre für homogene Querschnitte berechnet werden. Die Wirkung der Querdehnung des Betons auf die zweite Spannungsrichtung entfällt, die Kräfte, die die Hauptzugspannungen ersetzen und quer zu den Schubrissen gerichtet sind, werden ganz von der Schubbewehrung aufgenommen. Daher kann im Zustand II nicht mit einem Schubmodul G gerechnet werden. Es stellt sich vielmehr zwischen den Gurten ein Tragsystem aus Stahl-Zugstäben und Betondruckstreben mit jeweils weitgehend nur einachsiger Beanspruchung ein, so daß die Schubverformungen des Trägers mit den Dehnsteifigkeiten dieser Stäbe, d. h. mit EF-Werten, gerechnet werden müssen. Den Schubverformungen im Zustand II muß also das wiederholt erläuterte Fachwerkmodell zugrunde gelegt werden. Im Fachwerk werden nur die Verformungen der Stegstäbe zwischen den Gurten berechnet, da die Durchbiegung infolge der Gurtverformungen als Biegeanteil nach dem vorhergehenden Abschnitt 5 erfaßt wird.

6. Verformungen durch Querkraft, Schubverformungen, Schubsteifigkeiten

Im Schrifttum findet man vielfach Ansätze für Schubverformungen im Zustand II mit dem Schubmodul G - diese sind grundsätzlich falsch.

6.3.2 Theoretische Grundformeln für die Schubsteifigkeit im nackten Zustand II mit dem Modell des Fachwerkes mit parallelen Gurten

Zur Vereinfachung wird ein statisch bestimmtes Fachwerk mit nur einem Strebenzug betrachtet, obwohl sich in Wirklichkeit ein engmaschiges Netzfachwerk einstellt (Bild 6.3).

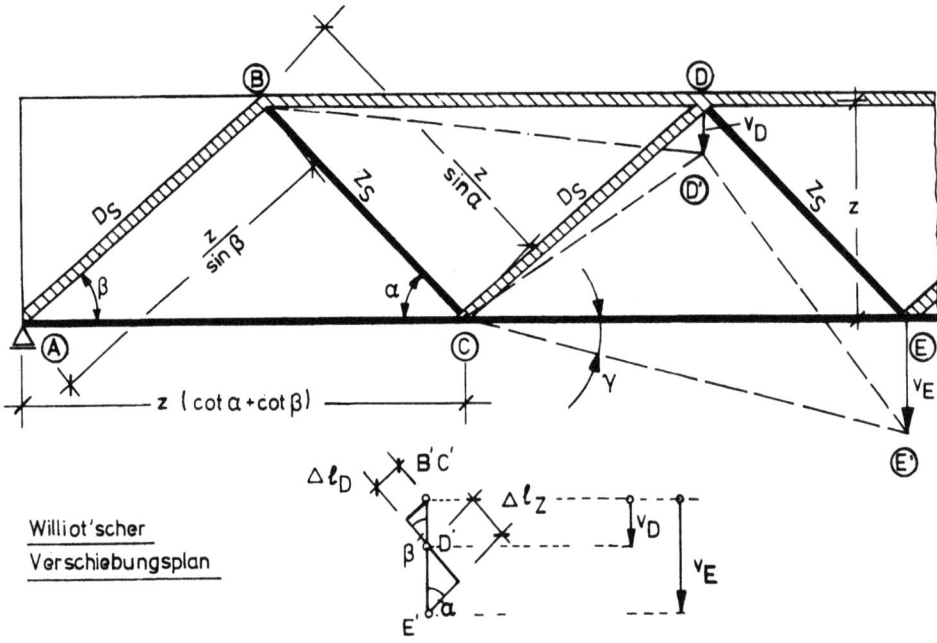

Williot'scher Verschiebungsplan

Bild 6.3 Verformung eines Fachwerks durch Kräfte in den Diagonalstreben DC und DE allein

Die Druckstreben D_S erleiden Dehnungen ϵ_b und die Zugstreben Z_S solche von ϵ_e.

Die Längen der Streben sind

für D_S $\quad \ell_D = z / \sin \beta \quad$ mit z = Systemhöhe des Fachwerks
für Z_S $\quad \ell_Z = z / \sin \alpha$

Demnach verkürzt sich D_S um $\quad \Delta \ell_D = \dfrac{\epsilon_b z}{\sin \beta}$

und verlängert sich Z_S um $\quad \Delta \ell_Z = \dfrac{\epsilon_e z}{\sin \alpha}$

Die vertikale Verschiebung des Fachwerkknotens E wird damit

$$v_E = \frac{\Delta \ell_D}{\sin \beta} + \frac{\Delta \ell_Z}{\sin \alpha} \qquad (6.3)$$

Für den "Gleitwinkel" γ ergibt sich $\quad \tan \gamma \sim \gamma = \dfrac{v_E}{z (\cot \alpha + \cot \beta)}$

und mit obigen Werten $\gamma = \dfrac{\epsilon_b}{\sin^2 \beta (\cot \alpha + \cot \beta)} + \dfrac{\epsilon_e}{\sin^2 \alpha (\cot \alpha + \cot \beta)} \qquad (6.4)$

6.3 Schubverformungen im Zustand II

Zur Ermittlung der Dehnungen ϵ_b und ϵ_e werden nun die Stegkräfte als Diagonalstabkräfte D_S und Z_S berechnet (Bild 6.4)

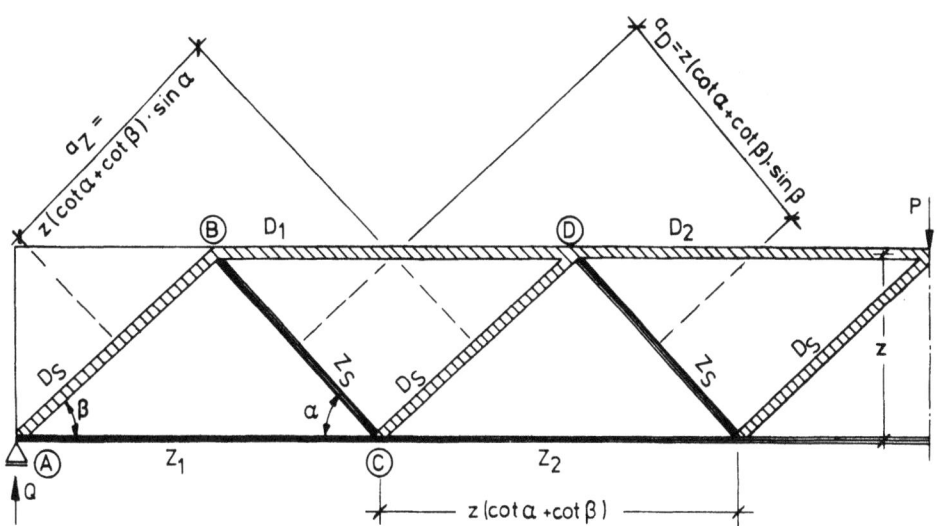

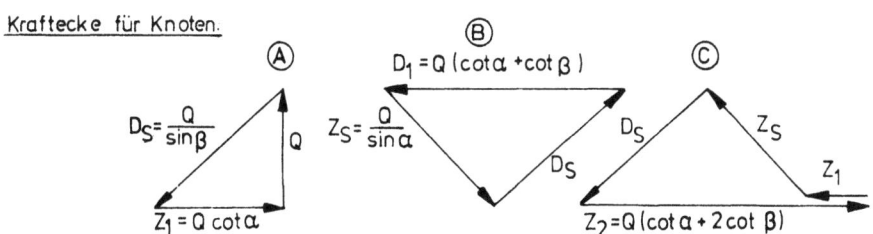

Bild 6.4 Ermittlung der Stegkräfte bei einem einfachen Fachwerk mit parallelen Gurten

Aus den Kraftecken ergeben sich

$D_S = \dfrac{Q}{\sin \beta}$

$Z_S = \dfrac{Q}{\sin \alpha}$

Die gegenseitige Beeinflussung dieser Stabkräfte durch ihre Neigungswinkel α und β ergibt sich durch den Bezug auf die Feldweite $z\,(\cot \alpha + \cot \beta)$. Dabei wird angenommen, daß die Strebenrkfäte auf die der Feldweite entsprechenden Längen a_D und a_Z des Steges gleichmäßig verteilt wirken, weil in Wirklichkeit ein engmaschiges Netzfachwerk vorliegt.

Die auf die Längeneinheit bezogenen Strebenkräfte werden damit

$$D'_S = \frac{D_S}{a_D} = \frac{Q}{z\,(\cot \alpha + \cot \beta)\sin^2 \beta} \qquad (6.5)$$

$$Z'_S = \frac{Z_S}{a_Z} = \frac{Q}{z\,(\cot \alpha + \cot \beta)\sin^2 \alpha} \qquad (6.6)$$

Aus Gl. (6.5) ergibt sich mit der Stegdicke b_o die Betondehnung ϵ_b

$$\epsilon_b = \frac{D'_S}{E_b \cdot b_o} = \frac{Q}{E_b \cdot z \cdot b_o} \cdot \frac{1}{(\cot \alpha + \cot \beta)\sin^2 \beta} \qquad (6.7)$$

und aus Gl. (6.6) mit $F_{e,S}$ = Querschnitt der im Abstand e_S angeordneten geneigten Bügel oder Schrägstäbe der Schubbewehrung die Stahldehnung ϵ_e

$$\epsilon_e = \frac{Z'_S \cdot e_S \cdot \sin\alpha}{E_e F_{e,S}}$$

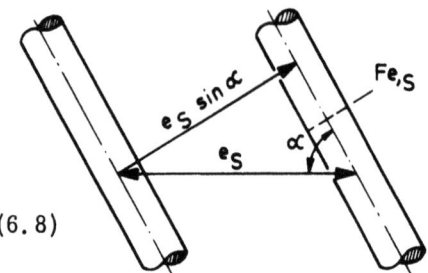

oder

$$\epsilon_e = \frac{Q \cdot e_S}{E_e \cdot z \cdot F_{e,S}} \cdot \frac{1}{(\cot\alpha + \cot\beta)\sin\alpha} \quad (6.8)$$

Führt man den Schubbewehrungsgrad $\mu_S = \dfrac{F_{e,S}}{e_S \cdot \sin\alpha \cdot b_o}$ ein, dann erhält man ϵ_e in der Form

$$\epsilon_e = \frac{Q}{E_e \cdot z \cdot b_o} \cdot \frac{1}{\mu_S (\cot\alpha + \cot\beta)\sin^2\alpha} \quad (6.9)$$

Damit wird der Gleitwinkel γ nach Gl. (6.4)

$$\gamma = \frac{Q}{b_o z}\left[\frac{1}{E_b \sin^4\beta (\cot\alpha + \cot\beta)^2} + \frac{1}{E_e \mu_S \sin^4\alpha (\cot\alpha + \cot\beta)^2}\right]$$

Wird die **Schubsteifigkeit im Zustand II** analog zu Zustand I als $K = Q/\gamma$ (siehe Gl. (6.1a)) definiert, dann wird

$$\boxed{K_S^{IIo} = b_o z \frac{\mu_S E_e E_b \sin^4\alpha \sin^4\beta (\cot\alpha + \cot\beta)^2}{E_b \sin^4\beta + E_e \mu_S \sin^4\alpha} \quad [kp]} \quad (6.10)$$

Dies gilt für den nackten Zustand II ohne Mitwirkung des Betons auf Zug zwischen Schubrissen, ohne Einfluß der Kornverzahnung in Schubrissen und der Dübelwirkung der Längsstäbe und für das parallelgurtige Fachwerk ohne Beteiligung der Gurte an der Querkraftaufnahme.

In der Regel verlaufen die Schubrisse bei hoher Schubbeanspruchung, die allein hier interessiert, unter $40°$ bis $45°$, so daß $\beta = 45°$ gesetzt werden kann. Die Schubbewehrung wird in der Praxis entweder unter $\alpha = 90°$ oder $\alpha = 45°$ angeordnet. Damit vereinfacht sich die <u>Grundformel</u> zu folgenden Ausdrücken für die <u>Schubsteifigkeiten:</u>

<u>bei lotrechten Bügeln und $45°$ Druckstreben</u>

$$K_{S,90°}^{IIo} = b_o z \frac{\mu_S E_e E_b}{E_b + 4 E_e \mu_S} \quad [kp] \quad (6.11)$$

ohne Beteiligung des Druckgurtes an der Aufnahme der Querkraft!

<u>bei $45°$-Bügeln und $45°$ Druckstreben</u>

$$K_{S,45°}^{IIo} = b_o z \frac{\mu_S E_e E_b}{E_b + E_e \mu_S} \quad [kp] \quad (6.12)$$

Hier wird wieder deutlich, daß die Schubsteifigkeit bei nur vertikaler Schubbewehrung wesentlich kleiner ist als bei unter $45°$ geneigten Bügeln (aufgebogene Stäbe in großem Abstand sind nicht vollwertig anzusetzen).

6.3.3 Empirische Anpassung der Grundformel für Zustand II an die wirklichen Verhältnisse mit erweiterter Fachwerkanalogie

Mit den Versuchen, die zur erweiterten Fachwerkanalogie führten ([1a], 8.4.3) ist bewiesen, daß in Stahlbetonträgern sich eine geneigte Resultierende der Biegedruckspannungen σ_{xb} einstellt und damit ein Teil der Querkraft im geneigten Druckgurt abgetragen wird. Der Steg oder die Fachwerkstreben haben also nicht die volle Querkraft Q aufzunehmen. Außerdem hängt die Neigung der Druckstreben von b/b_o und vom Schubdeckungsgrad ab. Im Fachwerk wird also z und β variabel. Es wäre schwierig, dies genau zu erfassen, deshalb wird auch hier von der in Versuchen gewonnenen Beobachtung Gebrauch gemacht, daß die Bügelspannungen bei mit Betonstahl III bewehrten Balken folgendem Gesetz folgen (Bild 6.5):

$$\sigma_{e,Bü} = \frac{\tau_o - \tau_{o,R}}{\mu_S}$$

Um Lastwiederholungen zu berücksichtigen, setzen wir nur $\psi \tau_{oR}$ als Abzug ein, mit $\psi = 0{,}7$ bei vertikalen Bügeln und $\psi = 0{,}9$ bei 45°-Bügeln. Die Dehnung der 45°-Bügel wird nämlich nach Versuchen von J.R. Robinson [44] durch die Mitwirkung des Betons auf Zug zwischen den Schubrissen reduziert.

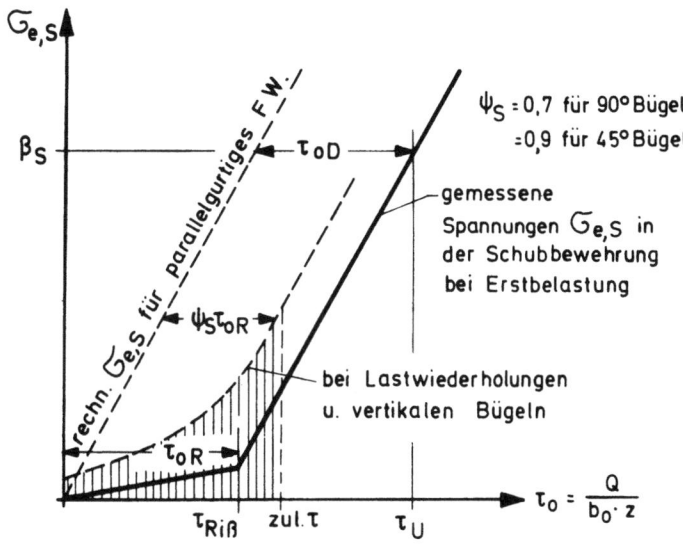

Bild 6.5 Charakteristischer Verlauf der tatsächlichen Spannungen in Schubbewehrungen, τ_{oR} ist in der Regel größer als τ_{oD}, das für die Bemessung entsprechend kleiner als τ_{oR} angesetzt wird.

Dies bedeutet, daß $Q_D = \psi_S \tau_{oR} b_o z$ der vom Druckgurt und von flacher als 45° geneigten Druckstreben getragene Anteil der Querkraft Q ist, daß also den Bügeln nur $Q - Q_D$ zufällt. Die Neigung der Druckstreben hängt von b/b_o und vom Schubdeckungsgrad η ab. Bei hohen Schubbeanspruchungen ist die Neigung ohnehin kaum flacher als etwa 40°, so daß die 45°-Neigung als Näherung gewählt werden kann. Für τ_{oR} setzen wir wie im Kapitel 2.8:

$\tau_{oR} = 0{,}3\, \beta_W^{2/3}\ [\text{kp/cm}^2]$ in Schubfeldern bei frei drehbaren Endauflagern und

$\tau_{oR} = 0{,}25\, \beta_W^{2/3}\ [\text{kp/cm}^2]$ in Schubfeldern nahe an Zwischenauflagern von Durchlaufträgern oder an Rahmenecken.

Die Bügelspannungen können demnach gegenüber den Ansätzen für parallelgurtiges Fachwerk reduziert werden mit dem Faktor

$$k_\tau = \frac{\tau_o - \psi_S \tau_{oR}}{\tau_o}$$

Damit erfaßt man auch den Beanspruchungsgrad, wenn man τ_o für die Teillast $g + \psi p < g + \max p$ in Gl. (6.13) einsetzt. Der Reduktionsfaktor k_τ wird für die Teillast kleiner als für volle Gebrauchslast.

Damit wird nun $\quad \epsilon_e = k_\tau \epsilon_{eo}$.

Bei den Druckstreben zeigten die Versuche bei Trägern mit hohen Schubspannungen keine so ausgeprägte Abminderung gegenüber der theoretischen Spannung, so daß hierfür die Ansätze nach Gl. (6.7) bleiben können.

Die Schubsteifigkeiten werden demnach für wirklichkeitsnahe Berechnungen der Praxis aus den Gleitwinkeln (mit $\beta = 45°$)

$$\gamma_{90°} = \frac{Q}{b_o z} \left(\frac{k_\tau}{E_e \mu_S} + \frac{4}{E_b} \right)$$

und $\quad \gamma_{45°} = \dfrac{Q}{b_o z} \left(\dfrac{k_\tau}{E_e \mu_S} + \dfrac{1}{E_b} \right) \quad$ hergeleitet zu

für Bügelneigung $\alpha = 90°$

$$\boxed{K_{S,90°}^{II} = b_o z \, \frac{\mu_S E_e E_b}{k_\tau E_b + 4 E_e \mu_S} \; [\text{kp}]} \qquad (6.14)$$

für Bügelneigung $\alpha = 45°$ analog:

$$\boxed{K_{S,45°}^{II} = b_o z \, \frac{\mu_S E_e E_b}{k_\tau E_b + E_e \mu_S} \; [\text{kp}]} \qquad (6.15)$$

Die Durchbiegung infolge Schub ist aus

$$v_S = \int_{x_1}^{x_2} \frac{Q(x)}{K_S^{II}(x)} \, dx \qquad (6.16)$$

zu rechnen, wobei meist abschnittsweise vorzugehen ist.

Die mit diesen Formeln ermittelten Schubverformungen der Träger T_1 und T_2 sind in Bild 6.1 als gestrichelte Linien eingetragen und zeigen im Bereich der Gebrauchslasten eine gute Übereinstimmung mit den Meßwerten.

6.4 Nachträgliche Schubverformungen durch Kriechen und Schwinden des Betons im Zustand II

Der Einfluß von Kriechen und Schwinden auf die Schubverformung ist noch wenig erforscht. Versuche wurden von W. Dilger in Calgary und an der ETH Zürich [45] an T-Balken mit $b/b_o = 2$, also mit dicken Stegen, gemacht. Ihre Ergebnisse geben Hinweise, die im folgenden verwertet sind.

Die Druckstreben D_S verkürzen sich infolge Kriechen und Schwinden, dadurch muß eine Umlagerung der inneren Kräfte entstehen. Wir nehmen dennoch an, daß sich die Zugstreben Z_S nachträglich praktisch nicht verformen. Analog zur Herleitung des Gleitwinkels γ nach Abschnitt 6.3.2 folgt damit, daß sich die Druckstreben D_S durch K + S um

$$\Delta \ell_{Dt} = (\epsilon_k + \epsilon_s) \frac{z}{\sin \beta} \quad \text{verkürzen, während } \Delta \ell_{Zt} \approx 0 \text{ ist.}$$

Die Kriechverformung ϵ_k wird genähert gleich der φ-fachen elastischen Verformung, also $\epsilon_k = \varphi \epsilon_{el}$ angenommen (zur Wahl von φ siehe Abschnitt 3.2.4), wobei ϵ_{el} dem ϵ_b der Gl. (6.7) entspricht.

Mit diesen Längenänderungen ergibt sich der Gleitwinkel γ infolge Kriechen und Schwinden (s. Bild 6.3)

$$\gamma = \frac{\Delta \ell_{Dt}}{\sin \beta \cdot z \cdot (\cot \alpha + \cot \beta)}$$

$$\gamma = \frac{\varphi \epsilon_{el} + \epsilon_s}{\sin^2 \beta (\cot \alpha + \cot \beta)}$$

Damit wird der Gleitwinkel γ nach der Zeit t, also infolge anfänglicher Verformung + Kriechen und Schwinden

$$\gamma_{o,K,S} = \frac{Q}{b_o z} \left[\frac{1 + \varphi_t}{E_b \sin^4 \beta (\cot \alpha + \cot \beta)^2} + \frac{1}{E_e \mu_S \sin^4 \alpha (\cot \alpha + \cot \beta)^2} \right]$$

$$+ \frac{\epsilon_{st}}{\sin^2 \beta (\cot \alpha + \cot \beta)}$$

Für $\beta = 45°$ wird bei vertikalen Bügeln $\alpha = 90°$

$$\gamma_{o,K,S} = \frac{Q}{b_o z} \left[\frac{k_\tau}{E_e \mu_S} + \frac{4(1+\varphi)}{E_b} \right] + 2 \epsilon_s \qquad (6.17)$$

und für geneigte Bügel $\alpha = 45°$

$$\gamma_{o,K,S} = \frac{Q}{b_o z} \left[\frac{k_\tau}{E_e \mu_z} + \frac{(1+\varphi)}{E_b} \right] + \epsilon_s \qquad (6.18)$$

Eine Herleitung der Schubsteifigkeit aus diesen Gleichungen ist nicht sinnvoll, da das vom Schwinden abhängige Glied von der Querkraft Q unabhängig ist. Die Durchbiegung wird deshalb in diesem Fall direkt mit dem

Gleitwinkel γ berechnet zu

$$v_S = \int_{x_1}^{x_2} \gamma \, dx \qquad (6.19)$$

Die Schubsteifigkeit selbst ändert sich durch Kriechen und Schwinden für weitere Kurzzeitbelastung nicht, d.h. dafür gelten dann wieder die anfänglichen Steifigkeiten nach Gl. (6.14) und (6.15).

6.5 Einige Angaben zur Beurteilung der Schubsteifigkeit

Die in Abschnitt 6.3 hergeleiteten Formeln sollen am Beispiel eines mit einer Einzellast in $\ell/2$ belasteten Balkens auf zwei Stützen angewandt werden. Es wird angenommen, daß die Biege- und Schubbewehrung ausgenutzt ist, d.h. die Stahlspannungen σ_e seien β_S/ν, was für Schubbewehrungen im Gebrauchslastbereich allerdings in der Regel nicht zutrifft.

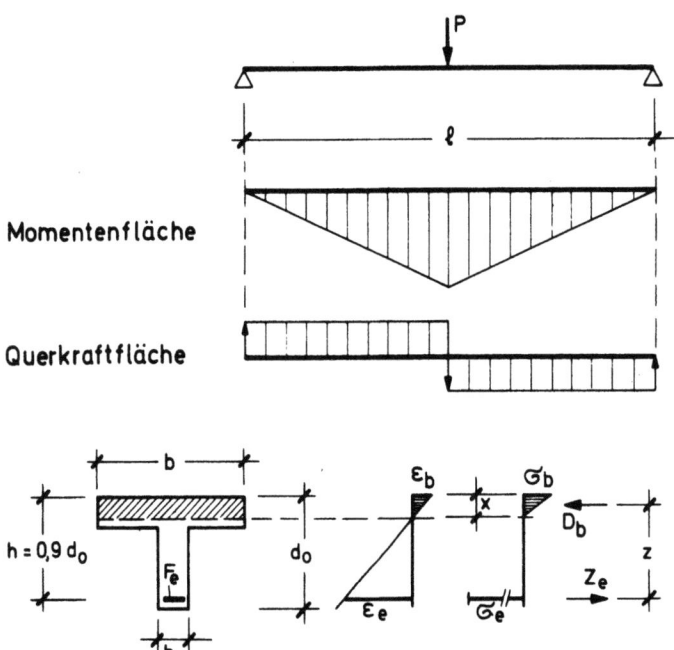

Aus der Biegebemessung folgt der Zusammenhang zwischen der äußeren Last P und dem Längsbewehrungsgrad μ_L

$$M = \frac{P\ell}{4} = Z_e z = \mu_L \cdot b \cdot h \cdot \sigma_e \cdot z$$

Mit der Schlankheit $\lambda = \ell/h$ ergibt sich

$$P = 4 \mu_L \cdot \sigma_e \cdot z \cdot b \cdot \frac{1}{\lambda} \ .$$

Bei Annahme dreieckförmiger Spannungsverteilung in der Druckzone können mit μ_L der Abstand x der Nullinie vom Druckrand und der innere Hebelarm z berechnet werden, sofern die Nullinie in die Platte fällt:

6.5 Einige Angaben zur Beurteilung der Schubsteifigkeit

$$x = k_x h = h \cdot n \mu_L \left[-1 + \sqrt{1 + \frac{2}{n\mu_L}} \right] \qquad n = \frac{E_e}{E_b}$$

$$z = h - \frac{x}{3}.$$

Mit dem Rechenwert der Schubspannungen $\tau_o = \frac{Q}{b_o z} = \frac{P}{2 b_o z}$

läßt sich der Zusammenhang zwischen τ_o und μ_L herstellen

$$\tau_o = 2 \cdot \mu_L \cdot \sigma_e \cdot \frac{b}{b_o} \cdot \frac{1}{\lambda}$$

Damit ergibt sich der gleichzeitig vorhandene Schubbewehrungsgrad μ_S mit dem für die Bemessung maßgebenden τ_{oD}

$$\mu_S = \frac{1{,}75 \; \tau_o - \tau_{oD}}{\beta_S}$$

Im folgenden werden nun mit diesen Grundlagen das Verhältnis der Schubsteifigkeiten im Zustand II und Zustand I sowie das Verhältnis der Durchbiegungen infolge Schub und Biegung im Zustand II untersucht.

6.5.1 Verhältnis der Schubsteifigkeiten im Zustand II und Zustand I

Die Schubsteifigkeit im Zustand I (s. Abschnitt 6.2):

$$K_S^I = G_b \cdot F_S = 0{,}42 \; E_b \cdot b_o d_o$$

Die Schubsteifigkeit im Zustand II ist für vertikale Bügel nach Gl. (6.14)

$$K_S^{II} = \frac{\mu_S E_e E_b}{k_\tau E_b + 4 E_e \mu_S} \cdot b_o \cdot z$$

womit sich für das Verhältnis $\dfrac{K_S^{II}}{K_S^I}$ ergibt

$$\frac{K_S^{II}}{K_S^I} = \frac{\mu_S \cdot E_e \cdot z}{0{,}42 \; (k_\tau E_b + 4 E_e \mu_S) d_o}$$

Wird die Nutzhöhe $h = 0{,}9 \; d_o$ gesetzt, dann folgt mit $z = k_z \cdot h$

$$\frac{K_S^{II}}{K_S^I} = 2{,}15 \; \frac{\mu_S \cdot E_e}{k_\tau E_b + 4 E_e \mu_S} \cdot k_z \qquad (6.20)$$

Gleichung (6.20) stellt das Verhältnis der Schubsteifigkeiten K_S^{II} zu K_S^I als Funktion von μ_S dar. Dabei ist zu beachten, daß μ_S auch von μ_L und τ_o und dieses von λ und b/b_o entsprechend den abgeleiteten Formeln abhängig ist.

In Bild 6.6 ist nun der Verlauf des Verhältnisses K_S^{II}/K_S^I für die Schlankheit $\lambda = \ell/h = 10$ und für $b/b_o = 6$ in Abhängigkeit von τ_o dargestellt.

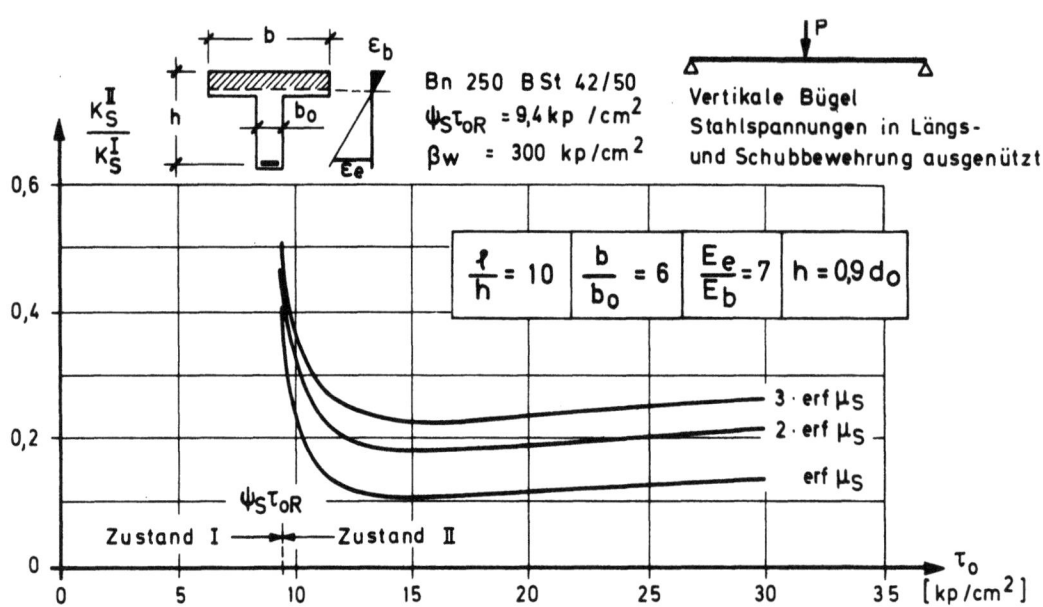

Bild 6.6 Verhältnis der Schubsteifigkeiten K_S^{II}/K_S^I bei vertikalen Bügeln in Abhängigkeit von τ_o

Die untere Kurve gilt für das jeweilig erforderliche μ_S, die beiden weiteren Kurven für den doppelten bzw. dreifachen Schubbewehrungsgrad μ_S. Da das in den vorangegangenen Abschnitten entwickelte Fachwerkmodell nur für $\tau_o > \psi_S \tau_{oR}$ gültig ist, beginnen die Kurven erst bei $\tau_o = \psi_S \tau_{oR}$. Das Verhältnis K_S^{II}/K_S^I wird mit größer werdender Schubspannung τ_o sehr klein, weil die Bügelspannungen zunächst sehr niedrig sind und ein sehr kleines μ_S genügt. Erst ab $\tau_o \approx 15$ kp/cm² steigt das Verhältnis schwach an, da der Einfluß von k_T abnimmt und erf μ_S entsprechend stärker anwächst. Weiter ist aus dem Bild zu ersehen, daß sich die Schubsteifigkeit K_S^{II} nicht proportional mit dem Schubbewehrungsgrad μ_S ändert.

6.5.2 Verhältnis der Anteile der Durchbiegung aus Schub und Biegung zur Beurteilung der Grenze für die Berücksichtigung der Schubverformung

Die Durchbiegung f_S *) in $\ell/2$ infolge Schub bei einem mittig belasteten Einfeldträger ist bei Annahme konstanter Schubsteifigkeit K_S^{II} über die Länge des Trägers

$$f_S^{II} = \int_o^{\frac{\ell}{2}} \frac{Q(x)}{K_S^{II}} dx = \frac{P \cdot \ell}{4 K_S^{II}} = \frac{\max M}{K_S^{II}}$$

Die Durchbiegung infolge Biegemoment wird $\quad f_B^{II} = \frac{1}{12} \frac{\max M}{K_B^{II}} \ell^2$

---

*) Die ältere Bezeichnung f = Durchbiegung ist hier beibehalten, v wird wohl künftige Norm sein.

6.5 Einige Angaben zur Beurteilung der Schubsteifigkeit

Dabei setzen wir $K_B^{II} = 1{,}1 \, EJ^{IIo}$, wobei 1,1 pauschal die Mitwirkung des Betons auf Zug für die hier hohen Bewehrungs- und Beanspruchungsgrade abdeckt (vgl. Bild 5.7).

$$K_B^{II} = 1{,}1 \cdot E_e F_e (h-x) z$$

Das Verhältnis f_S^{II}/f_B^{II} ergibt sich damit für vertikale Bügel zu

$$\frac{f_S^{II}}{f_B^{II}} = \frac{12 \, K_B^{II}}{K_S^{II} \, \ell^2} = \frac{12 \cdot 1{,}1 \cdot F_e (h-x)}{\mu_S \cdot b_o \cdot \ell^2} \left(k_\tau + 4 n \mu_S \right)$$

Mit $\lambda = \dfrac{\ell}{h}$ $\quad \mu_L = \dfrac{F_e}{bh}$ $\quad$ und $\quad x = k_x \cdot h \quad$ wird daraus

$$\frac{f_S^{II}}{f_B^{II}} = 13{,}2 \cdot \mu_L (1 - k_x) \frac{b}{b_o} \cdot \frac{1}{\lambda^2} \left(\frac{k_\tau}{\mu_S} + 4 n \right) \qquad (6.21)$$

Entsprechend wird für 45° Bügelneigung:

$$\frac{f_S^{II}}{f_B^{II}} = 13{,}2 \, \mu_L (1 - k_x) \frac{b}{b_o} \cdot \frac{1}{\lambda^2} \left(\frac{k_\tau}{\mu_S} + n \right) \qquad (6.22)$$

Die Auswertung dieser Gleichungen zeigt Bild 6.7 für die Längsbewehrungsgrade $\mu_L = 1\,\%$ und $\mu_L = 2\,\%$ und drei ausgewählte Verhältnisse b/b_o.

In diesen Darstellungen ist die zusätzlich mögliche Abminderung der Schubbewehrung bei auflagernahen Lasten ($a/h < 2$, d.h. in diesem Fall $\ell/h < 4$, siehe [1a] 8.5.3.5) nicht berücksichtigt.

Die Kurven geben Aufschluß, ab welcher Schlankheit ℓ/h Schubverformungen gegenüber Biegeverformungen nicht mehr vernachlässigt werden können. Besonders bei Plattenbalkenquerschnitten kann ihr Einfluß groß sein.

Weiter zeigen die Kurven deutlich den Einfluß der Bügelneigung. Bei mit $\alpha = 45°$ geneigten Bügeln nimmt der Anteil der Schubverformung an der Gesamtverformung gegenüber vertikalen Bügeln stark ab.

6. Verformungen durch Querkraft, Schubverformungen, Schubsteifigkeiten

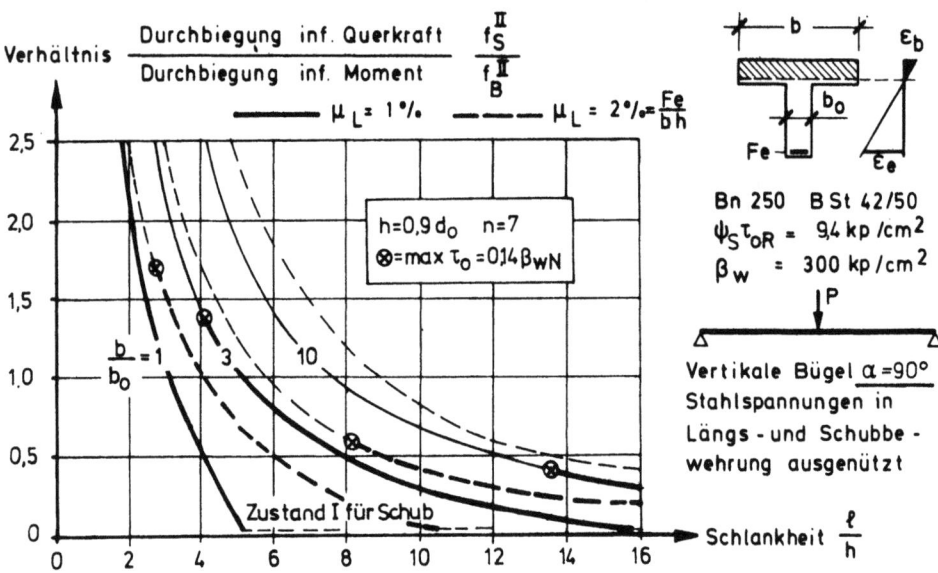

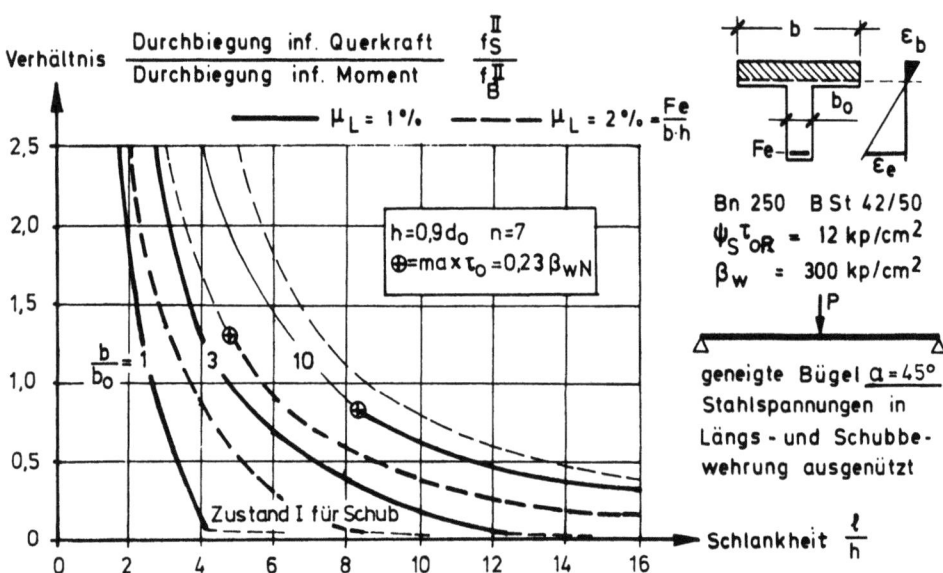

Bild 6.7 Verhältnis der Durchbiegungen infolge Schub und Biegung f_S^{II}/f_B^{II} in Abhängigkeit von der Schlankheit

7. Verformungen durch Torsion, Torsionssteifigkeiten

7.1 Überblick, praktische Bedeutung

Torsion war im Bauingenieurwesen lange vernachlässigt. Erst seit etwa 1965 hat sich für Stahlbetontragwerke die Forschung diesem Gebiet intensiv zugewandt. Man hat zunächst die Probleme der Tragfähigkeit und Bemessung gelöst und fand dabei einen überaus starken Abfall der Torsionssteifigkeit bei Rißbildung im Zustand II, der weit größer ist als der Abfall der Biegesteifigkeit (Bild 7.1). Dies wirkt sich insofern günstig aus, als die durch Zwang entstehenden Torsionsmomente (Verträglichkeitstorsion), die im Hochbau bei Deckenbalken oft vorkommen, bei Laststeigerung bis zum Bruch fast verschwinden und deshalb für Tragfähigkeitsnachweise vernachlässigt werden dürfen, was früher aus Unkenntnis geschah. Bei Gleichgewichtstorsion (Torsionswiderstand erforderlich zur Erhaltung des Gleichgewichts gegenüber äußeren Angriffen, Lasten....) bedeutet der starke Abfall der Torsionssteifigkeit eine große Verdrehung, die leicht so groß werden kann, daß die Gebrauchsfähigkeit beeinträchtigt wird. In solchen Fällen ist daher der Nachweis der zu erwartenden Verdrehung nötig, da sie für die Bemessung maßgebend werden kann.

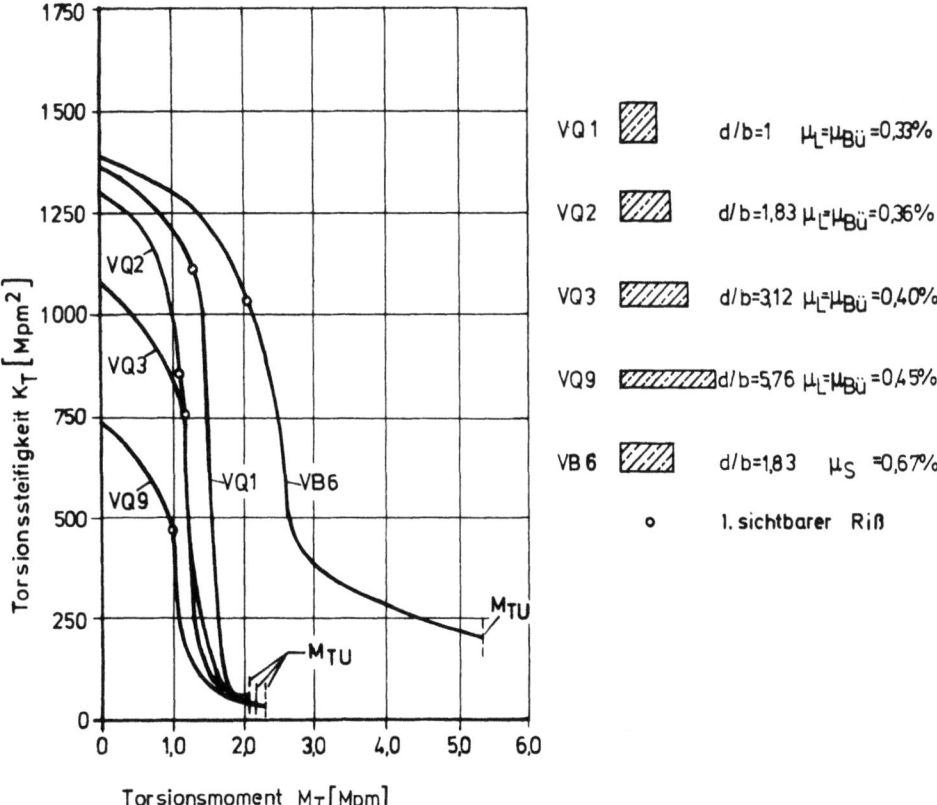

Bild 7.1 Abfall der Torsionssteifigkeit durch Rißbildung

7. Verformungen durch Torsion, Torsionssteifigkeit

Als Grundlage erinnern wir daran, daß ein Torsionsmoment M_T in einem Stab sich kreuzende Hauptspannungen $+\sigma_I$ und $-\sigma_{II}$ erzeugt, deren Trajektorien in $45°$ Neigung wendelartig um den Stab verlaufen (Bild 7.2). Wir berechnen sie zu

$$\tau_{xy} = \sigma_I = -\sigma_{II} = \frac{M_T}{W_T} \qquad (7.1)$$

Bei Hohlkasten zu $\tau_{xy} = \dfrac{M_T}{2\,F_m\,t}$ mit F_m = Fläche zwischen Mittellinien der Kastenwände

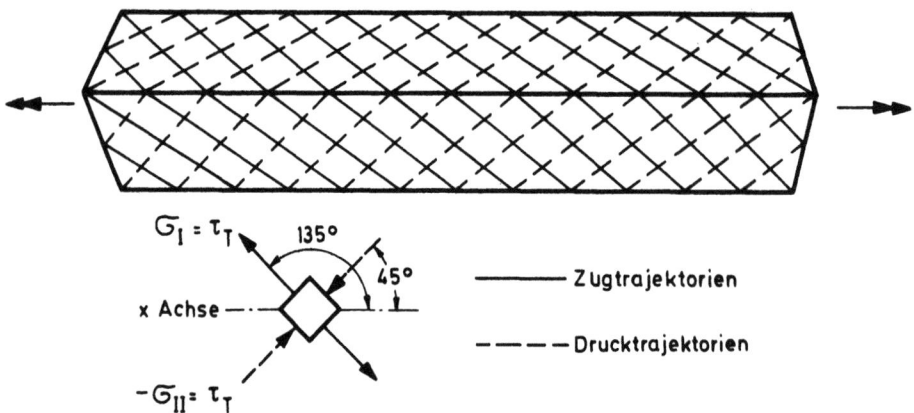

Bild 7.2 Verlauf der Hauptspannungen bei reiner Torsionsbeanspruchung

Diese Hauptspannungen erzeugen eine Verwindung oder Verdrehung $d\vartheta/dx$, die wir auf die Längeneinheit bezogen mit ϑ bezeichnen (Bild 7.3).

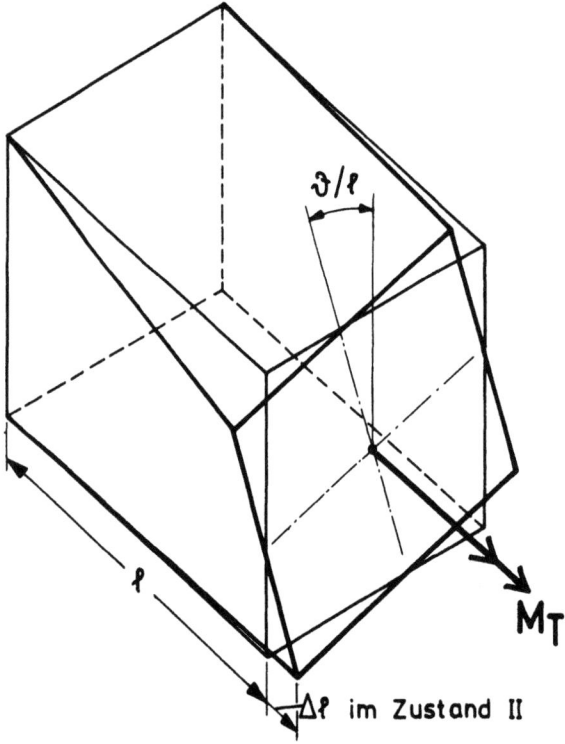

Bild 7.3 Verdrehung (Verwindung) eines Stabelementes durch Torsion

7.1 Überblick, praktische Bedeutung

Die Torsionssteifigkeit erhalten wir analog zur Biegung zu

$$K_T = \frac{M_T}{\vartheta} \quad [\text{Mpm} \cdot \text{m}] \quad \text{oder} \quad [\text{kp} \cdot \text{cm}^2]$$

Im Zustand II entsteht außerdem eine Verlängerung des Stabes $\Delta \ell$, bzw. eine Längsdehnung $\epsilon_\ell = \frac{\Delta \ell}{\ell}$, weil die Dehnung der Zugglieder ϵ_e wesentlich größer ist als die Dehnung der Druckglieder ϵ_b.

Für den Zustand II läßt sich die Verdrehung analog zur Biegekrümmung $\left(\varkappa = \frac{\epsilon_o + \epsilon_u}{d} \right)$ aus den Dehnungen anschreiben zu

$$\vartheta = \frac{u}{2 F_m} \left[\frac{\epsilon_{eL}}{\tan \beta} + \frac{\epsilon_{eBü} \cdot \tan \beta \cdot e_{Bü}}{u} + \frac{2 \epsilon_{bD}}{\sin 2\beta} \right]$$

(Zeichen siehe 7.3.2, β = Neigung der Druckstreben = $45°$)

Betrachten wir nun Versuchsergebnisse der von zunehmenden M_T hervorgerufenen auf $dx = 1$ cm bezogenen Verdrehungen ϑ (Bild 7.4), so erkennen wir - wie bei Biegung - deutlich die vier Bereiche der Steifigkeiten abhängig vom Beanspruchungsgrad:

1. Bereich: Zustand I gültig bis zum Rißmoment M_{TR}, wobei sich schon eine deutliche Abnahme der Steifigkeit gegenüber dem theoretischen Wert K_T^I zeigt.

2. Bereich: Rißbildungsbereich, der sich bei Torsion über einen größeren Teil der zul. Belastung erstreckt als bei Biegung, stark variables K_T.

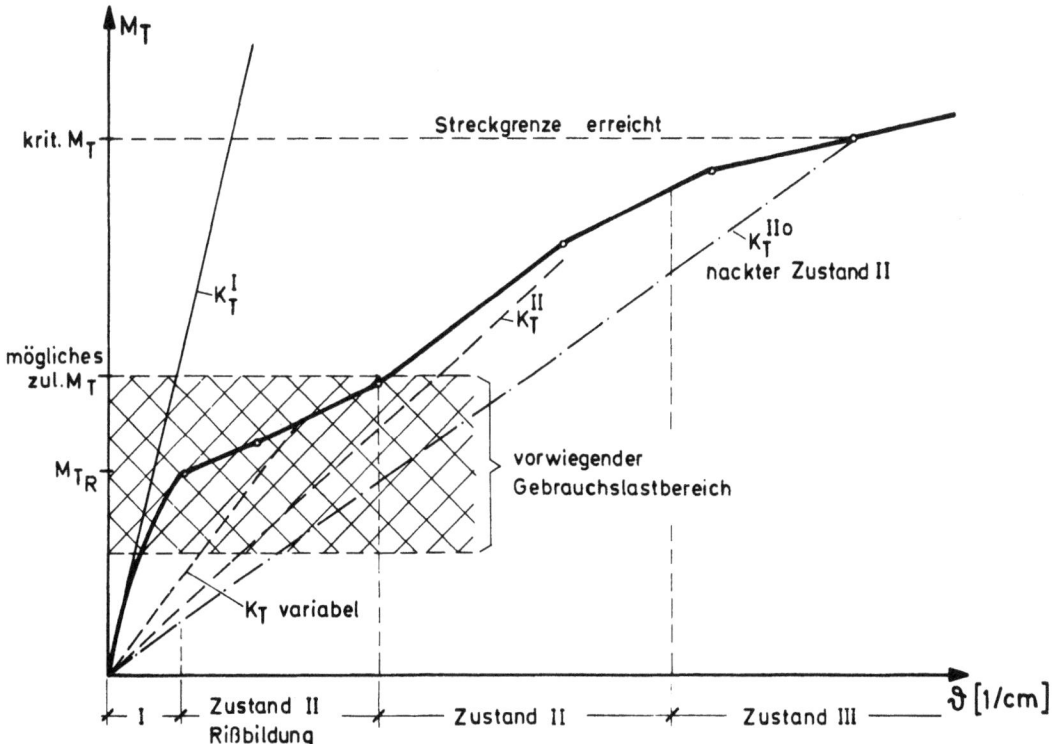

Bild 7.4 Bereiche der Torsionssteifigkeiten, gezeigt am Verlauf der M_T-ϑ-Linie bei Erstbelastung. zul τ_T nach DIN 1045 ist so niedrig, daß das entsprechende zul M_T eigentlich unterhalb M_{TR} eingetragen werden müßte.

3. Bereich: Zustand II mit abgeschlossener Rißzahl, annähernd konstantes K_T^{II}.

4. Bereich: Zustand III, der hier schon vor Erreichen der Fließgrenze der Bewehrung einsetzt, weil die Trägerflächen sich verwölben und damit die schiefen Druckspannungen überproportional zunehmen (siehe Bild 9.4 in [19]).

Für die Nachweise der Gebrauchsfähigkeit beschränken wir uns auf die Bereiche 1 und 2. Die Bereiche 3 und 4 sind für die Schnittkraftverteilung in statisch unbestimmten Tragwerken bei Tragfähigkeitsnachweisen von Bedeutung.

7.2 Torsionssteifigkeit im Zustand I

Nach der klassischen Festigkeitslehre ist theoretisch (Zeiger o)

$$K_{To}^I = G_b J_T \quad \text{mit dem Schubmodul } G_b \approx 0,42 \, E_b \tag{7.2}$$

und $J_{To} = \alpha b^3 d$ für Rechteckquerschnitte mit α aus Tabelle:

d/b	1,5	2,0	3,0	4,0	6,0	8,0	10,0	∞
α	0,196	0,229	0,263	0,281	0,299	0,307	0,313	0,333

für Hohlquerschnitte nach der Bredt'schen Formel

$$J_{To} = \frac{4 F_m^2}{\oint \frac{ds}{t}} \quad \text{mit } F_m = \text{Fläche innerhalb Mittellinie der Wandstärken t} \tag{7.3}$$

für Hohlquerschnitte mit konstanter Wandstärke t ist $\oint \frac{ds}{t} = \frac{u}{t}$
mit u = Umfang entlang Mittellinie. Damit ist

$$J_{To} = \frac{4 F_m^2 t}{u}$$

Der Einfluß der Bewehrung auf K_{To}^I ist für 0° - 90° Bewehrung Null, für 45°-Wendelbewehrung ist er für einen Kreiszylinder dem Bild 7.5 zu entnehmen.

Nun haben aber die Versuche gezeigt, daß bei vollen Betonbalken die Torsionssteifigkeit schon im Zustand I erheblich abfällt, bevor Risse an der Oberfläche feststellbar sind. Dies ist vermutlich darauf zurückzuführen, daß sich der Betonkern der Beanspruchung entzieht und die Spannungen sich nach außen verlagern, z. T. dürften auch Mikrorisse die Abnahme verursachen. Bis zum Rißmoment beträgt die Abnahme der Steifigkeit etwa 30 % bis 35 %. Für Vollquerschnitte setzen wir daher

$$\begin{aligned} K_T^I &= 0,8 \, G J_{To} \quad \text{als Mittelwert} \\ &= 0,7 \, G J_{To} \quad \text{als unteren Grenzwert} \end{aligned} \tag{7.4}$$

Der Zustand I erstreckt sich bei mittleren Bewehrungsgraden bis zum Rißmoment M_{TR}, das Werte von 1/4 bis 1/3 von krit. M_T erreicht.

7.3 Torsionssteifigkeit im Zustand II, einschließlich Rißbildungsbereich

Bei den bisher üblichen Grenzen der zul τ_T nach DIN 1045 bleiben die Torsionsmomente meist unter dem Rißmoment, so daß K_T^I für Gebrauchslastverformungen eingesetzt werden kann, falls keine zusätzlichen Spannungen auftreten.

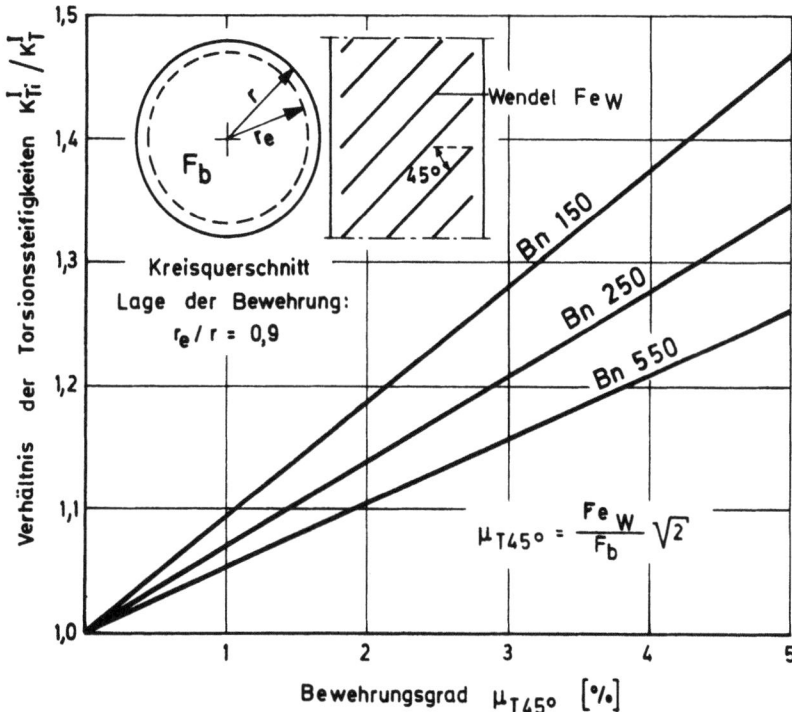

Bild 7.5 Zunahme der Torsionssteifigkeit im Zustand I eines Kreiszylinder-Stabes durch 45°-Wendelbewehrung

7.3 Torsionssteifigkeit im Zustand II, einschließlich Rißbildungsbereich

7.3.1 Abgrenzung des Rißbildungsbereiches

Bei den Stuttgarter Torsionsversuchen [19] wurde der Beginn der Rißbildung an vollen Rechteckquerschnitten im Mittel bei folgenden Hauptzugspannungen beobachtet, die nach der Elastizitätstheorie für Zustand I gerechnet sind:

$$\sigma_I = 0,58\, \beta_w^{2/3} \; [\text{kp/cm}^2] \quad \text{für } d/b = 1$$
$$\sigma_I = 0,74\, \beta_w^{2/3} \quad \text{''} \quad \text{für } d/b = 3 \quad \Big\} \; F_b = 1100 \text{ cm}^2$$
$$\sigma_I = 0,49\, \beta_w^{2/3} \quad \text{''} \quad \text{für } d/b = 2 \quad F_b = 4200 \text{ cm}^2$$

bei Hohlquerschnitten bei $\sigma_I = 0,47\, \beta_w^{2/3}$

Die Werte hängen also vom Rechteckverhältnis d/b, von der absoluten Größe der Versuchskörper (Einfluß von Eigenspannungen) und von der Querschnittsform (voll oder hohl usw.) ab. Die Versuche bestätigen die große Streubreite, die bei Bauwerken noch größer anzunehmen ist als bei Versuchen.

Man kann den Beginn des Zustandes II bei Vollquerschnitten ansetzen bei

im Mittel $\sigma_I = 0,55 \, \beta_w^{2/3}$ [kp/cm^2] Streubreite ± 30 %

und das Ende des Rißbildungsbereiches bei (7.5)

im Mittel $\sigma_I = 0,65 \, \beta_w^{2/3}$ [kp/cm^2] Streubreite ± 20 %

Bei Hohlquerschnitten Rißbeginn im Mittel bei $\sigma_I = 0,45 \, \beta_w^{2/3}$

Ende der Rißbildung bei $\sigma_I = 0,55 \, \beta_w^{2/3}$

Mit diesen σ_I ist das Torsions-Rißmoment M_{TR} der folgenden Ansätze zu rechnen.

7.3.2 Grundformeln für die Torsionssteifigkeit im nackten Zustand II

Die Torsionssteifigkeit im Zustand II wird nun ähnlich wie die Schubsteifigkeit aus dem schon für die Bemessung benützten räumlichen Fachwerkmodell hergeleitet (siehe [1a] 9.3.2) (Bild 7.6). Die Neigung der Druckstreben kann zu 45° angenommen werden, auch wenn die Grade der Längs- und Querbewehrung μ_L und $\mu_{Bü}$ nicht gleich sind. Bekanntlich ergeben sich bei $\mu_{Bü} < \mu_L$ Rißneigungen < 45°, doch treten die flacheren Risse erst bei hohen Beanspruchungsgraden auf (Plastizierung der Schubwände nach Thürlimann [51]). Sowohl Lampert-Thürlimann [52] wie auch Karlsson [53] bestätigen die Zulässigkeit der Annahme $\beta = 45°$ = konstant für Torsionsverformungen.

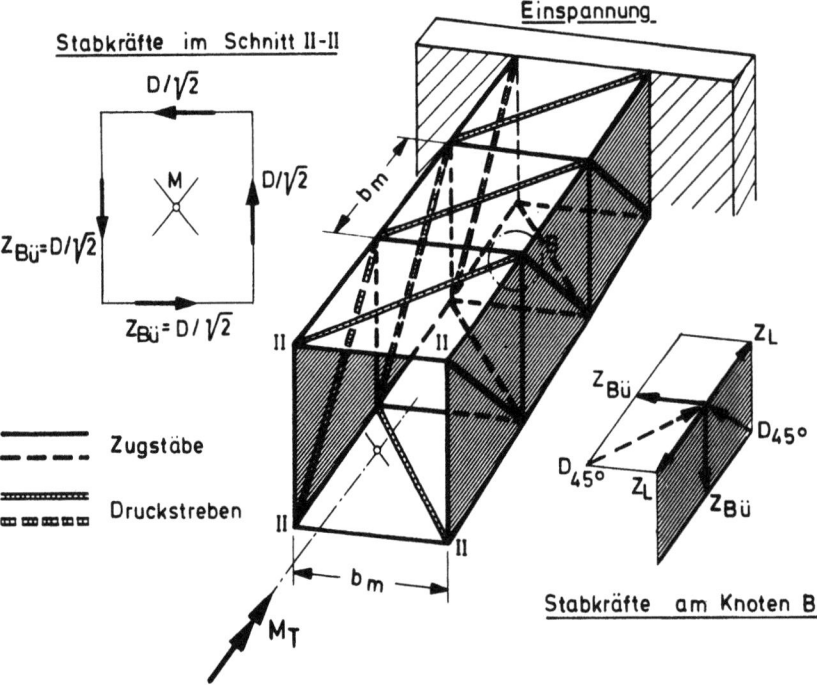

Bild 7.6 Räumliches Fachwerkmodell für Torsionsberechnungen im Zustand II

7.3 Torsionssteifigkeit im Zustand II, einschließlich Rißbildungsbereich

Die Achsen der Gurtstäbe des Fachwerkmodells werden wie bei der Bemessung [1a], Abschn. 9.3.3, in die Achsen der Eck-Bewehrungsstäbe gelegt (Bild 7.7). Dabei spielt es keine Rolle wie die Längsbewehrung verteilt ist.

Die Kernfläche wird damit $F_m = b_m d_m$ und der Umfang $u = 2(b_m + d_m)$.

Für die Dicke t der Druckstreben bzw. der Schubwände des Hohlkastens gelten ebenfalls die Regeln der Bemessung (Bild 7.7).

Für dieses Fachwerkmodell kann man nun die Verformungen der Fachwerkstäbe anschreiben, die als Resultierende die Verdrehung ϑ und damit die Torsionssteifigkeit $K_T^{II} = M_T / \vartheta$ ergeben.

Hier wollen wir einen eleganteren Weg einschlagen und die Torsionssteifigkeit mit dem Prinzip der virtuellen Kräfte durch Gleichsetzen der äußeren und der inneren Arbeit herleiten (Lüchinger, Dilger u.a. [54, 42]). Dabei setzen wir zunächst den nackten Zustand II für die Grundformeln voraus.

Die äußere Arbeit eines Torsionsmomentes M_T am Stab der Länge dx ist:

$$A_a = \frac{1}{2} \int \frac{M_T \overline{M}_T}{K_T^{IIo}} dx \quad \text{mit } \overline{M}_T = 1,$$

die innere Arbeit ergibt sich aus der Summe der Arbeit der Fachwerkstäbe zu:

$$A_i = \frac{1}{2} \int \frac{\sigma \cdot \overline{\sigma}}{E} dV \quad \text{mit } \overline{\sigma} = \text{Spannungen infolge } \overline{M}_T = 1$$
$$\text{und } dV = \text{Volumen der Stäbe in der Länge } dx$$

Für ein Stabelement der Länge 1, mit $M_T = \overline{M}_T = 1$ und durch Gleichsetzen von A_a und A_i erhält man den Kehrwert der Torsionssteifigkeit

$$\frac{1}{K_T^{IIo}} = \Sigma \frac{\overline{\sigma}^2}{E} V \qquad (7.6)$$

<u>Für $0°-90°$-Bewehrung</u> (Bügel mit $\alpha = 90°$) in einem Hohlkasten mit Rechteckquerschnitt sind die Kräfte der Fachwerkstäbe in Bild 7.8 angeschrieben. Die Spannungen $\overline{\sigma}$ infolge $\overline{M}_T = 1$ und die Volumina dV der Stäbe in der Länge dx werden:

Längsbewehrung: $\overline{\sigma}_{eL} = \dfrac{\overline{M}_T \cdot \frac{1}{2}(b_m + d_m)}{2 F_m f_{eL} \cdot \tan \beta}$ $dV_L = 4 f_{eL} \cdot dx$

Bügelbewehrung: $\overline{\sigma}_{eBü} = \dfrac{\overline{M}_T \cdot e_{Bü} \cdot \tan \beta}{2 F_m \cdot f_{eBü}}$ $dV_{Bü} = \dfrac{f_{eBü} \cdot 2(b_m + d_m)}{e_{Bü}} dx$

Druckstreben: $\overline{\sigma}_b = \dfrac{\overline{M}_T}{2 F_m \cdot \sin \beta \cdot \frac{1}{2}(t_b + t_d) \cdot \cos \beta}$ $dV = 2(b_m + d_m) \cdot \frac{1}{2}(t_b + t_d) dx$

7. Verformungen durch Torsion, Torsionssteifigkeit

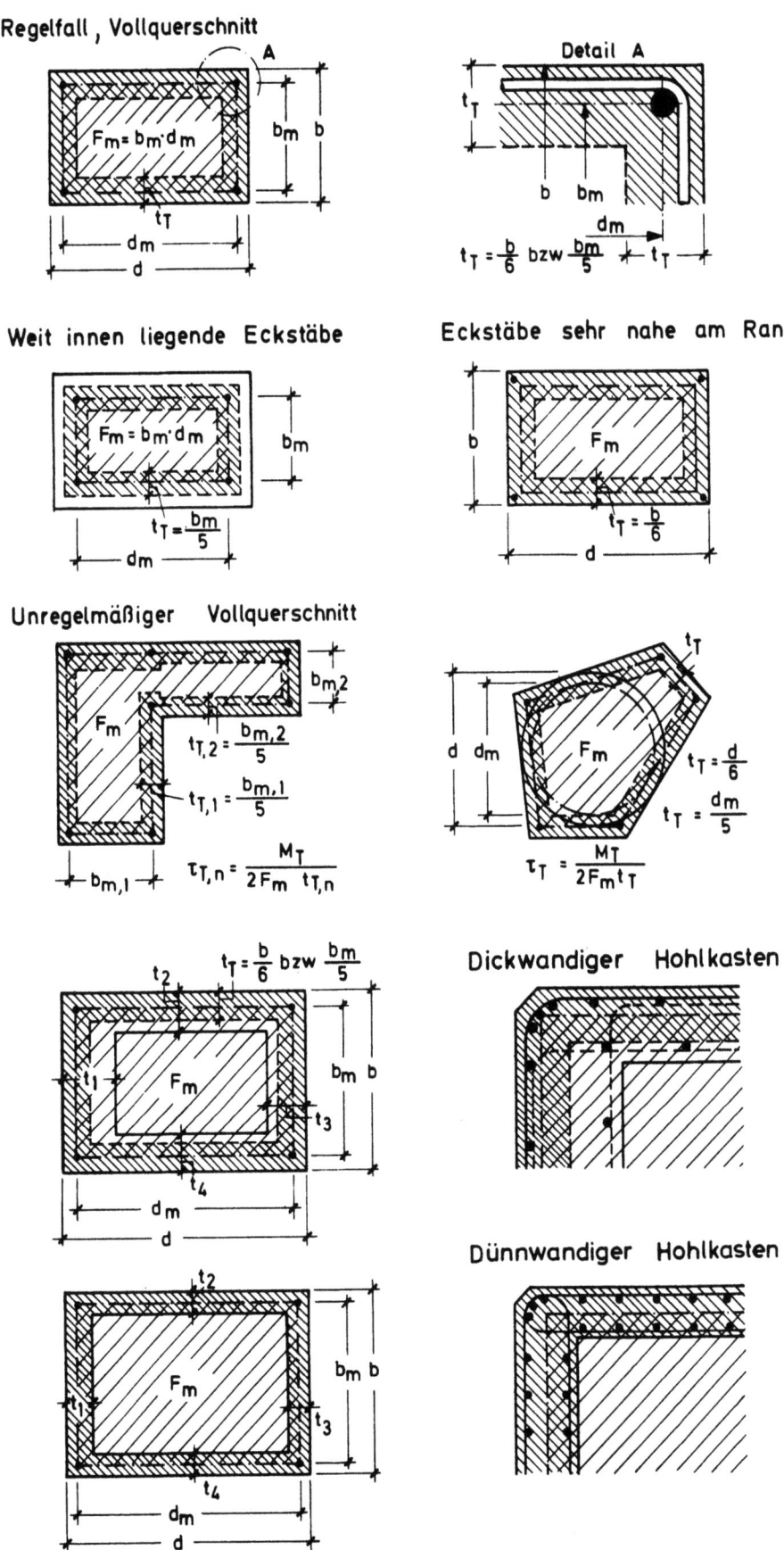

Bild 7.7 Regeln für die Annahmen der Achsen, Dicken und Flächen der Ersatzhohlkasten

7.3 Torsionssteifigkeit im Zustand II, einschließlich Rißbildungsbereich

Damit wird Gl. (7.6) mit $\bar{M}_T = 1$, $dx = 1$, $t_b = t_d = t$ und $u = 2(b_m + d_m)$

$$\frac{1}{K_T^{IIo}} = \left(\frac{\frac{u}{4}}{2 F_m \cdot f_{eL} \cdot \tan \beta}\right)^2 \cdot \frac{4 \cdot f_{eL}}{E_e} + \left(\frac{e_{Bü} \cdot \tan \beta}{2 F_m \cdot f_{eBü}}\right)^2 \cdot \frac{f_{eBü} \cdot u}{e_{Bü} E_e}$$

$$+ \frac{1}{\left(2 F_m \cdot t \cdot \sin \beta \cdot \cos \beta\right)^2 E_b} \, u \cdot t \tag{7.7}$$

Wir beziehen hier die Bewehrungsgrade μ nicht wie in [1a] Kap. 9.5 auf die Hohlkastenwände, sondern auf die Hohlkastenfläche F_m:

$$\mu_L = \frac{4 f_{eL}}{F_m} = \frac{F_{eL}}{F_m} \quad \text{und} \quad \mu_{Bü} = \frac{f_{eBü} \cdot u}{e_{Bü} \cdot F_m}$$

und setzen $E_b = \frac{1}{n} \cdot E_e$, dann wird

$$\frac{1}{K_{T, 90°}^{IIo}} = \frac{u^2}{4 E_e \cdot F_m^3} \left[\frac{1}{\mu_L \cdot \tan^2 \beta} + \frac{\tan^2 \beta}{\mu_{Bü}} + \frac{n \cdot F_m}{u \cdot t \cdot \sin^2 \beta \cos^2 \beta} \right]$$

Wie schon erwähnt, kann für Gebrauchslasten $\beta = 45°$ gesetzt werden. Damit wird die Torsionssteifigkeit im nackten Zustand II

$$K_{T, 90°}^{IIo} = \frac{4 E_e \cdot F_m^3}{u^2} \cdot \frac{1}{\frac{1}{\mu_L} + \frac{1}{\mu_{Bü}} + \frac{4 \cdot n \cdot F_m}{u \cdot t}} \tag{7.8}$$

Die Zürcher Auswertungen [52, 55] zeigten, daß man für hohe Beanspruchungsgrade ($\sigma_e \to \beta_S$) den Anteil der Druckstreben vernachlässigen kann.

Damit ergibt sich ein sehr einfacher Ausdruck für

$$K_{T, 90°}^{IIo} = \frac{4 E_e \cdot F_m^3}{u^2} \cdot \frac{\mu_L \cdot \mu_{Bü}}{\mu_L + \mu_{Bü}} \tag{7.9}$$

oder in der Schreibweise von Lampert [56] mit dem Verhältnis von Längs- zu Querbewehrung $m = \mu_L / \mu_{Bü}$

$$K_{T, 90°}^{IIo} = \frac{E_e \cdot F_m^2 \cdot f_{eBü}}{u \cdot e_{Bü}} \cdot \frac{4 m}{1 + m} \tag{7.10a}$$

Der Ausdruck $\frac{4m}{1+m}$ läßt sich für Verhältnisse $m \approx 1$ vereinfachen zu dem Ausdruck $(1 + m)$. Somit wird

$$K_{T, 90°}^{IIo} = \frac{E_e \cdot F_m^2 \cdot f_{eBü}}{u \cdot e_{Bü}} (1 + m) \tag{7.10b}$$

7. Verformungen durch Torsion, Torsionssteifigkeit

Die Torsionssteifigkeit wird wesentlich größer, wenn eine wendelförmige Schrägbewehrung mit $\alpha = 45°$, also etwa rechtwinklig zu den Rissen eingelegt wird.

Für Schrägstäbe mit Stabquerschnitt F_{eS} im Abstand e wird die Torsionssteifigkeit bei Herleitung auf dem gleichen Weg ohne Beitrag der Druckstreben:

$$K_{T,45°}^{IIo} = \frac{E_e F_m^2 t}{u} \mu_S \quad \text{mit } \mu_S = \frac{f_{eS}}{et} \qquad (7.11)$$

und mit Beitrag der Druckstreben:

$$K_{T,45°}^{IIo} = \frac{E_e \cdot F_m^2 \cdot t}{u} \cdot \frac{4\mu_S}{4 + n \cdot \mu_S}$$

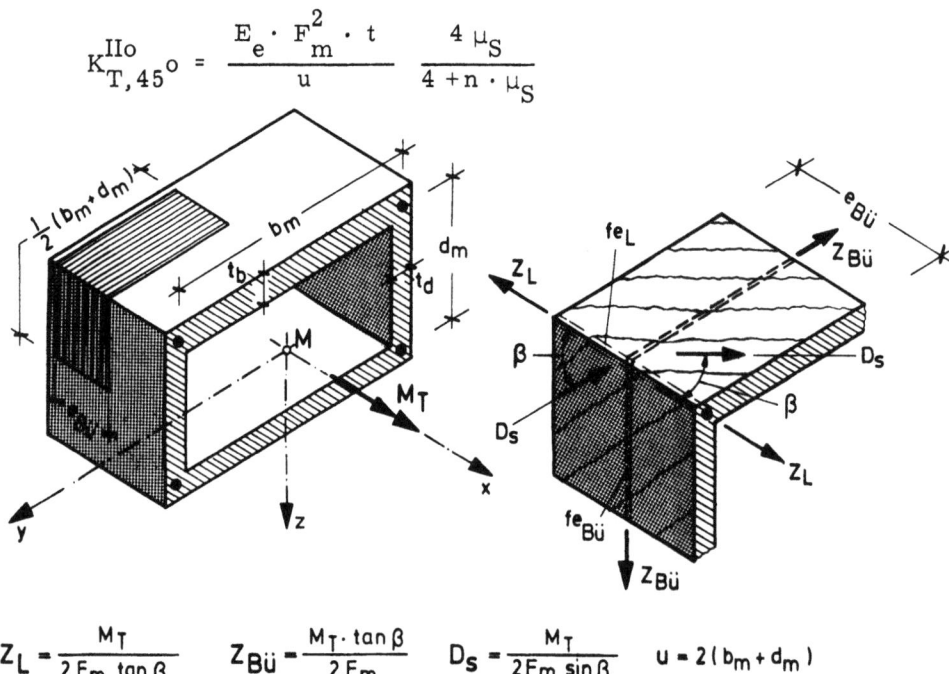

$$Z_L = \frac{M_T}{2F_m \tan\beta} \quad Z_{Bü} = \frac{M_T \cdot \tan\beta}{2F_m} \quad D_S = \frac{M_T}{2F_m \sin\beta} \quad u = 2(b_m + d_m)$$

Bild 7.8 Stabkräfte im Fachwerk für reine Torsion bei Torsionsbewehrung parallel und rechtwinklig zur Balkenachse

7.3.3 Empirische Anpassung der Grundformel für Zustand II im Rißbildungsbereich und bis zul M_T

Alle Torsionsversuche zeigten, daß die Stahlspannungen σ_e in Längs- und Querbewehrung im Gebrauchslastzustand auch bei Lastwiederholungen nicht die Werte nach der Fachwerkanalogie erreichen, sondern erheblich darunter bleiben, was sich natürlich auf die Steifigkeit und die Verdrehungen in diesem für die Praxis wichtigen Bereich stark auswirkt.

Nach Bild 7.9 steigen die σ_e bei Erstbelastung erst nach Überschreiten des Rißmomentes M_{TR} ernsthaft an. Bei Lastwiederholungen im Gebrauchslastbereich nehmen die σ_e um 20 bis 30 % zu, so daß die tatsächlich wirksamen Stahlspannungen σ_{ew} (siehe auch 2.9.2) etwa durch eine Linie erfaßt werden, die von $\sigma_e = 0$ bei $0,7 M_{TR}$ zu $\sigma_e = \beta_S$ bei krit. M_T nach Fachwerkmodell ansteigt. Aus dieser Linie ergibt sich ein Abminderungsfaktor k_T der Stahlspannungen bei einem Torsionsmoment M_T von

$$k_T = 1 - \frac{M_T - 0,7 M_{TR}}{\text{krit } M_T - 0,7 M_{TR}} \quad \text{für } M_T > M_{TR} \qquad (7.12)$$

7.3 Torsionssteifigkeit im Zustand II, einschließlich Rißbildungsbereich

Das Torsionsrißmoment M_{TR} ist mit den Grenzen der Hauptzugspannungen nach Gl. (7.5) aus der Beziehung $M_T = W_T \tau_{xy} = W_T \sigma_I$ oder aus $M_T = 2 F_m t \sigma_I$ zu rechnen.

krit M_T ergibt sich zu krit $M_T = 2 F_m \beta_S \dfrac{f_{eBü}}{e_{Bü}}$ oder krit $M_T = 2 F_m \beta_S \dfrac{\Sigma f_{eL}}{u}$.

Damit wird die wirkliche Torsionssteifigkeit für Zustand II im Gebrauchslastbereich

$$K_{T,90°}^{II} = \frac{4 E_e F_m^3}{u^2} \; \frac{1}{k_T\left(\dfrac{1}{\mu_L} + \dfrac{1}{\mu_{Bü}}\right) + \dfrac{4 n F_m}{u t}} \qquad (7.13)$$

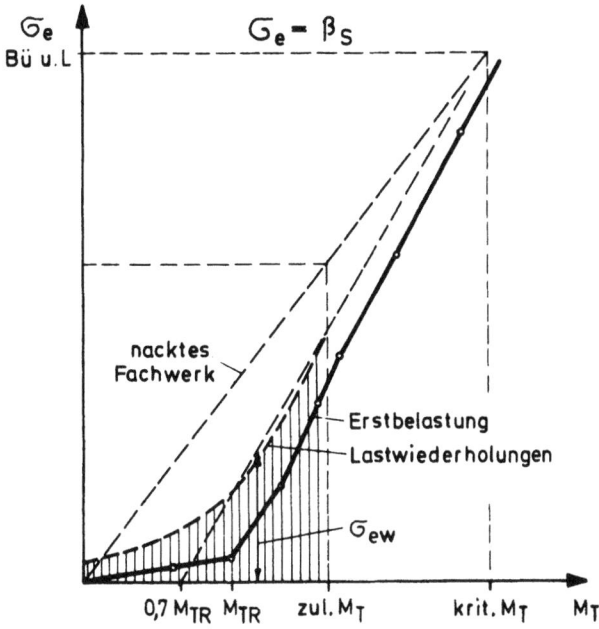

Bild 7.9 Annahmen für die effektiv wirksamen Stahlspannungen in Bewehrungen bei Torsion im Gebrauchslastbereich

Bei 45°-Wendelbewehrung ist wie bei Schub die Spannungszunahme durch Lastwiederholungen geringer und die Mitwirkung des Betons zwischen den Rissen größer, so daß $k_T \approx 1 - \dfrac{M_T - 0{,}9\, M_{TR}}{\text{krit } M_T - 0{,}9\, M_{TR}}$ gesetzt werden kann.

Damit wird

$$K_{T,45°}^{II} = \frac{E_e \cdot F_m^2 \cdot t}{u} \; \frac{1}{\dfrac{k_T}{\mu_S} + \dfrac{n}{4}}$$

Im Hinblick auf die ausmittige Beanspruchung der Druckstreben (trapezförmiges σ_b-Diagramm) kann hier (also nicht bei Traglastnachweisen) noch empfohlen werden, die Dicke der Druckstrebe mit einem reduzierten Wert von

$$t = 0{,}15\,b_m \quad \text{für den ganzen Umfang einzusetzen,}$$

wobei b_m die kleinere Seite ist.

Die Formeln gelten auch für nicht rechteckige Voll- oder Hohlquerschnitte.

Bei zusammengesetzten Profilen, etwa gemäß Bild 7.10, kann man die Steifigkeiten der Teilprofile wie vorstehend berechnen und addieren, soweit sie genügend dick sind, um eine den geschlossenen Schubfluß gewährleistende Umfangsbewehrung unterzubringen. Die gemeinsamen Querschnittsteile werden für jedes Teilprofil, also doppelt, angesetzt.

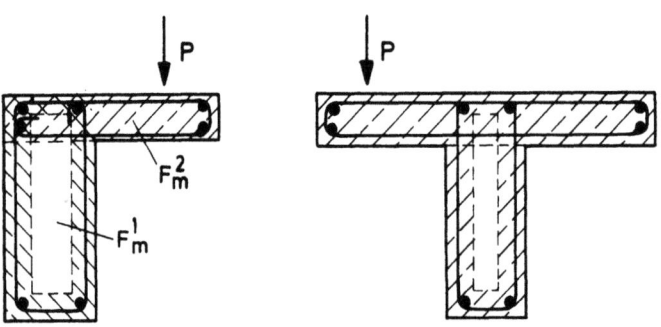

Bild 7.10 Bestimmung der Torsionssteifigkeit bei zusammengesetzten Profilen aus den Steifigkeiten der Teilprofile

Für verhältnismäßig dünnwandige ⊓-Profile mit $\ell > 4\,d$ und mit geringer Torsionssteifigkeit der Teilprofile (Bild 7.11) ergibt sich die Verdrehung ϑ bei ausmittiger Last zunächst grob aus der unterschiedlichen Durchbiegung der vertikalen Trägerstege ① und ③

$$\vartheta = \frac{f_1 - f_3}{b}$$

wenn man die Verbiegung und Verwölbung der als Platten betrachteten Trägerteile und die horizontale Verbiegung der Gurtscheibe ② vernachlässigt, die von den Einspanngraden an den Lagern abhängen (z.B. Steifigkeit des Endquerträgers). Solche Profile werden bei ausmittiger Last heute gern mit der Theorie der Wölbkrafttorsion berechnet, die bei kurzen Spannweiten $\ell < 4\,d$ wesentlich ist (siehe F. Bornscheuer [57], für Massivbau G. Mehlhorn [58], Thürlimann-Grob-Lüchinger [51]).

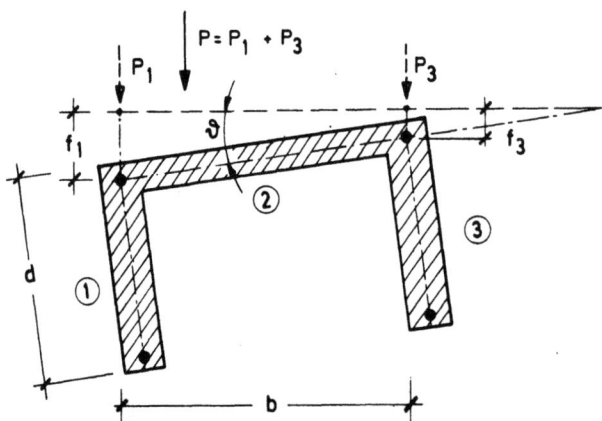

Bild 7.11 Näherungsweise Ermittlung der Verdrehung ϑ bei dünnwandigen ⊓-Profilen

P. Lüchinger [51] leitet aus obigem eine "Wölbsteifigkeit" ab, die sich aus der Biegesteifigkeit K_B eines Steg-Trägerteiles ergibt zu

$$K_w = \frac{K_B \cdot b^2}{2}, \text{ womit } \vartheta = \frac{M_T}{K_w} \text{ wird.}$$

7.4 Nachträgliche Torsionsverformungen durch Kriechen und Schwinden des Betons im Zustand II

Die zeitabhängigen Verformungen des Betons vergrößern die Verdrehung torsionsbeanspruchter Träger erheblich. Die Kriechverkürzungen der Druckstreben können mit dem Faktor $(1 + \varphi)$ erfaßt werden. Das Kriechen vermindert gewissermaßen die Dehnsteifigkeit der Streben, entsprechend müssen die Zugstäbe mehr innere Arbeit übernehmen und die σ_e nehmen zu, was durch eine Abminderung von k_T berücksichtigt werden könnte. Die einzigen zu diesem Problem vorliegenden Versuche von Karlsson u.a. [59] zeigten jedoch, daß die nachträglichen Verformungen genügend genau erfaßt werden, wenn man die Betonverformung mit $(1 + \varphi)$ multipliziert. Damit kann die Verdrehung aus Anfangsbelastung + Kriechen errechnet werden mit

$$K_{T, 90°, K}^{IIo} = \frac{4 E_e F_m^3}{u^2} \cdot \frac{1}{k_T \left(\frac{1}{\mu_L} + \frac{1}{\mu_{B\ddot{u}}}\right) + \frac{4 n F_m}{u t}(1 + \varphi)} \quad (7.14)$$

Die nachträglichen Verformungen aus S c h w i n d e n sind lastunabhängig und können daher nicht mit der Steifigkeit ermittelt werden. Andererseits tragen die Schwindverkürzungen soviel zur Verdrehung bei, daß sie nicht vernachlässigt werden dürfen. Für eine "Wand" des räumlichen Fachwerkes ergibt die Schwindverkürzung der Druckstreben den Gleitwinkel $\gamma_s = 2 \epsilon_s$.

Lampert hat in [56] gezeigt, daß die Verdrehung des Torsionsstabes sich aus den Gleitwinkeln der Schubwände für den Sonderfall b = d ergibt zu

$$\frac{d\vartheta}{dx} = \frac{2\gamma}{b} = \frac{u}{2 F_m}$$

Somit wird die Verdrehung des Stabelementes dx aus Schwinden

$$\left(\frac{d\vartheta}{dx}\right)_s = \frac{u \cdot \epsilon_s}{F_m} \quad (7.15)$$

Aus den Versuchen von Karlsson u.a. [59] wird in Bild 7.12 die Zunahme der Verdrehung von rechteckigen Stahlbetonbalken 20 x 40 cm durch Kriechen und Schwinden über eine Zeitdauer von 400 Tagen bei konstantem, ziemlich hohem Torsionsmoment $M_T \approx 0,8 \cdot M_{TU}$ bei 20 °C Temperatur und 60 % rel. Luftfeuchtigkeit gezeigt. Die Enden des 2,0 m langen Balkens verdrehen sich demnach anfänglich um rund $2 \cdot 20/1000 = 0,04$ rad und nachträglich um rd. 0,07 rad gegeneinander, so daß die Kante des 40 cm hohen Balkens insgesamt um

$$0,11 \cdot 20 = 2,2 \text{ cm}$$

seitlich ausgewichen war. Auch dieser Versuch zeigt, wie vorsichtig man bei stark durch Lasttorsion beanspruchten Trägern hinsichtlich der Torsionsverdrehungen sein muß.

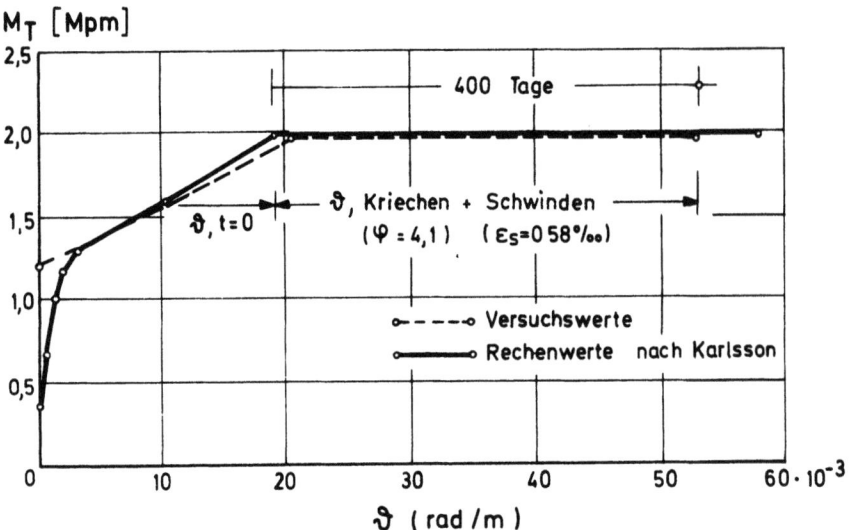

Bild 7.12 Verdrehung ϑ eines 2 m langen Balkens durch Kriechen und Schwinden nach 400 Tagen Dauerlast, Versuche von Karlsson [59]

7.5 Verhältnis zwischen Torsions- und Biegesteifigkeit

Für Überlegungen, wie weit in statisch unbestimmten Tragwerken Zwangtorsionsmomente im Gebrauchslastbereich erhalten bleiben und so Rißbildung hervorrufen können, ist es zweckmäßig, Hilfsmittel zur raschen Orientierung über die Entwicklung der $K_T : K_B$ mit zunehmendem Beanspruchungsgrad zu geben. Dies geschieht in Bild 7.13 durch die Darstellung von K_B/K_B^I über M/M_U und gleichzeitig von K_T/K_T^I über T/T_U [*)].

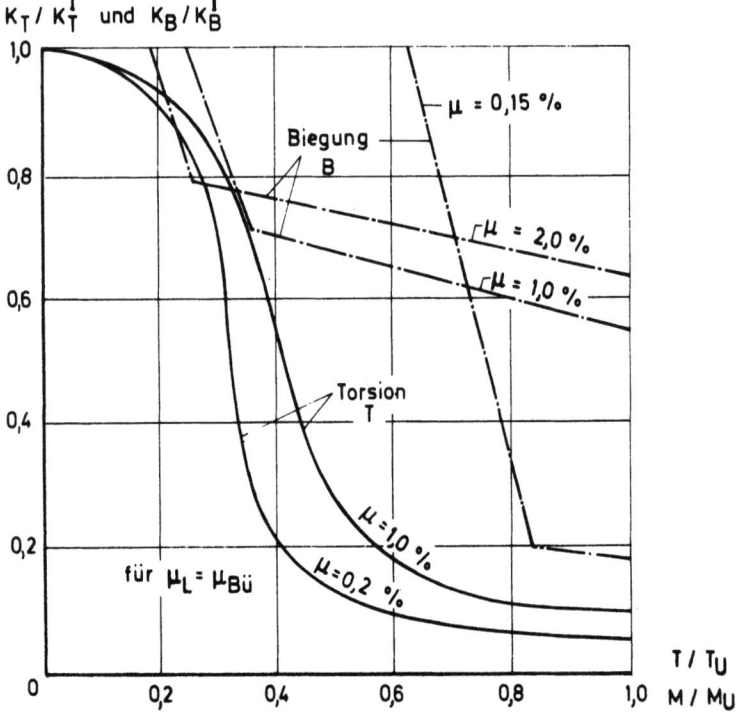

Bild 7.13 Entwicklung der Biege- und Torsionssteifigkeiten mit zunehmendem Beanspruchungsgrad zur vergleichenden groben Orientierung [61]

---

*) Neuerdings setzt sich die kürzere Schreibweise T für M_T und T_U für M_{TU} durch.

7.5 Verhältnis zwischen Torsions- und Biegesteifigkeit 141

Man sieht daraus, wie K_T vor allem im Gebrauchslastbereich viel schneller abfällt als K_B, so daß Zwangtorsionsmomente schon im Gebrauchslastbereich mehr abfallen als bei weiterer Steigerung bis zur Traglast (kritische Last oder Bruchlast) und bei Gleichgewichtstorsion schon unter Gebrauchslasten merkbare Verdrehungen eintreten, die bei weiterer Steigerung nur noch wenig zunehmen. Die Darstellung soll nur die Anschauung in groben Umrissen schulen, in praktischen Fällen wird selten für eine gegebene Belastung M/M_U und T/T_U den gleichen Wert aufweisen. Man darf also das Verhältnis der $K_T : K_B$ nicht einfach aus Werten der gleichen Abszisse ablesen.

7.6 Torsions- und Biegesteifigkeiten bei Torsion mit Biegung und Querkraft

7.6.1 Vorbemerkung

Die gleichzeitige Wirkung von Torsion, Biegung und Querkraft $M_T + M_B + Q$ kommt zwar häufig vor und ist für die Tragfähigkeit ausreichend erforscht, nicht jedoch im Hinblick auf die Verformungen im Gebrauchslastbereich, wo im Zustand II die Superpositionsgesetze nicht mehr gelten. Die besten Arbeiten hierzu haben die Zürcher Forscher B. Thürlimann, P. Lampert und P. Lüchinger geleistet ([54, 55], und dort angeführtes Schrifttum), doch haben sie die Verformungen für "Fließmomente" betrachtet, also für die Zustände, bei denen die Spannungen der Bewehrungen die Streckgrenze erreichen. Die zugehörigen Steifigkeiten werden für Traglastbetrachtungen, insbesondere für die Verteilung der Biege- und Torsionsmomente in statisch unbestimmten Tragwerken gebraucht. Sie benützen dabei "Verformungskoeffizienten"

f_{TT} = Torsionsverdrehung infolge $M_T = 1$

f_{TM} = Torsionsverdrehung infolge $M_B = 1$

f_{MT} = Biegekrümmung infolge $M_T = 1$

f_{MM} = Biegekrümmung infolge $M_B = 1$

Querkraftverformung wird vernachlässigt.

Damit kann man die im Zustand II auftretende gegenseitige Beeinflussung von Biegung und Torsion mit den folgenden Ansätzen erfassen:

$$\frac{d\vartheta}{dx} = \left(f_{TT} + \frac{M}{T} f_{TM} \right) T = \text{spezif. Verdrehung}$$

$$\frac{d\varphi}{dx} = \left(\frac{T}{M} f_{MT} + f_{MM} \right) M = \text{spezif. Krümmung}$$

$$\text{mit } \frac{M_T}{M_B} = \frac{T}{M}$$

Dabei werden die Einheitsverformungen infolge $M = 1$ für den nackten Zustand II gerechnet. Diese Methode führt für den Fließbeginn zu guter Übereinstimmung mit Versuchen, gibt jedoch im Gebrauchslastbereich noch keine zutreffenden Werte. Immerhin kann aus diesen Arbeiten manche Folgerung gezogen werden.

Betrachten wir zunächst die wesentlichen Auswirkungen des Zusammenwirkens von M_T, M_B und Q im Hinblick auf die Beanspruchung der Bewehrungen und der Biegedruckzone in Längsrichtung (Bild 7.14). Ein Torsionsmoment vergrößert im Zustand II die Zugkräfte der Biege-

Zuggurtbewehrung und vermindert die Biege-Druckgurtkraft und die Höhe der Biegedruckzone. Bei großem M_T/M_B kann im Biegedruckgurt sogar Zug entstehen, wenn die Zugbewehrung F_{eu} wesentlich größer ist als die Druckbewehrung F_{eo}. Der Balken biegt sich dann nach oben. Man sieht also, daß Torsion die Biegekrümmung beeinflußt.

Betrachten wir nun den "Schubfluß", d.h. die Auswirkung der schiefwinkligen Hauptspannungen in Stegen und Gurten (Bild 7.15): Bei Torsion haben wir in den "Stegwänden" links und rechts gegenläufige Schubflußrichtungen, d.h. die Druckstreben zwischen Rissen sind links mit 45°, rechts mit 135° gegen die x-Achse geneigt. Außerdem wirkt nur die Dicke t. Bei Querkraft-Biegung ist die Schubflußrichtung auf die ganze Stegbreite b gleich, die Druckstreben sind mit 30° bis 45° geneigt.

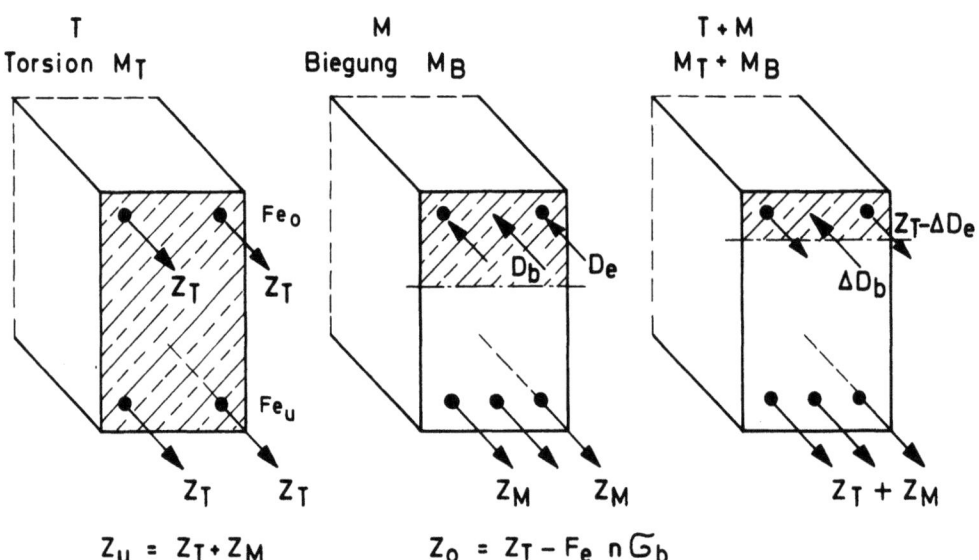

Bild 7.14 Beanspruchungsart (Zug oder Druck) der Längsstäbe im Unter- und Obergurt von Balken bei Beanspruchung durch reine Torsion, reine Biegung und kombinierte Torsion + Biegung

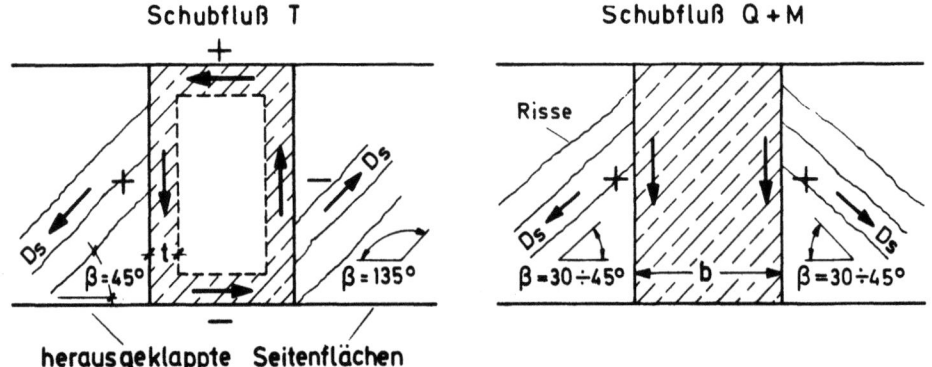

Bild 7.15 Neigung der Risse und damit der Druckstreben in den Stegflächen von Balken, links bei reiner Torsion, rechts bei Querkraft und Biegung

7.6 Torsions- und Biegesteifigkeiten bei Torsion mit Biegung und Querkraft

Beim Zusammenwirken bleiben die Risse und Druckstreben auf der linken Seite des Trägers etwa unter 45° geneigt, rechts stellen sich in der äußeren Stegschicht je nach T/M steilere Risse ein. Im Druckgurt können die Hauptzugspannungen aus T überdrückt werden oder sie bilden flache Risse mit Winkeln < 45°, im Zuggurt werden die Risse durch den Biegezug steiler bis hin zu reinen Biegerissen (90°).

Für ein im Belastungsvorgang konstant gehaltenes Verhältnis T/M kann man theoretisch die Rißneigung einigermaßen zutreffend berechnen und sie wird bei Laststeigerungen etwa gleich bleiben. In der Praxis werden wir jedoch fast nie konstantes T/M haben, meist herrscht zunächst Biegung M vor und Torsion T tritt erst unter Nutzlast auf. In solchen Fällen entstehen erst Biege- und Biegeschubrisse, durch Torsionsbelastung bilden sich dann neue Risse, die die erste Risseschar kreuzen, wie dies bei den Stuttgarter Biege- und Torsionsversuchen an vorgespannten Hohlkastenträgern beobachtet wurde, die in Heft 202 des DAfStb. [60] beschrieben sind. Bei kombinierter Beanspruchung müßte daher die Belastungsfolge oder die Belastungsgeschichte bekannt sein und beachtet werden, wenn man die Verformungen im Gebrauchslastbereich für Zustand II zutreffend voraussagen wollte.

Das Fachwerkmodell läßt sich nicht mehr sauber anwenden, weil die Neigung der Druckstreben je nach Belastungsfolge variabel ist. Daraus folgt, daß man sich für diese kombinierten Beanspruchungen mit groben Näherungen begnügen muß.

7.6.2 Gegenseitige Beeinflussung von T, M und Q

Wir beschränken uns auf die wenigen Ergebnisse von Versuchen, in denen vergleichbare Träger mit nicht zu vielen Variablen geprüft und die Verformungen sorgfältig gemessen wurden. Dabei ist es wesentlich, daß die Bewehrung solcher Träger für Biegung und Torsion bemessen wurde. Bei der Laststeigerung wurde das Verhältnis T/M konstant gehalten.

Die Zürcher Hohlbalkenreihe TB [54, 55] zeigt, daß die Torsionsverdrehung ϑ durch Biegemomente wenig zunimmt (Bild 7.16), die Torsionssteifigkeit K_T^{II} also durch die Biegebeanspruchung ein wenig abnimmt, weil die Längsbewehrung zusätzlich gedehnt wird. Das Torsionsmoment krit M_T, bei dem die Längsbewehrung zu fließen beginnt, nimmt entsprechend mit zunehmendem M_B stark ab, obwohl die Zuggurtbewehrung für ein großes M_B bemessen war. Die zu krit M_T gehörigen Verdrehungen ϑ liegen fast auf einer Geraden, wie sie sich aus Gl. (7.8) für K_T^{IIO} ergibt.

Die Auswirkung der Torsion auf die Biegekrümmung $\varkappa$ ist wesentlich stärker (Bild 7.17). Die Biegesteifigkeit wird also durch gleichzeitige Torsionsbeanspruchung scheinbar deutlich herabgesetzt, d.h. Torsion trägt bei unsymmetrischer Längsbewehrung und durch das infolge Biegedruck unsymmetrische Längsdehnungsverhalten zur Biegekrümmung positiv bei, allerdings nur bis zu einem Grenzverhältnis von T/M*, bei dem die Dehnung ϵ_o der oberen Faser vom negativen Druckbereich in den positiven Zugbereich übergeht (Bild 7.18). $\epsilon_o > 0$ vermindert die Biegekrümmung und damit auch die Durchbiegung.

In der BRD wird die kombinierte T-M-Q-Beanspruchung von K. Kordina und Mitarbeitern [61] in Braunschweig erforscht. Eine Versuchsreihe mit einem stark unsymmetrisch, aber engmaschig bewehrten Rechteckbalken zeigte einen noch stärkeren Abfall der Torsionssteifigkeit durch gleichzeitig wirkende Biegung im Gebrauchslastbereich (Bild 7.19).

144 7. Verformungen durch Torsion, Torsionssteifigkeit

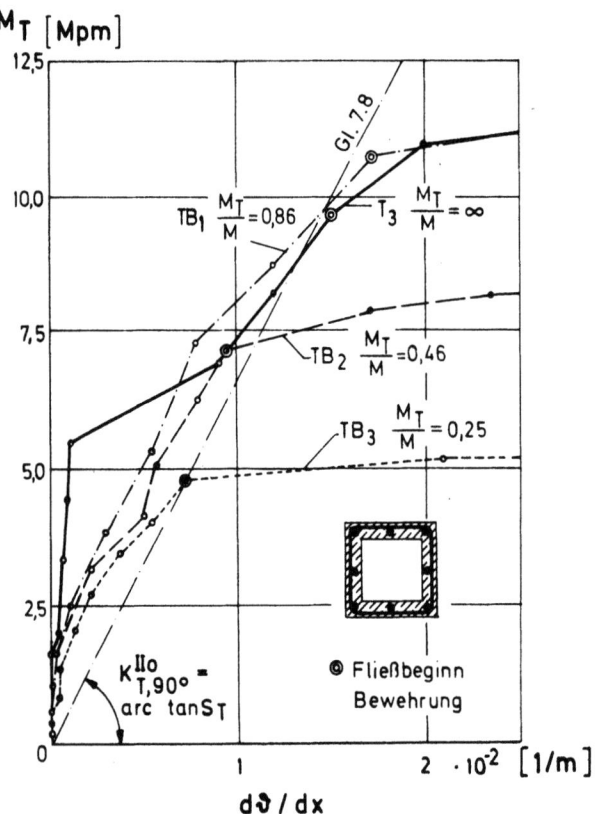

Bild 7.16 Vergleich der Verdrehungen eines Balkens bei gleichem Querschnitt, aber variablem Verhältnis T/M (nach Thürlimann-Lüchinger [54])

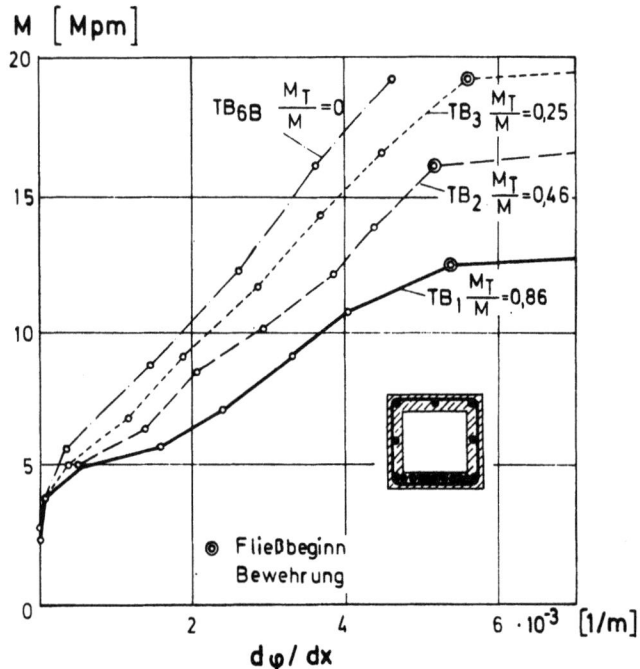

Bild 7.17 Vergleich der Krümmungen eines Balkens bei gleichem Querschnitt wie in Bild 7.16, aber mit variablem Verhältnis T/M (nach [54]).

7.6 Torsions- und Biegesteifigkeiten bei Torsion mit Biegung und Querkraft

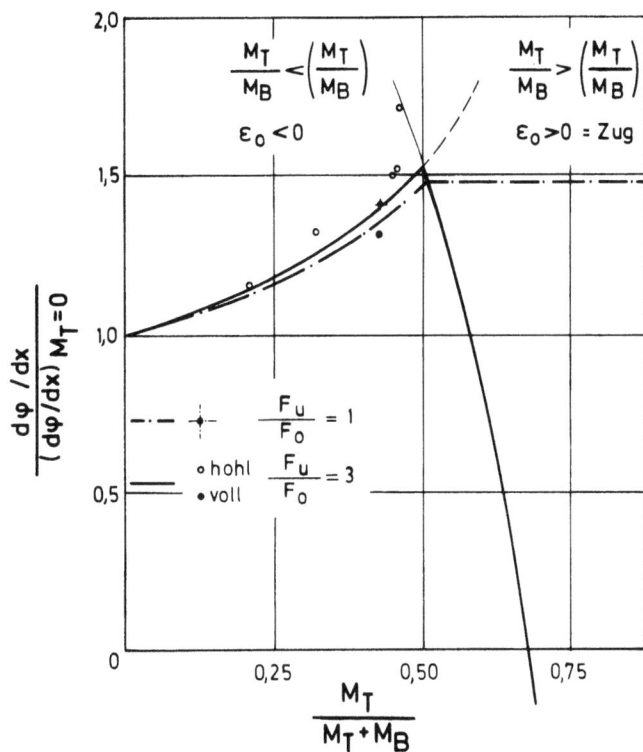

Bild 7.18 Vergleich der auf die reine Biegekrümmung bezogenen Gesamtkrümmung bei M + T für Rechteckbalken, Versuchsergebnisse und Theorie

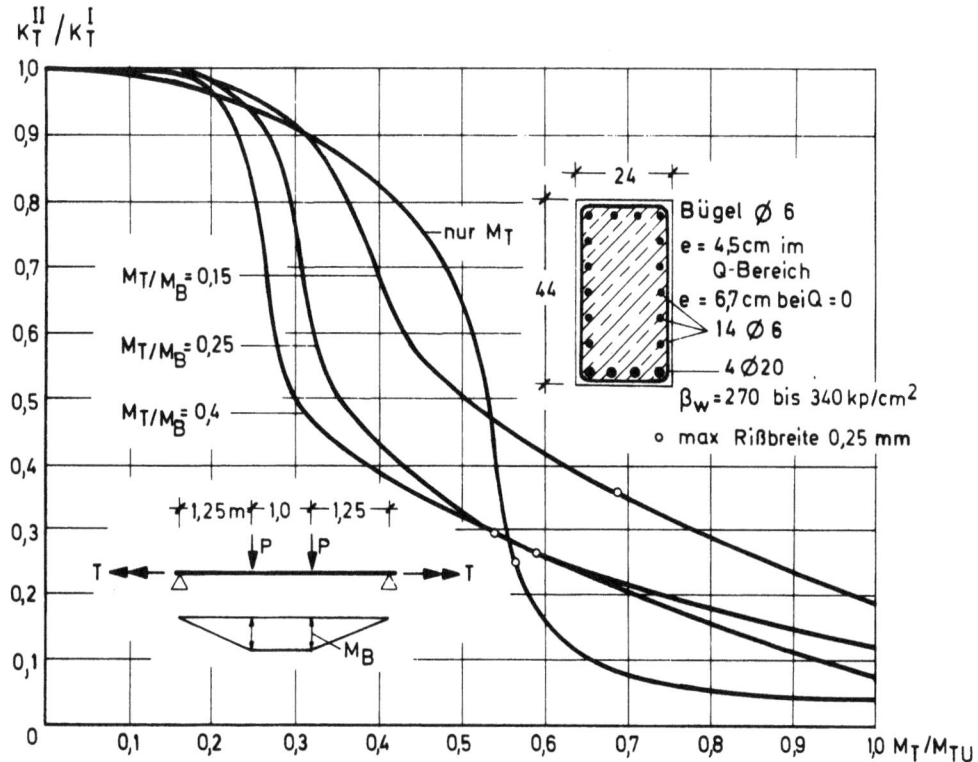

Bild 7.19 Verhältnis der Torsionssteifigkeit eines unsymmetrisch bewehrten Balkens im Zustand II zum Wert im Zustand I, bei reiner Torsion und bei unterschiedlicher Kombination von M und T

7.6.3 Vorläufige Empfehlung zur Berechnung der Verformungen bei T + M + Q

Für den Zustand I können die Spannungen nach der Elastizitätstheorie für T, M und Q getrennt gerechnet und superponiert werden. So lassen sich auch die Verformungen genähert rechnen. Wesentlich ist, daß damit aus den Hauptzugspannungen mit den angegebenen Werten der Betonzugfestigkeiten und ihren Streubreiten auch die Rißlasten und die Richtungen der ersten Risse ziemlich zutreffend berechnet werden können, was durch Versuche wiederholt bestätigt wurde.

Für den Zustand II kann empfohlen werden, für Rechteckquerschnitte nach Thürlimann-Lüchinger [54] mit den Gl. (7.16), die zum Fließbeginn der Bewehrung gehörige Verformung ϑ_F und $\varkappa_F$ und die zugehörigen Rißmomente T_R und M_R zu berechnen. Für den Gebrauchslastbereich kann dann ein geradliniger Verlauf zwischen ϑ_R und ϑ_F, sowie zwischen $\varkappa_R$ und $\varkappa_F$ angenommen werden.

Spezifische Verdrehung: $\dfrac{d\vartheta}{dx} = f_{TT} \cdot T$

Verformungskoeffizient: $f_{TT} = \dfrac{u^2}{4\,E_e \cdot F_m^3} \cdot \dfrac{\mu_L + \mu_{Bü}}{\mu_L \cdot \mu_{Bü}}$

Torsionssteifigkeit: $K_{T,90°}^{IIo} = \dfrac{1}{f_{TT}} = \dfrac{4\,E_e \cdot F_m^3}{u^2} \cdot \dfrac{\mu_L \cdot \mu_{Bü}}{\mu_L + \mu_{Bü}}$

Spezifische Krümmung: $\dfrac{d\varphi}{dx} = \left(\dfrac{T}{M} \cdot f_{MT} + f_{MM}\right) \cdot M$

Verformungskoeffizienten:

$\dfrac{T}{M} > \left(\dfrac{T}{M}\right)^{*}$: $\quad f_{MM} = \dfrac{(F_{eu}/F_{eo} + 1)}{2\,d_m^2 \cdot F_{eu} \cdot E_e}$

$\quad f_{MT} = -\dfrac{u}{8\,d_m \cdot F_m \cdot E_e} \dfrac{(F_{eu}/F_{eo} - 1)}{F_{eu}}$

$\dfrac{T}{M} < \left(\dfrac{T}{M}\right)^{*}$: $\quad f_{MM} = \dfrac{1}{K_B^{IIo}}$

$\quad f_{MT} = \dfrac{\dfrac{J^{IIo}}{d_m^2 \cdot F_{eu}} - 1}{\left(\dfrac{T}{M}\right)^{*} \cdot K_B^{IIo}}$

(7.16)

Darin bedeuten:

$\left(\dfrac{T}{M}\right)^{*} = \dfrac{4\,b_m}{u}$ Verhältnis Torsionsmoment zu Biegemoment, bei dem die Dehnung ϵ_o der oberen Gurtstäbe des Fachwerkmodells zu Null werden.

K_B^{IIo} Biegesteifigkeit für reine Biegung nach Abschnitt 5.5

7.7 Einfluß der Vorspannung auf Torsionsverformungen

Die Vorspannung vermindert die schiefen Hauptzugspannungen und ändert auch ihre Richtung durch die Wirkung von σ_x-Druck. Demnach liegen die Rißlasten höher. Mit geeigneter Vorspannung in Längsrichtung kann man schon erreichen, daß der Gebrauchslastbereich frei von Torsionsrissen bleibt. Eigen- und Zwangspannungen können jedoch auch hier zusätzliche Rißgefahr bringen. Um Rißsicherheit zu erlangen, müßte man jede Wandscheibe (im gedachten Hohlkastenmodell!) längs und quer vorspannen, was bei großen Hohlkastenbrücken durchführbar wäre, aber in der Regel zur Sicherung der Gebrauchsfähigkeit und Haltbarkeit nicht nötig ist, wenn die Bewehrung für Rissebeschränkung richtig bemessen wird.

Die Schubrisse werden durch Längsvorspannung in allen Wandscheiben flacher ($\beta < 45°$), d.h. die üblichen $90°$-Bügel kommen besser zur Wirkung, das Rißverhalten wird günstiger, die Mitwirkung des Betons zwischen den Rissen wird verstärkt. Die Vorspannung verbessert daher das Verformungsverhalten bei Torsion, im Rißbildungsbereich verändert die M_T-ϑ-Linie ihre Neigung mit leichter nach unten konkaver Krümmung. Auch hier benützen wir die Zürcher Versuche, um dies darzustellen (Bild 7.20).

Thürlimann-Lüchinger [54] fanden, daß man bei Längsvorspannung das Verformungsverhalten im Zustand II, also nach der Rißlast, etwa richtig erfaßt, wenn man die Dehnsteifigkeit des Spannstahles $F_z E_z$ zur Dehnsteifigkeit der schlaffen Längsbewehrung $F_e E_e$ addiert, ganz gleichgültig, an welcher Stelle die Längsspannglieder im Querschnitt liegen.

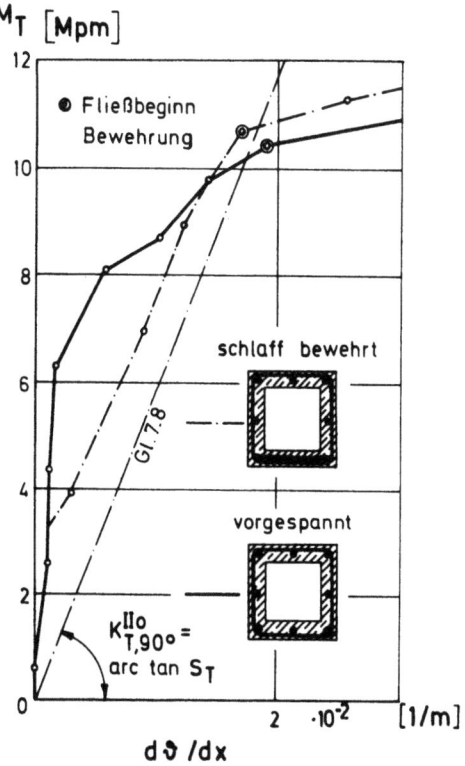

Bild 7.20 Vergleich der Verdrehung eines schlaff bewehrten und eines vorgespannten Kastenträgers mit annähernd gleicher Fließkraft der Längsbewehrung bzw. der Spannglieder + Längsbewehrung. Bei Fließbeginn treffen sich die Linien

8. Formänderungen im plastischen Bereich (Zustand III)

8.1 Zweck der Betrachtung des Zustandes III

Während bei statisch bestimmt gelagerten einfachen Stabtragwerken die Tragfähigkeit verlorengeht, sobald der Stahl an einer Stelle ins Fließen kommt oder die Betondruckspannung die Festigkeit erreicht, tritt bei innerlich oder äußerlich statisch unbestimmten Tragwerken bei Überbeanspruchung einer Zone eine Umlagerung (redistribution) der inneren Kräfte auf noch nicht ausgenützte Nachbarbereiche ein. Statisch unbestimmte Tragwerke haben also Tragreserven, die erst dadurch geweckt werden, daß an einer oder mehreren jeweils kritischen Stellen plastische Verformungen entstehen. Zur Ausnützung dieser Tragreserven muß man das Verformungsverhalten der Stahlbetonträger im plastischen Bereich und vor allem die Verformungsgrenzen kennen. Bei Stabtragwerken können sich "plastische Gelenke" (plastic hinges) bilden, bei Flächentragwerken (Platten, Schalen) verlaufen solche gelenkartigen Verformungen entlang einer Linie (yield line). Die Verfahren zur Ausnutzung dieser Tragreserven werden Traglastverfahren (plastic theories) oder Bruchlinientheorie (yield line theory) genannt. Die Tragreserven können bei Katastrophenbeanspruchungen wie Erdbeben, Feuer oder unerwarteten Überlastungen eine wichtige Rolle spielen, sie erhöhen die Sicherheit gegen Einsturz und vermindern die Schadensfolgen. Diese Reserven bei Nachweisen auszuschöpfen, lohnt sich in vielen Fällen.

8.2 Biegeverformungen im Zustand III

Voraussetzung: Wir setzen hier guten Verbund, also gerippte Bewehrungsstäbe voraus. Bei mangelhaftem Verbund, z.B. bei Spanngliedern in Hüllrohren muß das schlechtere Verbundverhalten beachtet werden! Ferner werden Schlankheiten $\ell/h > 4$ vorausgesetzt.

Betrachten wir wieder die Momenten-Krümmungsbeziehungen eines Stahlbeton-Rechteckbalkens, also die M-$\varkappa$-Linien. In den Bildern 8.1 und 8.2 sind für bezogene Momente $m = \dfrac{M}{bh^2 \cdot \beta_p}$ die bezogenen Krümmungen $\varkappa h = \epsilon_o + \epsilon_u$, ohne Mitwirkung des Betons zwischen Rissen, für Betonstahl BSt 22/34 U und für BSt 42/50 K bei verschiedenen Bewehrungsprozentsätzen $\mu = F_e/bh$ in % dargestellt. Als Grenzen sind eingetragen:

Das Erreichen der zur Fließgrenze gehörigen Stahldehnung $\epsilon_s \approx 1,1$ ‰ bei BSt 22/34, bzw. bei der 0,2 % Dehngrenze des BSt 42/50 $\epsilon_{0,2} \approx 2,0$ ‰, ferner die übliche Verformungsgrenze mit $\epsilon_e = 5$ ‰ sowie die Dehngrenze des Betons mit $\epsilon_b = -3,5$ ‰. Für ϵ_e gibt das CEB neuerdings 10 ‰ an.

Der plastische Bereich ③ gilt als erreicht, wenn ϵ_s oder $\epsilon_{0,2}$ oder $\epsilon_b = -2$ ‰ (σ_b-ϵ_b-Parabel bis -2 ‰) überschritten wird. Die zum Erreichen der Streckgrenze führenden Momente werden als "plastische Momente" M_{pl} bezeichnet. Aus den Kurven erkennt man, daß die mögliche

Krümmung bei hohen Bewehrungsgraden durch max ϵ_b auf kleine Werte begrenzt wird, die Druckzone versagt vor dem Erreichen plastischer Stahldehnung, der Stab verhält sich spröde und gibt nur wenig Tragreserve durch plastische Verformung.

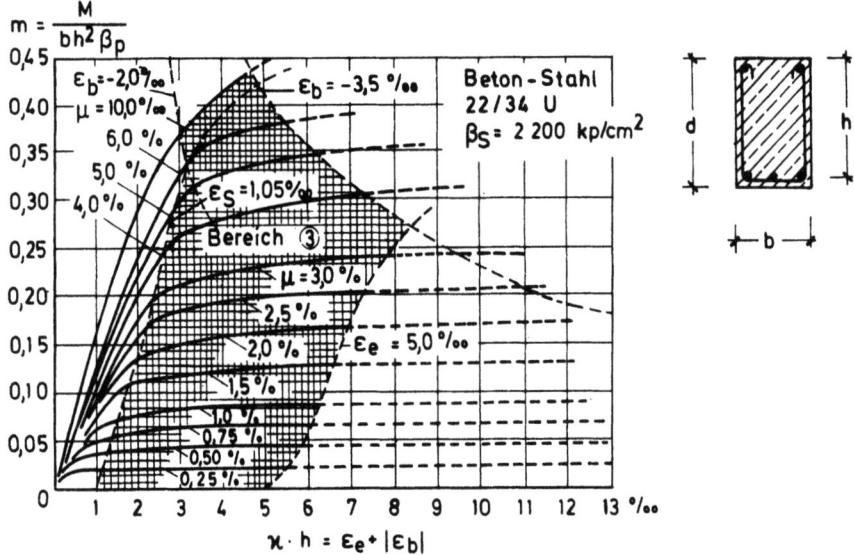

Bild 8.1 Momenten-Krümmungsbeziehungen für Rechteckbalken (auf b, h und β_p bezogen) bewehrt mit BSt 22/34 U, plastischer Bereich ③ herausgehoben

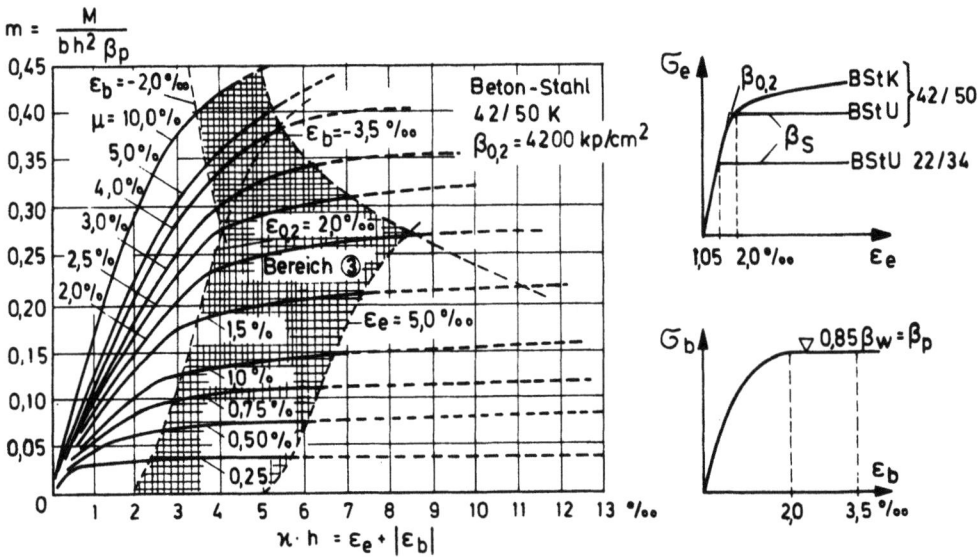

Bild 8.2 Wie Bild 8.1, jedoch für BSt 42/50 K

Bei niedrigen Bewehrungsgraden kann der Stahl über ϵ_e = 5 ‰ hinaus sich dehnen, bevor der Beton versagt, das plastische Verformungsvermögen ist also umso größer, je niedriger μ ist.

Die Höhe der Fließgrenze des Stahles hat Einfluß auf den Beginn und auf die Breite des plastischen Bereiches. Es besteht natürlich auch ein Unterschied zwischen BSt U, mit Fließbereich, und BSt K, der als kalt verformter Stahl nach Erreichen der $\beta_{0,2}$-Grenze noch stetig weitere Spannung aufnimmt.

8.2 Biegeverformungen im Zustand III

Aus dieser Darstellung ist der Einfluß der Betongüte auf die mögliche Krümmung nicht zu erkennen, deshalb werden in Bild 8.3 die m-$\varkappa$h-Linien für unterschiedliche Betongüten bei μ = 2 % gezeigt. Die mögliche Krümmung nimmt mit der Betongüte zu, weil sich der Stahl damit höher beanspruchen läßt, bevor der Beton versagt.

Der Einfluß einer Druckbewehrung ist beachtlich groß, wie aus Bild 8.4 hervorgeht. Bei $\mu = \mu'$ = 2 % läßt sich die mögliche Krümmung bei β_p = 255 kp/cm² etwa verdoppeln.

Die beiden Bilder 8.3 und 8.4 sind der Stuttgarter Arbeit von W. Dilger [42] entnommen, deren Studium zu empfehlen ist.

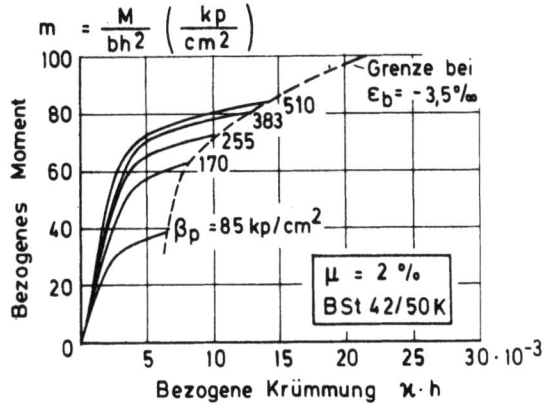
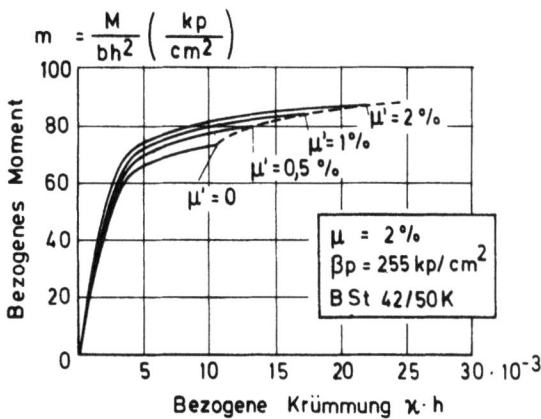

Bild 8.3 Einfluß der Betongüte auf die mögliche Momenten-Krümmung bei μ = 2 %, einseitig bewehrter Rechteckquerschnitt (nach Dilger [42])

Bild 8.4 Einfluß einer Druckbewehrung $\mu' = F'_e/bh$ auf die mögliche Momenten-Krümmung bei μ = 2 % und β_p = 255 kp/cm² (nach Dilger [42])

Die Verformbarkeit der Biegedruckzone kann durch eine die Druckzone umfassende Querbewehrung wesentlich gesteigert werden, was verschiedene Forscher nachgewiesen haben. Rüsch-Stöckl [70] führen einen Aufteilungsgrad der die Druckzone umfassenden Bügelbewehrung ein (Bild 8.5):

$$A_B = \frac{\left(b_k - \frac{1}{2} e_B\right)^2}{b_k^2}, \quad \text{ferner} \quad \mu_q = \frac{f_{eB}}{e_B \cdot b_k}$$

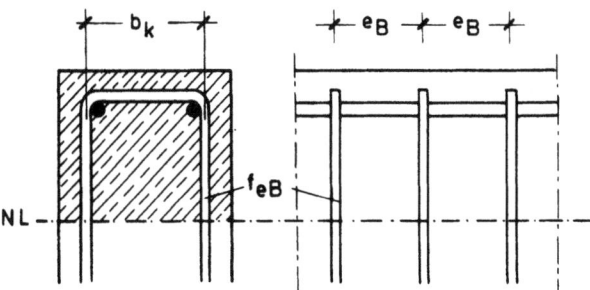

Bild 8.5 Zur Ermittlung der Kenngrößen für die Querbewehrung von Biegedruckzonen [70]

152   8. Formänderungen im plastischen Bereich (Zustand III)

Bild 8.6 zeigt, wie die Bruchdehnung des Betons - ϵ_{bU} durch Bügel bei verschiedenen Betongüten gesteigert wird. Das Spalten des Betons in Druckrichtung wird dadurch verzögert. Bei hohen Betongüten ist die Wirkung gering, ihr sprödes Verhalten läßt sich nur wenig verbessern (siehe auch [71]). G. Macchi [72] weist darauf hin, daß die günstige Wirkung der Bügel nur bei verhältnismäßig niedrigen Biegedruckzonen, also bei kleinem $x/h = k_x$ voll zur Geltung kommt (Bild 8.7).

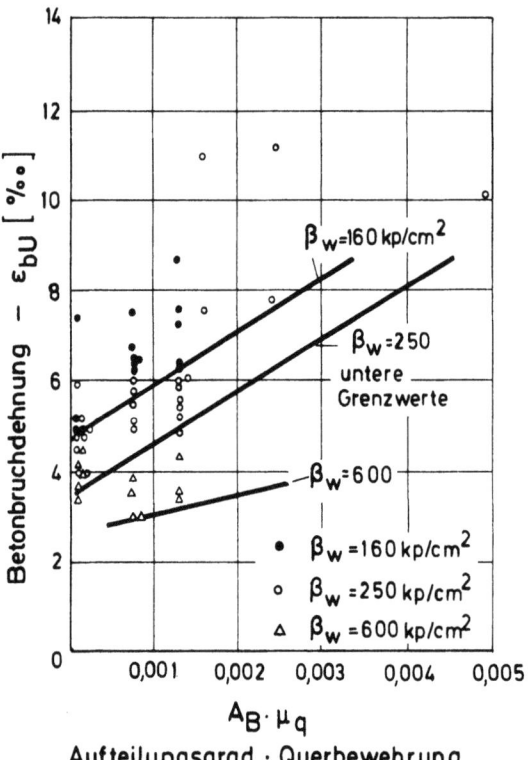

Bild 8.6 Steigerung der Betonbruchdehnung einer Biegedruckzone durch Querbewehrung (Bügel) (nach Rüsch-Stöckl [70])

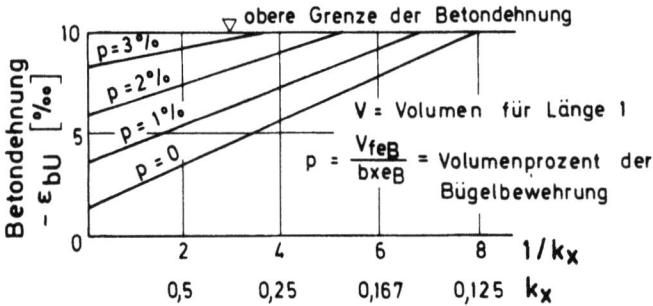

Bild 8.7 Steigerung der Betonbruchdehnung einer Biegedruckzone (vermutlich β_w = 250 kp/cm^2) bei verschieden starker Querbewehrung (Bügel) abhängig von der relativen Höhe der Biegedruckzone k_x = x/h (nach Macchi [72]). Bei ϵ_{bU} = 10 ‰ ist allerdings mit Zerstörung des Betongefüges zu rechnen.

8.2 Biegeverformungen im Zustand III

Eine ganz beachtliche Steigerung der Biegekrümmung läßt sich durch Umschnürung der Biegedruckzone mit einer rechteckigen Wendelbewehrung erreichen. Dies haben I. G. Potyondy und E. G. Nawy [73] mit Spannbetonbalken nachgewiesen, deren Verformbarkeit durch die Längsdruckkraft eigentlich verkleinert wird (Bild 8.8). Die Balken waren mit V = 14,6 Mp entsprechend σ_{Vo} = 93 kp/cm^2 vorgespannt, ihr Druckflansch war unterschiedlich stark mit Wendeln ⌀ 4,8 mm, Ganghöhe e_w = 7,6 cm bis ⌀ 6,3 mm bei e_w = 2,5 cm umschnürt. Die max. Durchbiegung konnte von 2,5 cm beim Balken B 1 ohne Wendelbewehrung bis auf 12,5 cm beim Balken B 4 mit der stärksten Umschnürung, also um das 5-fache, gesteigert werden. Die Bruchdehnungen sind leider nicht angegeben. Die Durchbiegungen sind nach dem Erreichen der Fließspannung der Längsbewehrung unter fast gleichbleibender Last gestiegen, was einer ideal plastischen Gelenkverformung entspricht.

Mit solchen Umschnürungen lassen sich also plastische Gelenke aus Stahlbeton für beachtliche Drehwinkel konstruieren.

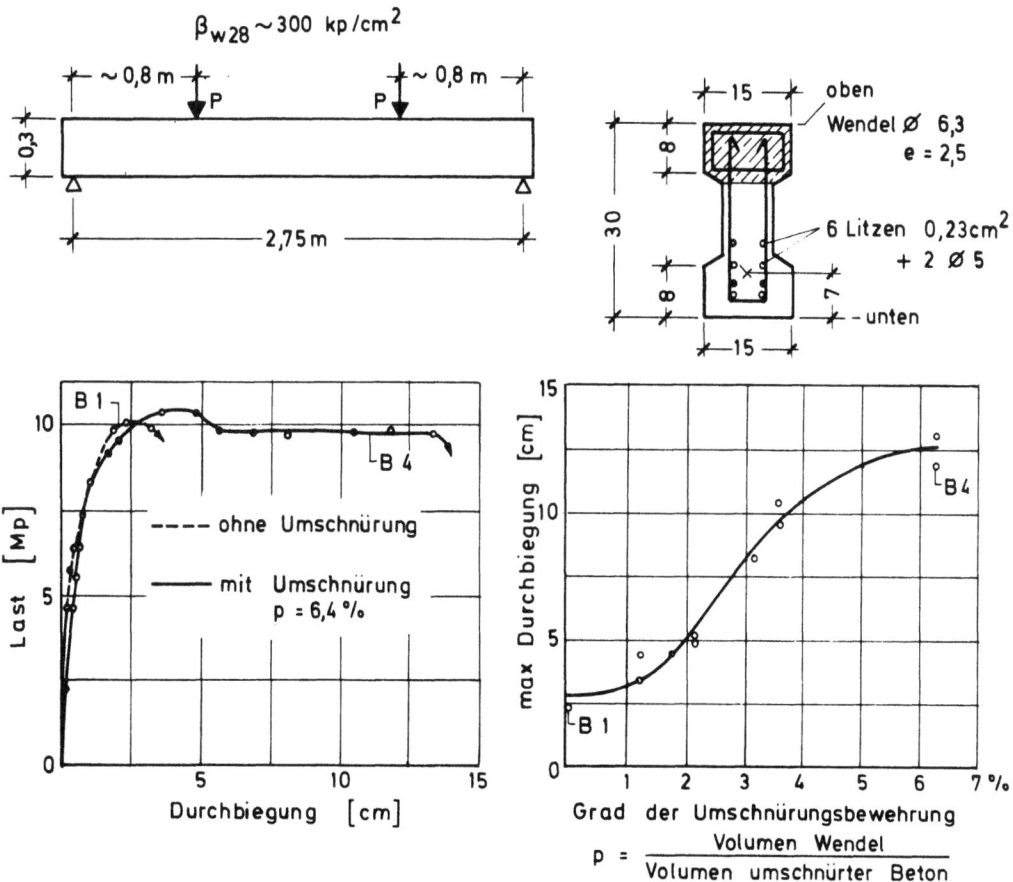

Bild 8.8 Steigerung der Durchbiegungsfähigkeit eines Spannbetonbalkens durch Umschnürung des Druckflansches (nach [73])

Für theoretische Ansätze wird die M-$\varkappa$-Beziehung meist durch ein bilineares Gesetz vereinfacht. Dies geschah sehr früh (1956) schon durch A. L. L. Baker [74, 75], der bei diesen Betrachtungen der Grenztragfähigkeiten mit Recht den Knick zwischen Zustand I und II vernachlässigt und die erste Gerade vom Nullpunkt zum Punkt L_1 am Beginn des Stahlfließens zieht, um von dort waagrecht zu L_2 weiterzugehen, wo max. ε_b erreicht ist. Bei stark bewehrten Querschnitten gibt es dann nur L_1 bei μ_{grenz} an der Stelle max ε_b (Bild 8.9). Bei kaltverformtem Stahl B St K werden die Spannungen $\sigma_e > \beta_{0,2}$ durch entsprechendes Höherlegen des horizontalen Astes berücksichtigt. μ_{grenz} wird hier auf max $\epsilon_b = -3,5\,‰$ und max $\epsilon_e = 5\,‰$ bezogen.

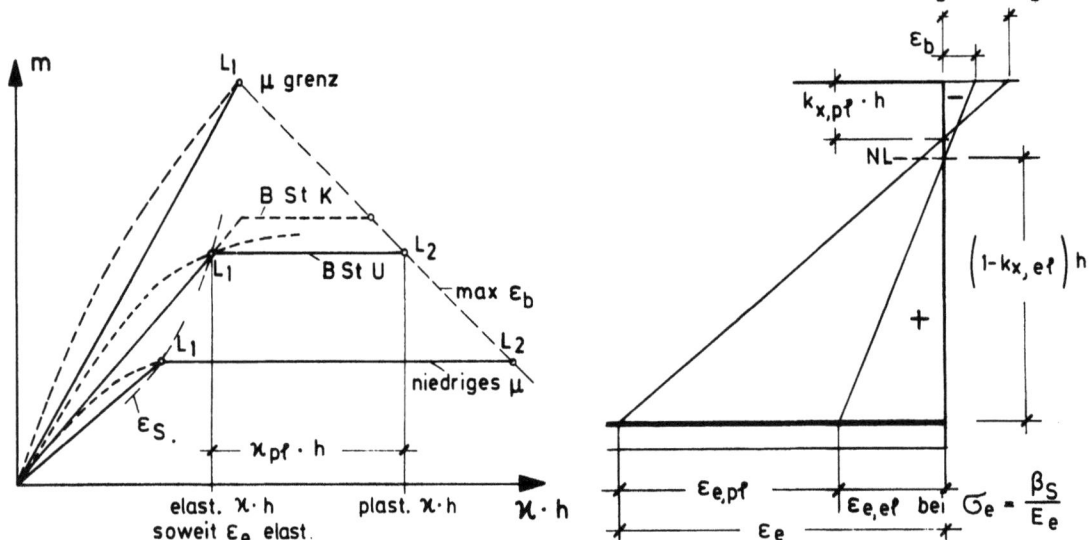

Bild 8.9 Prinzip bilinearer Momenten-Krümmungsbeziehungen für Berechnungsverfahren nach A. L. L. Baker [74, 75]

Bild 8.10 Zur Ermittlung der plastischen Krümmung, solange $\epsilon_b < \max \epsilon_b$

8.3 Plastische Gelenke, Gelenkrotation

Wird im Bereich eines großen Momentes, z. B. an der M-Spitze unter einer Einzellast oder über der Zwischenstütze eines Durchlaufträgers, die Fließgrenze im Stahl der Zuggurtbewehrung erreicht, dann nimmt die Krümmung bei steigender Last dort örtlich über eine kurze Länge bei fast gleichbleibendem M rasch zu, wie dies aus den Linien, Bild 8.1 und 8.2, hervorgeht. Es bildet sich ein plastisches Gelenk (plastic hinge). Je nach Bewehrungsgrad erreicht diese örtliche plastische Krümmungszunahme $\varkappa_{pl}$ den 2- bis 3-fachen Wert der zur Fließgrenze gehörigen elastischen Krümmung $\varkappa_{el}$ (Bilder 8.9 und 8.11). Diese Krümmung $\varkappa_{pl}$ erstreckt sich über eine gewisse Länge $\bar{l}_{pl}$, die plastizierte Länge, die wir für die rechnerische Behandlung auf l_{pl} reduzieren, das so definiert ist, daß $l_{pl} \cdot \varkappa_{pl}$ flächengleich ist der schraffierten Fläche der plastischen Krümmung (Bild 8.11). Die plastische Krümmung ergibt einen leicht ausgerundeten Knick in der Biegelinie, die sogenannte Gelenkrotation (hinge rotation) mit dem Rotationswinkel $\theta = \varkappa_{pl} \cdot l_{pl}$.

Die plastische Krümmung erhält man aus der zum Lastgrad, ausgedrückt durch $m > m_{el}$, gehörigen bezogenen Krümmung $\varkappa h$ nach Bild 8.1 oder 8.2 abzüglich der elastischen Krümmung bei Erreichen der Streckgrenze, solange die Grenzdehnung des Betons noch nicht überschritten ist (Bild 8.10)

$$\varkappa_{pl} h = \frac{\epsilon_e}{1 - k_x} - \frac{\epsilon_{e,el}}{1 - k_{x,el}} \qquad (8.1)$$

wobei ϵ_e zum betrachteten m gehört und

$k_x = \frac{x}{h}$ die zu ϵ_e bzw. $\epsilon_{e,el}$ gehörigen bezogenen Nullinienhöhen sind.

8.3 Plastische Gelenke, Gelenkrotation

Ist der Beton maßgebend, dann ist

$$\varkappa_{pl} h = \frac{\epsilon_b}{k_x} - \frac{\epsilon_b - 2\text{\textperthousand}}{k_{x,el}}$$

Die maximale plastische Krümmung ist im wesentlichen vom Bewehrungsgrad μ und der Fließgrenze des Stahles β_S bzw. $\beta_{0,2}$ abhängig. Bild 8.12 zeigt diese max $\varkappa_{pl}$ für verschiedene Betongüten bei BSt mit $\beta_S = 4200$ kp/cm². Die zweite Abszisse erlaubt auch Ablesungen für andere Stahlgüten.

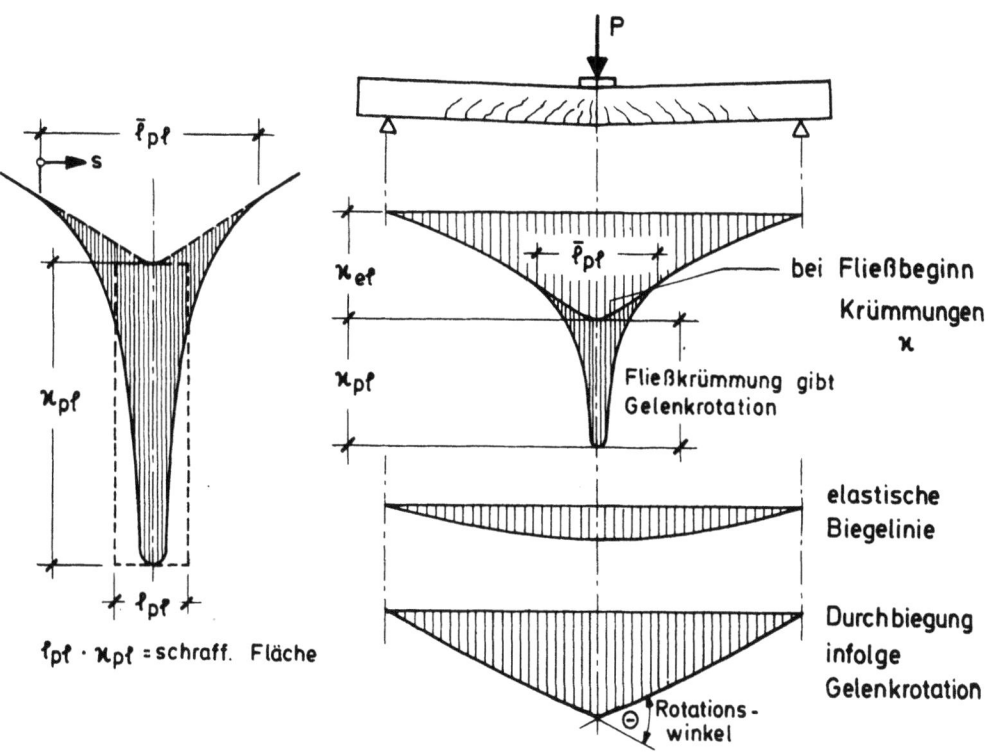

Bild 8.11 Verlauf der Krümmungen infolge Biegung allein bei einem Balken mit einer Einzellast in Feldmitte ($M > M_{el}$). Nach dem Fließbeginn entsteht über der elastischen Krümmung eine plastische Krümmung auf der Länge $\bar{l}_{pl}$, die eine Gelenkrotation θ ergibt.

Für die mögliche Gelenkrotation θ ist die plastische Länge l_{pl} von großer Bedeutung. W. Dilger [42] hat sie eingehend untersucht, wir teilen hier nur die wichtigsten Abhängigkeiten mit:

1. Abhängigkeit von der Form der M-Linie:

   Bei konstantem M wird l_{pl} theoretisch gleich der Länge des konstanten M, in Wirklichkeit ergeben sich jedoch jeweils an den gröbsten Rissen größere Krümmungen, weil dort die Druckzone x stärker eingeschnürt ist, so daß sich dort einzelne oder mehrere plastische Gelenke bilden. Die Länge l_{pl} ist dabei mindestens h/2 je Gelenkstelle.

   Für veränderliches M nimmt Dilger auch im Falle der bei Flächenlast vorhandenen Krümmung der M-Linie als Näherung eine gerade M-Linie, also konstantes Q an, und bezieht l_{pl} auf den Abstand des max M von M = 0 -Punkt, der sich zu a = max M/Q ergibt. Er definiert so die auf a bezogene plastizierte Länge zu (Bild 8.13)

$$k_{\ell_{pl}} = \frac{\ell_{pl}}{2a} = \frac{1}{\varkappa_{pl} \, 2a} \int_{\ell_{pl}} \varkappa_{pl} \, ds$$

Ist Q rechts und links von max M verschieden, dann muß ℓ_{pl} in einen Teil links der Lastachse und einen Teil rechts aufgeteilt werden. Zur Vereinfachung nehmen wir eine zu max M symmetrische Lage der M = 0-Punkte an.

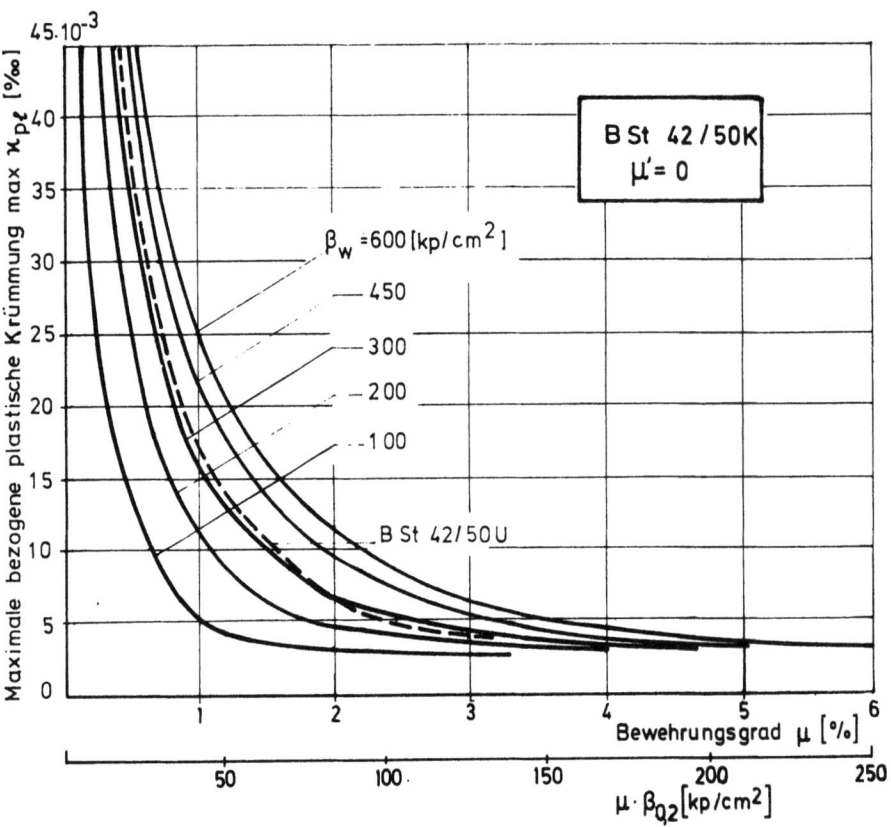

Bild 8.12 max. bezogene plastische Krümmung $\varkappa_{pl} h$, abhängig vom Bewehrungsgrad μ bzw. $\mu \beta_{0,2}$ für verschiedene Betongüten β_w, Rechteckquerschnitt

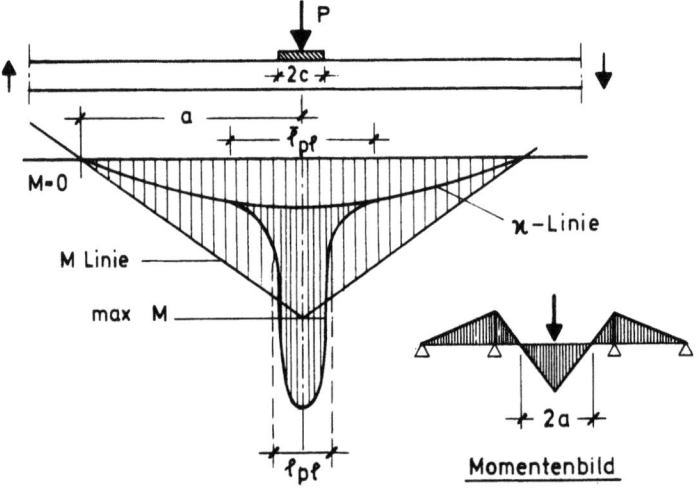

Bild 8.13 Definition für die auf a = max M/Q bezogenen plastizierten Länge ℓ_{pl} nach Dilger [42]

8.3 Plastische Gelenke, Gelenkrotation

2. Die bezogene plastizierte Länge hängt nun stark vom Verhältnis der Lastübertragungsbreite 2c (z.B. Lagerplatte bei Durchlaufträger) zur Länge a ab (Bild 8.14). c/a = 0 bedeutet Schneidenlast, c/a = 1 entspricht gleichmäßig verteilter Last, bei der dann Q nicht mehr konstant ist. Aus diesem Bild kann bei Symmetrie der M-Linie direkt $\ell_{pl} = k\ell_{pl} \cdot 2a$ abgelesen werden.

3. Das Bild 8.15 zeigt außerdem einen erstaunlich großen Unterschied zwischen naturhartem Stahl mit Fließverformung (ideal plastisch, siehe Bild 3.1) und kaltverformtem Stahl mit σ_e über $\beta_{0,2}$ ansteigend. Der fließende, naturharte Stahl bildet ein sehr kurzes Gelenkstück, die Nullinie wandert rasch hoch und die Nachbarzonen werden vor dem Bruch gar nicht mehr plastiziert.

4. Der Bewehrungsgrad hat für $\mu < \mu_{grenz}$ nur wenig Einfluß auf die bezogene plastizierte Länge (Bild 8.15). Bei naturhartem Stahl steigt $k\ell_{pl}$ bei $\mu > \mu_{grenz}$ steil an, doch ist dieser Bereich für die Praxis wenig interessant, weil bei $\mu > \mu_{grenz}$ die max Krümmung klein ist und Sprödbruchgefahr besteht.

5. Der Belastungsgrad m/max m hat bei $\mu < 2\%$ nur wenig Einfluß auf $k\ell_{pl}$.

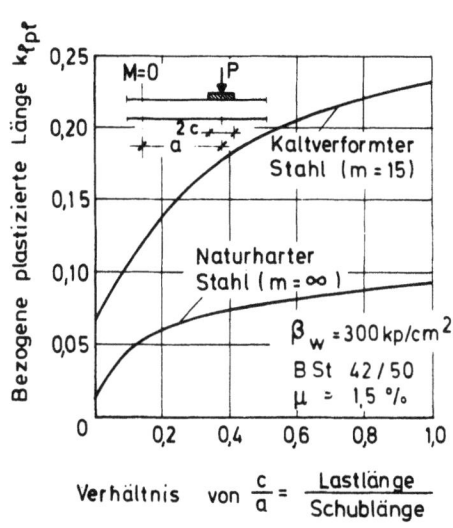
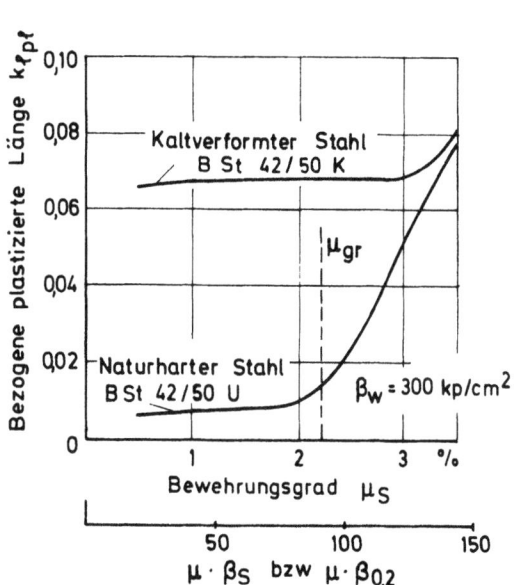

Bild 8.14 Bezogene plastizierte Länge $k\ell_{pl}$ abhängig von
$\frac{c}{a} = \frac{\text{Lastlänge}}{\text{Schublänge}}$ für $a \geq 2h$ [42]

Bild 8.15 Bezogene plastizierte Länge $k\ell_{pl}$ abhängig vom Bewehrungsgrad μ und der Stahlart, bei Schneidenlagerung $\frac{c}{a} = 0$ [42]

6. Einfluß der Schubverformung
Unter hohen Einzellasten oder an Zwischenlagern bilden sich bekanntlich fächerförmige Schubrisse und zugehörige Druckstreben (Bild 8.16). Diese bewirken, daß im Fächerbereich, also im allgemeinen auf eine Länge von h rechts und links der Last, die Zuggurtkraft zunächst auf die Länge v nicht und dann parabolisch abnimmt. Als Beweis sind in Bild 8.17 gemessene Stahldehnungen über der Zwischenstütze eines Zweifeldbalkens aus Stuttgarter Versuchen gezeigt. Wir berücksichtigen dies mit dem Versatzmaß v, das auch von der Bügelneigung und vom Schubdeckungsgrad abhängig ist (vgl. [1a], 8.3.2.1). Dies bedeutet, daß zur plastizierten Länge ℓ_{pl}^B aus Biegung noch die Länge v

je rechts und links der Last hinzukommt, auf der die $\beta_{0,2}$ %-Grenze überschritten wird. Im Druckgurt vermindert die Fachwerkwirkung die Dehnung ϵ_b, andererseits wird ϵ_b dadurch größer, daß die Höhe der Druckzone x durch Schubrisse kleiner wird als wir für Biegung allein rechnen. (Dies ist ein seit Jahrzehnten bekannter, aber bisher nicht berichtigter erheblichen Fehler!).

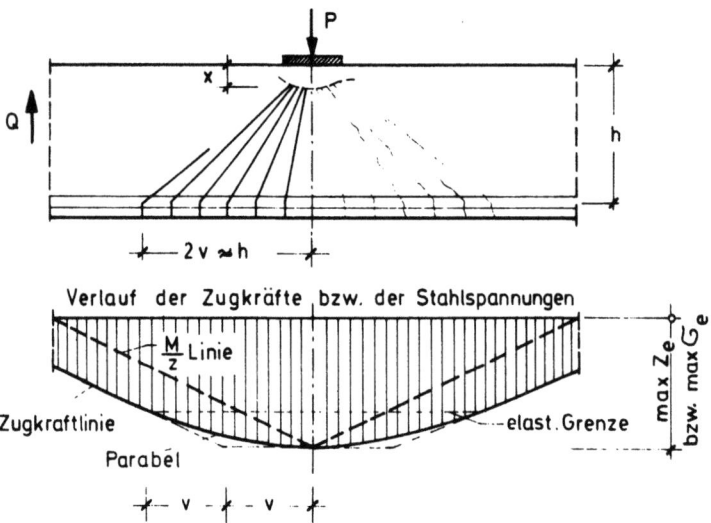

Bild 8.16 Fächerförmiges Rißbild unter Einzellast ergibt Versatz der Zugkraftlinie gegenüber der M/z-Linie und damit Vergrößerung der Gelenkrotation, gezeichnet für Stahl ohne ausgeprägte Fließgrenze (nach [42] und [76])

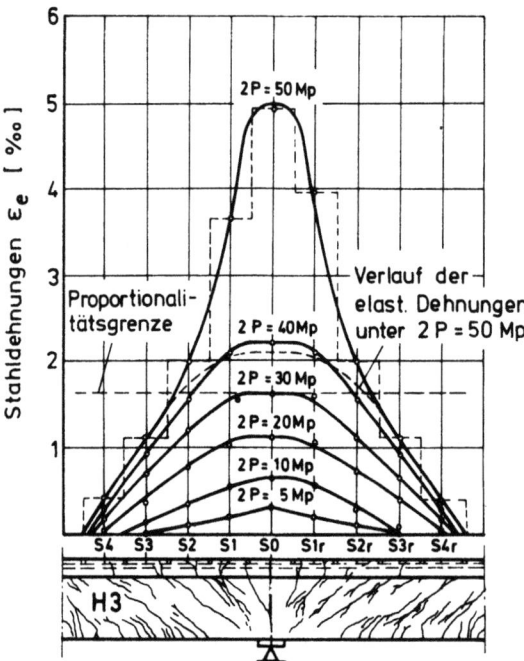

Bild 8.17 Verlauf der Stahldehnungen über dem Zwischenauflager eines Zweifeldbalkens bei verschiedenen Laststufen [42]

Dilger hat nachgewiesen, daß bei kaltverformtem Stahl die gesamte plastische Rotation im Fächerbereich als konstante Biegerotation für eine plastizierte Länge von

$$\ell_{pl}^{B+Q} = 2\,(v_{li} + v_{re}) \qquad \text{gerechnet werden kann.}$$

8.3 Plastische Gelenke, Gelenkrotation

Der Abstand zum Nullpunkt der Gurtzugkraft vergrößert sich auf $a^* = a + v$.
Die halbe Lastlänge wird gewissermaßen $c^* = v + c$, und $k_{\ell_{pl}}$ muß aus dem
Verhältnis $c^* : a^*$ ermittelt werden.

Die **gesamte plastische Rotation** (rechts und links von P) wird
in diesem Bereich bei Vertikalbügeln für symmetrisches M-Bild mit
$v \approx \frac{h}{2}$

$$\theta = 2\, \varkappa_{pl}\, k_{\ell_{pl}} \left(a + \frac{h}{2} \right) \tag{8.2}$$

Die Schubrotation ist dabei $\theta^S = \varkappa_{pl} h$

bei $45°$-Schrägbügeln mit $\beta = 45°$ und $v = \frac{h}{8}$

$$\theta = 2\, \varkappa_{pl}\, k_{\ell_{pl}} \left(a + \frac{h}{8} \right)$$

Dilger konnte nachweisen, daß sich mit diesen rechnerischen Ansätzen
eine gute Übereinstimmung mit Versuchsergebnissen ergibt.

H. Bachmann [71] weist mit Recht darauf hin, daß der Bezug auf die
M-$\varkappa$-Linien (Bild 8.1 u. 8.2) manche wesentliche Einflüsse nicht erfaßt,
so vor allem nicht die Unstetigkeiten durch Rißbildung, durch die Längen
verlorenen Verbundes v_0, durch unterschiedliche Rißabstände je nach
Aufteilung der Bewehrung. Er betrachtet daher den Gelenkbereich als
Ganzes, ermittelt die wahrscheinliche Anzahl und Breite der Risse, nimmt
Rißabstand / innerem Hebelarm = a_m/z und Q/Z_S mit $Z_S = F_e \beta_S$ als
Parameter und erhält daraus den kritischen Winkel der Rotation des "Biegerißgelenkes" bzw. des "Schubrißgelenkes". Er verweist mit Recht auf
die Tatsache, daß im Bereich plastischer Gelenke die Querschnitte bei
weitem nicht mehr eben bleiben (siehe hierzu auch die Stuttgarter Dissertation W. Lippoth 1973 [76], der Bild 8.18 entnommen ist). Durch das
Fortschreiten der Schubrisse wird die Höhe der Druckzone verringert,
durch die Öffnung der Risse wird ϵ_b am Rand wesentlich größer als nach
Navier, und damit versagt das Gelenk früher, falls nicht Querbewehrung
das Versagen verzögert. Bachmann gibt eine von μ abhängige starke Verminderung der möglichen Gelenkrotation durch diese Erscheinungen an
(Bild 8.19). Für die Abwägung "zulässiger Drehwinkel" ist daher noch
Vorsicht geboten.

Beanspruchungen durch <u>wiederholte oder dauernde Lasten</u> im Gebrauchszustand müssen auch bei <u>Traglastbetrachtungen</u> für Stahlbetontragwerke
mit Sicherheitsabstand außerhalb des plastischen Bereiches bleiben. Nach
M. Yamada [77] wird die mögliche Gelenkrotation schon durch rund 100
Lastwiederholungen auf etwa 1/10 des Wertes bei einmaliger Kurzzeitlast reduziert.

8. Formänderungen im plastischen Bereich (Zustand III)

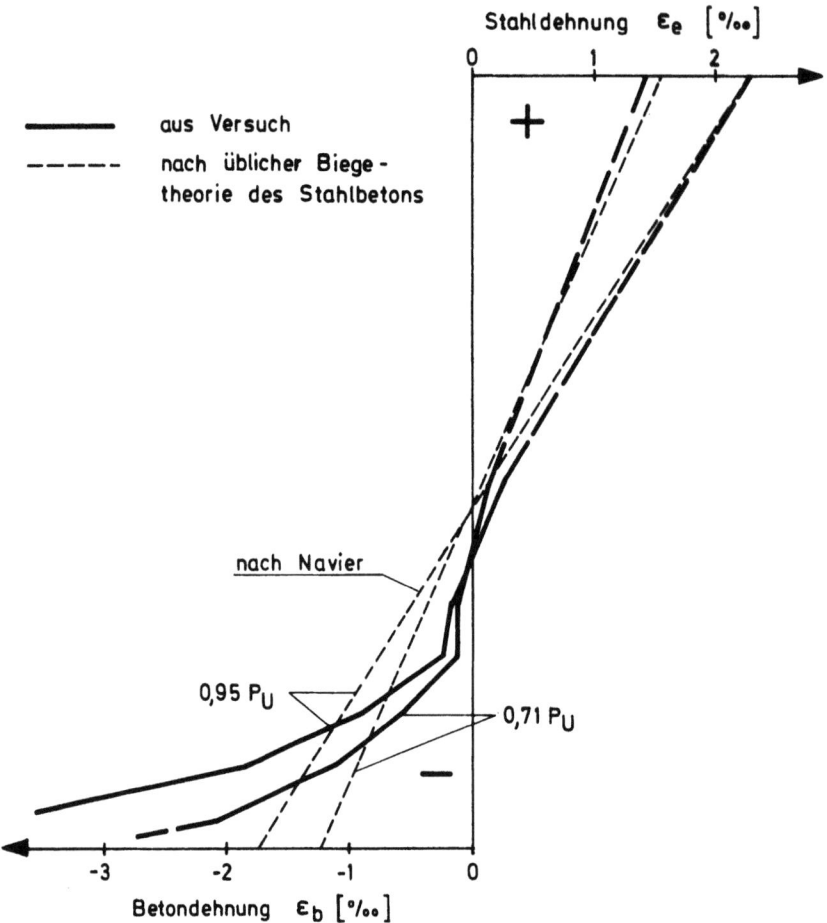

Bild 8.18 Im Bereich großer Q und M bleiben die Querschnitte nicht eben, hier Dehnungsverlauf im Bereich fächerförmiger Schubrisse über dem Zwischenauflager eines Durchlaufträgers (aus Lippoth [76])

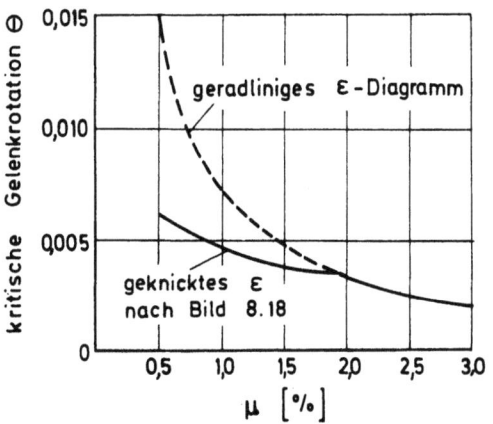

Bild 8.19 Abminderung der möglichen Gelenkrotation θ durch Abweichen der Dehnungen ϵ vom geradlinigen Navier-Diagramm nach Bachmann [71]

8.3 Plastische Gelenke, Gelenkrotation

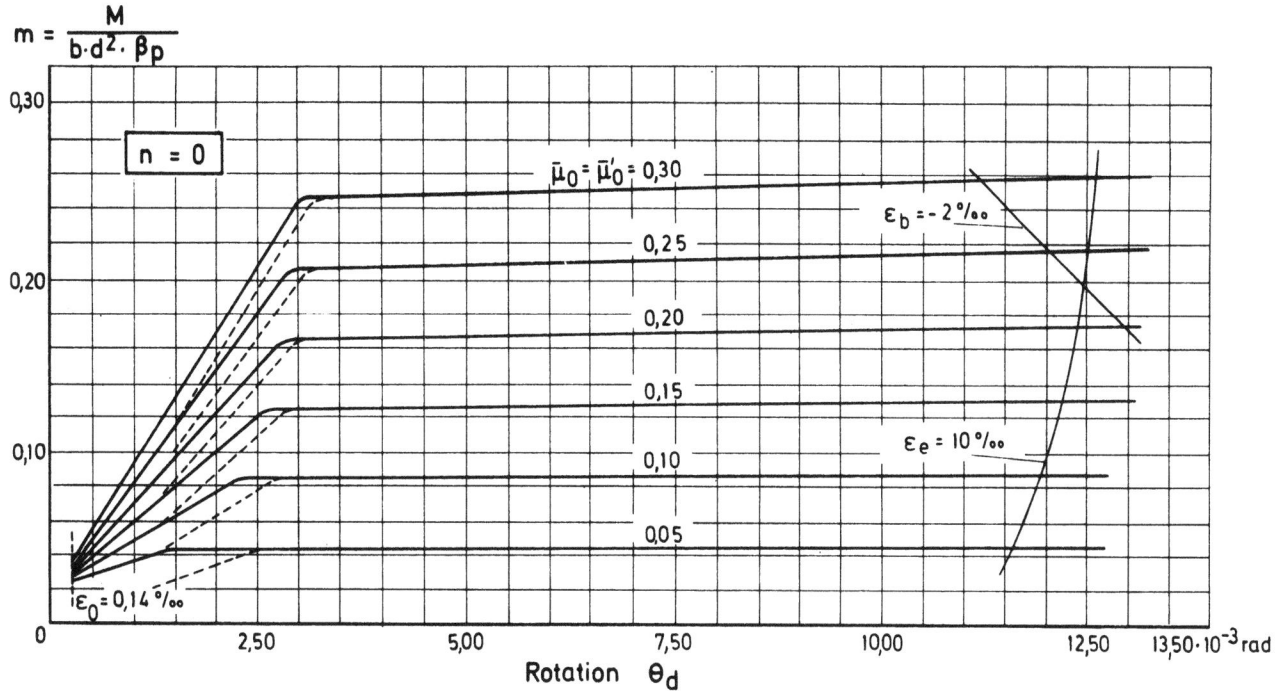

Bild 8.20 Rotation bei reiner Biegung [78] mit max ε_e = 10 ‰, gemäß CEB-Richtlinien

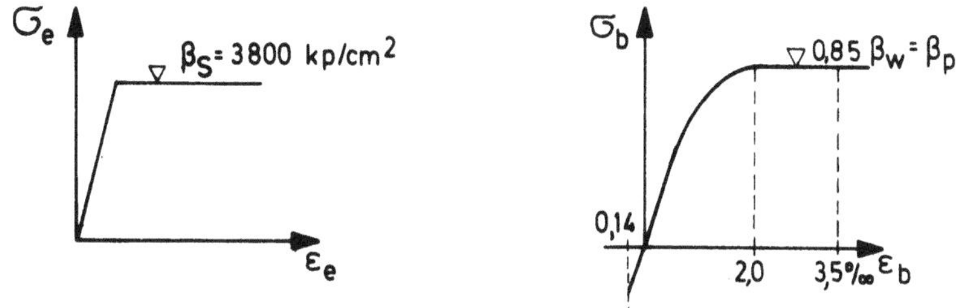

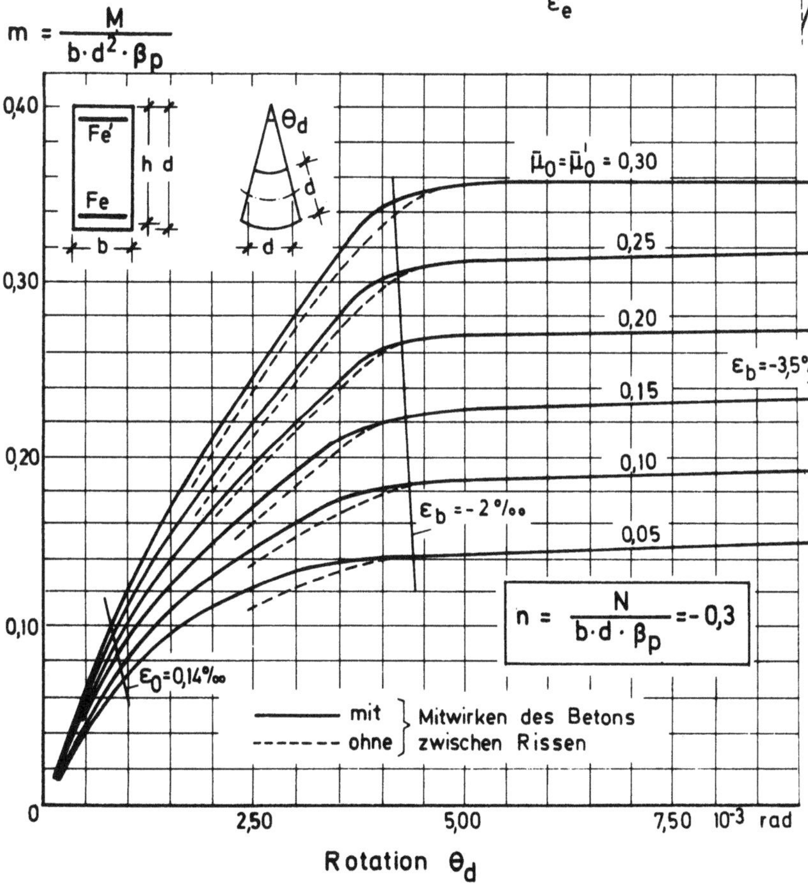

Bild 8.21 Rotation bei Biegung und konstanter Längsdruckkraft n = -0,3 [78]

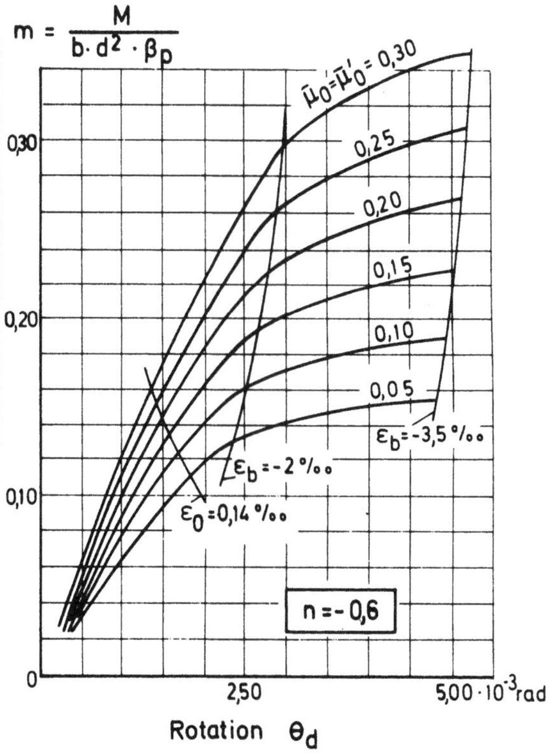

Bild 8.22 Wie Bild 8.20, jedoch n = -0,6

8.4 Rotation bei Biegung mit Längsdruckkraft (M und N)

Bei Rahmenstützen wirken Längsdruckkräfte erheblich mit, sie vermindern die Rotationsfähigkeit schon dadurch, daß $k_x = x/h$ größer wird. Die Annahme von plastischen Gelenken in Stützen von Stockwerksrahmen ist daher meist problematisch, die mögliche Rotation ist je nach dem Verhältnis von M : N gering. Die Krümmung $\varkappa$ kann bei gleichzeitiger Wirkung von M und N mit den gleichen Ansätzen ermittelt werden wie bei reiner Biegung. Da bei Stützen die Querkraft eine untergeordnete Rolle spielt, geht man meist von M-Rotationsbeziehungen bei als konstant angenommenen N aus und nimmt die plastizierte Länge ℓ_{pl} = h = Querschnittshöhe an.

Hier sei nur anhand von drei M-θ-Diagrammen für unterschiedliche bezogene Längsdruckkräfte gezeigt, wie weit die mögliche Rotation für verschiedene Bewehrungsgrade durch den Einfluß der Längskraft vermindert wird (Bilder 8.20 bis 8.22). Die Diagramme sind einer Arbeit von G. Macchi und E. Siviero, Milano [78] entnommen.

8.5 Momentenumlagerung in statisch unbestimmt gelagerten Tragwerken

8.5.1 Momentenverteilung im Zustand II

In statisch unbestimmten Trägern, z.B. durchlaufenden Balken, hängt die Verteilung der M_o-Momente auf positive Feld- und negative Stützenmomente vom Verlauf der Trägheitsmomente bzw. der Biegesteifigkeiten ab. Im allgemeinen gehen wir bei parallelgurtigen Balken von konst. E J = konst. K_B aus und legen der Bemessung der Biegebewehrung die sich hieraus ergebenden Feldmomente M_F und Stützenmomente M_{St} zugrunde. Nun kann man aber die Verteilung der M auf Feld und Stütze stark verändern, indem unterschiedliche Steifigkeiten entlang des Trägers ausgebildet werden. So ist es z.B. bei Flußbrücken seit vielen Jahren üblich, die Träger über der Stütze höher und damit steifer zu machen, um die Feldmomente zu verringern (Bild 8.23). Die Trägheitsmomente wurden dabei für den Zustand I berechnet.

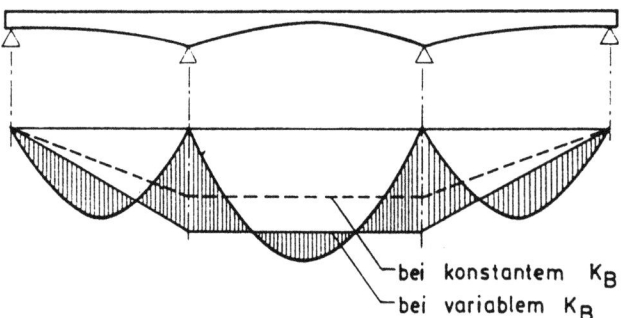

Bild 8.23 Veränderliche Trägerhöhe zur Beeinflussung der Momentenverteilung von Durchlaufträgern

8.5 Momentenumlagerung in statisch unbestimmt gelagerten Tragwerken

Das Trägheitsmoment und damit K_B verändern sich jedoch beim Übergang zum Zustand II sehr stark, vor allem wenn die Rißbildung abgeschlossen ist (Bild 5.10). Die Momente werden sich dann entsprechend den veränderten Steifigkeiten K_B^{II} auf Feld und Stütze verteilen. Es entsteht also schon im elastischen Bereich des Zustandes II eine andere Momentenverteilung, als wir sie üblicherweise mit den J^I bzw. mit konstantem K_B^I rechnen.

Wenn man sich nun Gl. (5.10) $\qquad K_B^{IIo} = E_e F_e z (h-x)$

oder Bild 5.10 ansieht, dann erkennt man, daß man durch die Wahl des Bewehrungsgrades die Biegesteifigkeit im Zustand II von etwa $0,8\ K_B^I$ bis $0,3\ K_B^I$ verändern kann, also in starkem Ausmaß. Entsprechend kann man auch die Momentenverteilung in Durchlaufträgern oder Stockwerksrahmen beeinflussen, ja in Grenzen frei wählen (Bild 8.24). Die Grenzen werden dabei durch die Rissebeschränkung - nicht durch Tragfähigkeits-Sorgen - gesteckt.

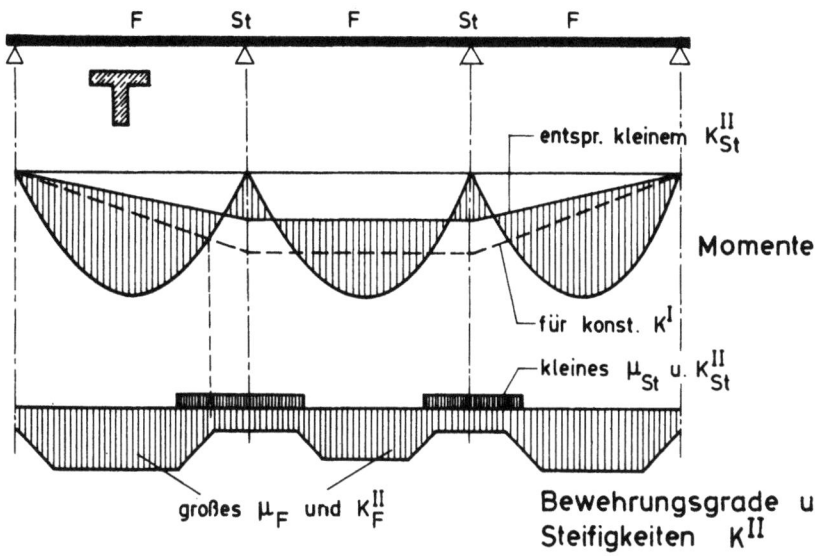

Bild 8.24 Stark verminderte Stützbewehrung und entsprechend verstärkte Feldbewehrung ergibt mit K^{II}-Steifigkeiten die für Plattenbalken günstige M-Verteilung im Zustand II

Die DIN 1045 empfiehlt in 15.1.2 zur Schnittkraftermittlung Verfahren, die auf der E-Theorie beruhen, also können auch die Steifigkeiten des Zustandes II im elastischen Bereich der Beanspruchungen angesetzt werden, was zudem zu richtigeren Ergebnissen führt als die K_B^I-Werte. Man kann dabei von den Steifigkeiten des nackten Zustandes II, also von K_B^{IIo}, ausgehen.

Bei durchlaufenden Plattenbalken, besonders auch bei Rippendecken, entstehen nun beachtliche wirtschaftliche Vorteile, wenn man durch die Wahl einer schwachen Bewehrung über den Stützen die dortigen Stützmomente stark abmindert und entsprechend dem Feld größere Momente zuweist. Durch die Verkleinerung der Stützmomente vermeidet man die oft auftretenden Schwierigkeiten, die Biegedruckspannungen von Plattenbalken über der Stütze unten in zul. Grenzen zu halten, ohne den Steg verdicken zu müssen. Über der Stütze ist auch der innere Hebelarm z wesentlich kleiner als im Feld mit oberer Druckplatte, d.h. man spart auch Stahl, wenn man dem Feld mehr Moment zuweist. Ein weiterer Vorteil ergibt sich bei Zweifeldträgern für den Schub im Stützenbereich, weil die dortige Auflagerkraft und damit Q an der Stütze auch abgemindert wird.

Als Beispiel betrachten wir die Zweifeld-Balken H 2 und H 4 der in [42] beschriebenen Versuchsreihe (Bild 8.25). H 2 wurde für die Momentenverteilung bei konst EJ^I bemessen und bewehrt, H 4 für ein um 50 % abgemindertes Stützmoment und ein dafür um 30 % vergrößertes Feldmoment. Die Traglast $2\,P_U$ war bei H 4 mit 55 Mp größer als bei H 2 mit 52 Mp, obwohl die Betongüte bei H 4 mit β_w = 313 niedriger war als bei H 2 mit 379 kp/cm^2 und obwohl bei H 4 durch eine Ungeschicklichkeit im Entwurf der Bewehrung (2 ∅ 20 enden im Feld an gleicher Stelle und zu kurz) der Verbund dieser Stäbe versagte. Die Rißbreiten unterschieden sich nur wenig.

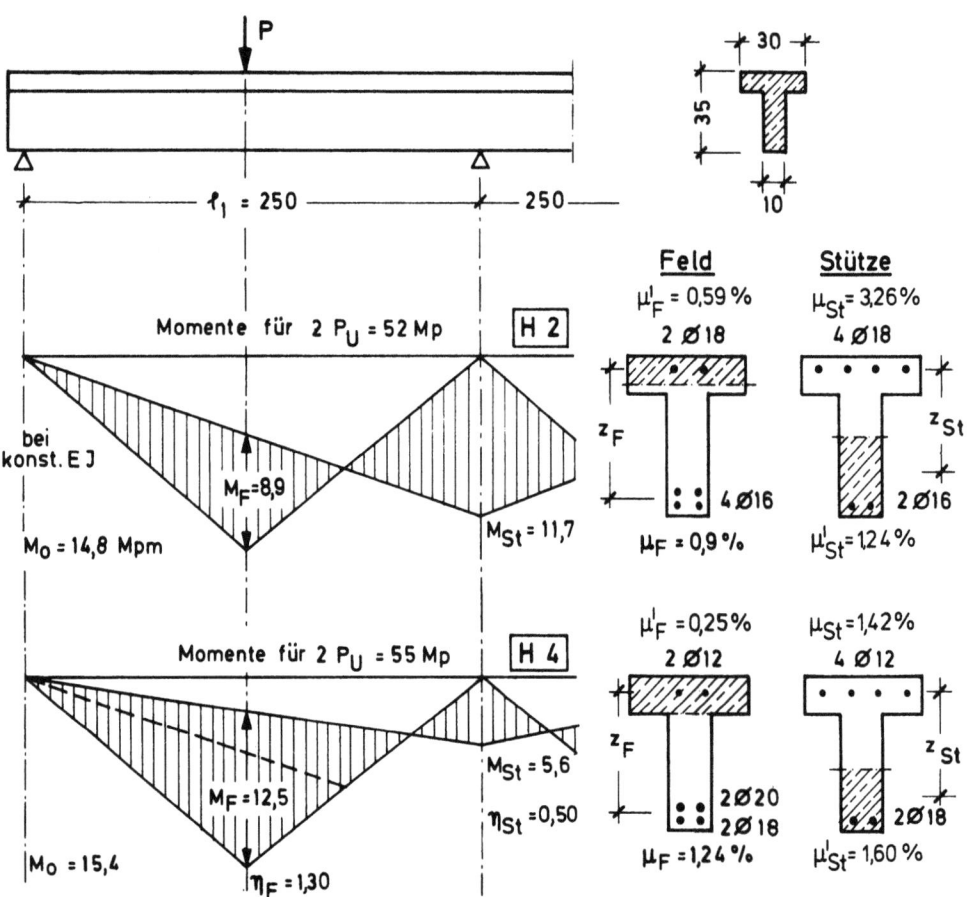

Bild 8.25 Balken H 2 und H 4 der Stuttgarter Versuche [42]
Balken H 4 trug bei 50 % Abminderung des Stützmomentes mehr als Balken H 2, der für Momente bei konst EJ bemessen war

Man erkennt also, daß bei Plattenbalken schon bei b/b_o = 3 eine 50 %ige Abminderung des Stützmomentes M^I_{St} zu besserem Tragverhalten führt als bei Momentenverteilung für konst EJ. Bei $b/b_o > 3$, wie in der Praxis üblich, würde das Ergebnis noch besser werden. Man muß bei so starker Umverteilung der Momente folgende Bewehrungsregeln beachten:

8.5 Momentenumlagerung in statisch unbestimmt gelagerten Tragwerken

1. Die obere Stützenbewehrung ist möglichst als Matte mit kleinen $\emptyset$ und Stababständen $\leqq$ 10 bis 15 cm auf die Platte zu verteilen und mit mindestens 0,3 % von $F_{b,platte}$ bis über den Momentennullpunkt der M^I-Verteilung hinauszuführen.

2. Die Feldbewehrung ist nach der M^{II}-Verteilung mit Versatzmaß auszulegen und sollte zur Stütze hin gestaffelt abgestuft werden. Etwa 1/4 der Feldbewehrung sollte bis über das Zwischenauflager reichen.

Mit dieser Beeinflussung der Momentenverteilung kann man sich u.a. auch die konstruktive Durchbildung von Stockwerksrahmen erleichtern, indem man das Anschlußmoment an die Stütze auf die Hälfte des M^I-Momentes reduziert und damit erst Voraussetzungen für ein einwandfreies Verhalten der Knotenkonstruktion schafft (Bild 8.26).

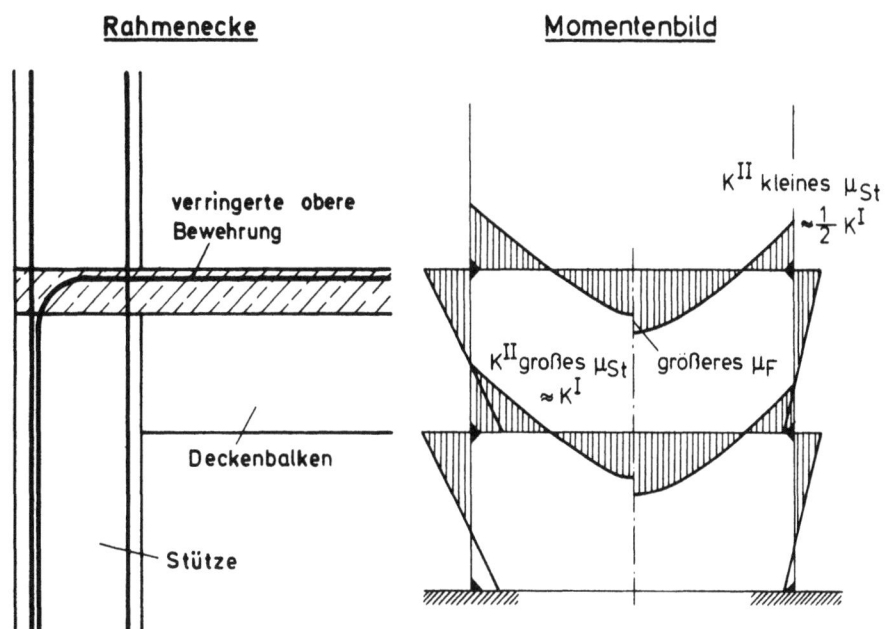

Bild 8.26 Abminderung der Eckmomente in Stockwerksrahmen durch verringerte obere Bewehrung und verstärkte Feldbewehrung, Momentenverteilung mit K_B^{IIo}

8.5.2 Momentenumlagerung im Zustand III

Traglastverfahren, Mechanismen-Methode, Methode der Fließgelenke

Bei statisch unbestimmt gelagerten Tragwerken ist die Tragfähigkeit oft bei weitem nicht erschöpft, wenn die Streckgrenze im Stahl oder die kritische Betondehnung in einem einzigen Querschnitt erreicht ist. Das Bemessen von Querschnitten für eine bestimmte Schnittkraftverteilung gibt daher kein zutreffendes Bild von der Sicherheit der Tragwerke.

Ein Durchlaufträger (Bild 8.27) versagt nicht, wenn entweder im Feld oder über der Stütze nur in einem "Schnitt" das kritische M überschritten wird. Die plastische Verformung an solcher Stelle führt zu stärkerer Beanspruchung benachbarter Zonen. Erst wenn in einem Feld und den anschließenden Stützenbereichen Fließen eintritt, geht die Tragfähigkeit verloren - es entsteht dann ein instabiler "Mechanismus" (ein unglücklicher Ausdruck) oder eine Kette von Fließgelenken bzw. Bruchstellen.

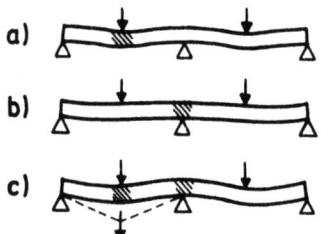

Bild 8.27 Verlust der Tragfähigkeit tritt bei diesem Durchlaufträger erst ein, wenn im Feld und an der Innenstütze der Bruchzustand erreicht ist.

Die Lage des 1., 2. oder 3. Fließgelenkes kann man nicht frei wählen, sie hängt vom Momentenbild und der Bemessung ab. Dies kann man am beidseitig eingespannten Balken klarmachen, der einmal mit einer Einzellast in $\ell/2$, zum andern mit 2 Einzellasten je etwa in $\ell/4$ belastet ist (Bild 8.28).

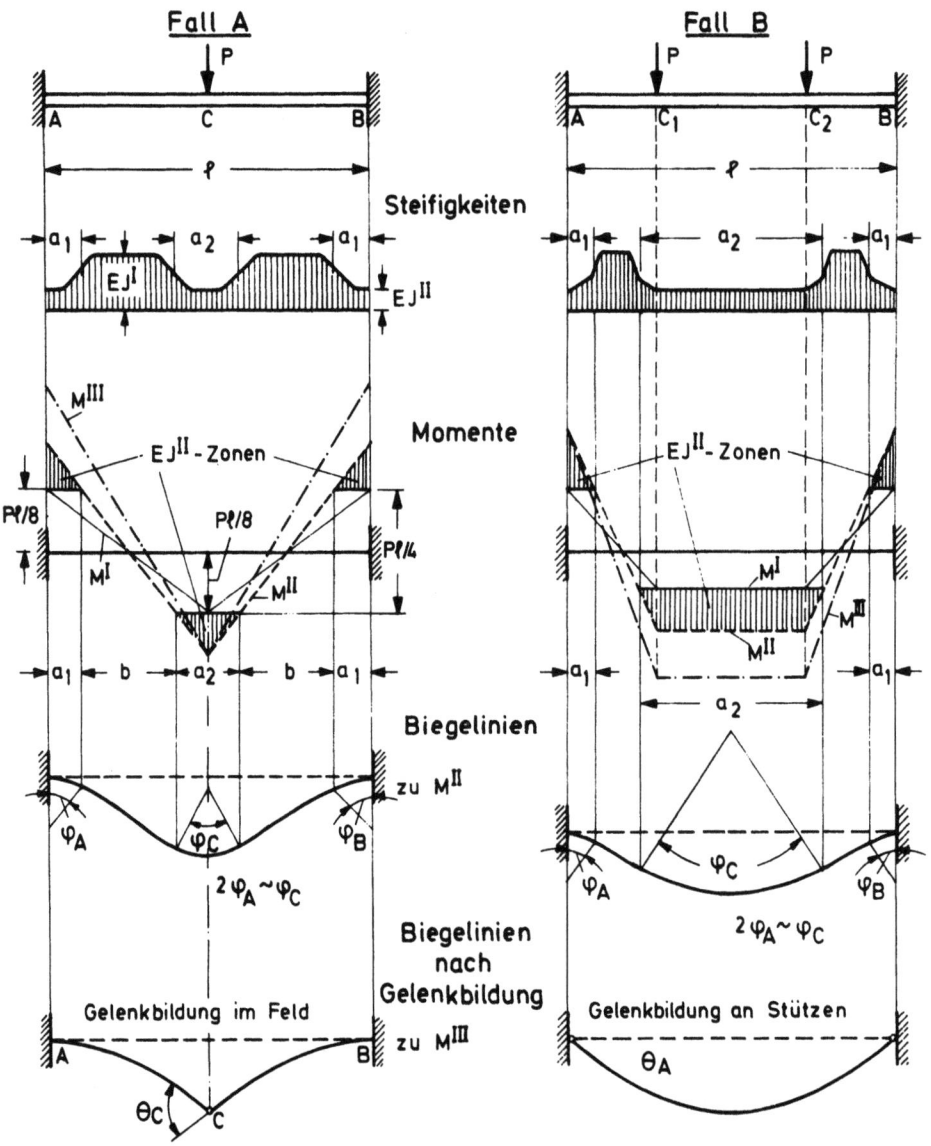

Bild 8.28 Biegesteifigkeit EJ^I und EJ^{II}, Traglastmomente, Biegewinkel und Gelenkrotation θ beim eingespannten Balken unter einer und unter zwei Einzellasten. M^I für EJ^I = const. M^{II} bei Zustand II in den schraffierten Bereichen. M^{III} nach Gelenkrotation.

8.5 Momentenumlagerung in statisch unbestimmt gelagerten Tragwerken

M^I seien die Momente für konstantes EJ^I, sie gelten bis zur Rißlast. Bei Laststeigerung kommen Teillängen a in den Zustand II, wobei die Steifigkeit in diesen Teillängen auf EJ^{II} absinkt, das von den Bewehrungsgraden im Feld und an der Stütze abhängig ist. Die Zonen a sind je nach Momentenverlauf unterschiedlich lang. Eine lange Zone a bedeutet einen großen Biegewinkel φ der Biegelinie, eine kurze Zone a einen kleinen. Die Biegelinie muß im elastischen Zustand II stetig sein. Die Verträglichkeit der Biegewinkel bedingt, Symmetrie mit $\varphi_A = \varphi_B$ vorausgesetzt, daß

$$-2\,\varphi_A + \varphi_C + 2 \int_b \frac{M}{EJ^I}\,ds = 0 \qquad \text{sein muß},$$

mit $\quad \varphi_A = \varphi_B = \int_{a_1} \frac{M}{EJ^{II}}\,ds \quad$ und $\quad \varphi_C = \int_{a_2} \frac{M}{EJ^{II}}\,ds$.

Den Anteil aus Krümmung im Zustand I kann man vernachlässigen, die Winkel φ werden dann nur aus den Verformungen der im Zustand II befindlichen Stablängen a berechnet. Bei beiden Lastarten muß also

$$2\,\varphi_A \approx \varphi_C \qquad \text{sein}.$$

Im Fall A ist a_2 klein und $2\,a_1 \approx a_2$. Bei $\mu_{St} = \mu_F$ wird sich daher bei weiterer Laststeigerung an den Einspannstellen etwa die gleiche Momentenzunahme einstellen wie im Feld. Es wird von Zufälligkeiten abhängen, ob der plastische Zustand III zuerst im Feld unter der Last oder an einer Einspannstelle entsteht. Bildet sich das plastische Gelenk erst im Feld, so hängt von seiner möglichen Rotation θ_C die Bildung eines weiteren Gelenkes an einer Einspannstelle ab, womit die Biegetragfähigkeit erschöpft ist.

Im Fall B werden die Einspannstellen zuerst kritisch, dort bilden sich plastische Gelenke, die krit M tragen und durch Rotation das Feldmoment zwischen C_1 und C_2 anwachsen lassen, bis auch dort vermutlich unter einer Last im Schubrißbereich das Fließen beginnt und damit die Biegetragfähigkeit zu Ende ist.

Ermittlung der durch Gelenkrotation möglichen Traglast

Wir folgen hier der von G. Macchi entwickelten Methode [79] und bestimmen zunächst die sich nach der Elastizitätstheorie für $K_B^I = EJ^I$ ergebende Momentenverteilung für die geforderte ν-fache Gebrauchslast bei einer kritischen Laststellung (Meist ist die Untersuchung von zwei bis drei kritischen Laststellungen nötig). Dieser erf. M_U-Linie stellen wir die mit Erreichen der Streckgrenze aufnehmbaren M_{pl} gegenüber (M_{pl} = "plastisches Moment", bei dem σ_e die Streckgrenze erreicht) (Bild 8.29). Überschreitet erf. M_U das M_{pl} an einer Stelle und ist an den nächstgelegenen Stellen großer Momente noch Reserve (Reserven sind in der Regel vorhanden, da wir für Momentenlinien verschiedener, ungünstiger Lastfälle bemessen), dann bildet sich bei steigender Last zuerst an der nicht ausreichenden Stelle i ein Gelenk aus.

Die Differenz $\Delta M_i = M_{U,i} - M_{pl,i}$ muß nun vom übrigen Tragwerk übernommen werden. Dies bedeutet, daß die mit der in Bild 8.29 gestrichelten Linie angegebenen Momente M_{θ_i} zu den ursprünglichen M_U zu addieren sind. Diese M_{θ_i} entstehen durch die Rotation θ_i im Gelenk i, deren Größe man aus der Beziehung

$$\theta_i = \frac{\Delta M_i}{\overline{M}_i}$$

errechnet, wobei $\bar{M}_i$ das Biegemoment an der Stelle i für eine Rotation $\theta_i = 1$ bedeutet.

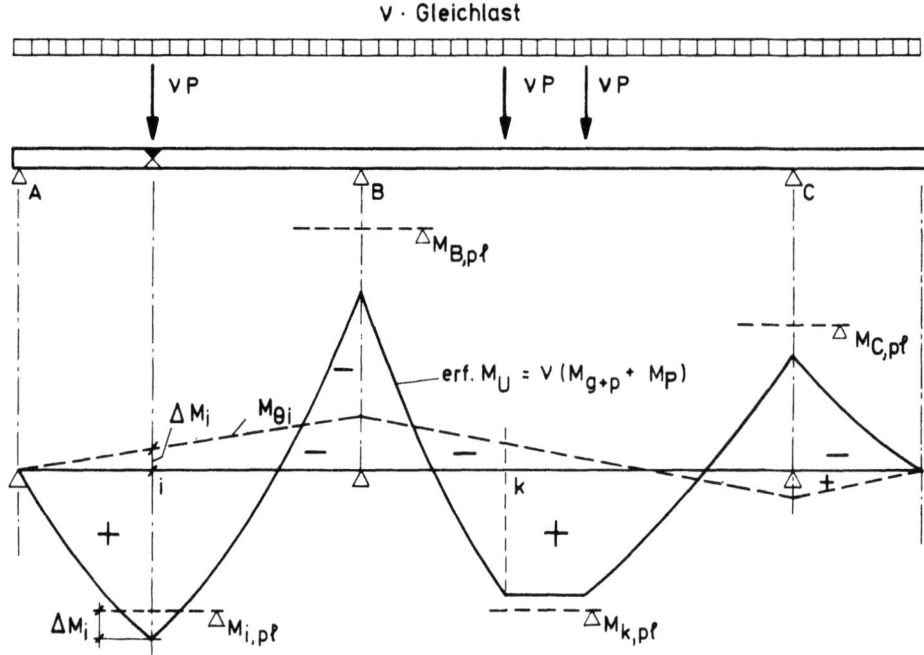

Bild 8.29 Ermittlung der durch Umlagerung aufzunehmenden Momente an Nachbarstützen und -feldern, wenn $M_{U,i} > M_{i,pl}$

Die Größe des Momentes $\bar{M}_i$ ist von dem statischen System abhängig und kann für einfache Fälle aus Tafeln, z.B. gemäß Bild 8.30, abgelesen oder entsprechend den folgenden Überlegungen bestimmt werden.

Bei Stahl ohne ausgeprägte Streckgrenze kann natürlich die Zunahme der M_{pl} bei $\sigma_e > \beta_{0,2}$ berücksichtigt werden (am besten iterativ). Die erforderlichen Verlagerungsmomente M_θ werden damit kleiner.

Verlagerungsmomente infolge der Rotation $\theta = 1$ für Träger mit EJ = konst.

Für Biegemomente $M > M_{pl}$ wirkt das plastische Gelenk ohne Zunahme von M im Bereich ③ des Bildes 8.2, also entlang der Linie $L_1 L_2$ des Bildes 8.9. Die Teillängen zwischen den Gelenken werden als unbeeinflußt angenommen; in ihnen bleibt also EJ = konst. Da bei der Momentenverlagerung die Belastungsart nicht geändert wird, kann die Rotation $\theta_i = 1$ nur durch das Momentenpaar $\bar{M}_i$, Bild 8.31, hervorgerufen werden.

Bei einer Verdrehung um den Winkel θ leistet dieses Moment die (äußere) Arbeit

$$A_a = \frac{1}{2} \cdot \bar{M}_i \cdot \theta_i$$

Sind bei einem System n Gelenke vorhanden, die alle bei dem gleichen Moment $\bar{M}_i$ die gleiche Verdrehung θ_i erfahren, so wird die Arbeit n-mal geleistet

$$A_a = n \cdot \frac{1}{2} \cdot \bar{M}_i \cdot \theta \tag{8.3}$$

8.5 Momentenumlagerung in statisch unbestimmt gelagerten Tragwerken

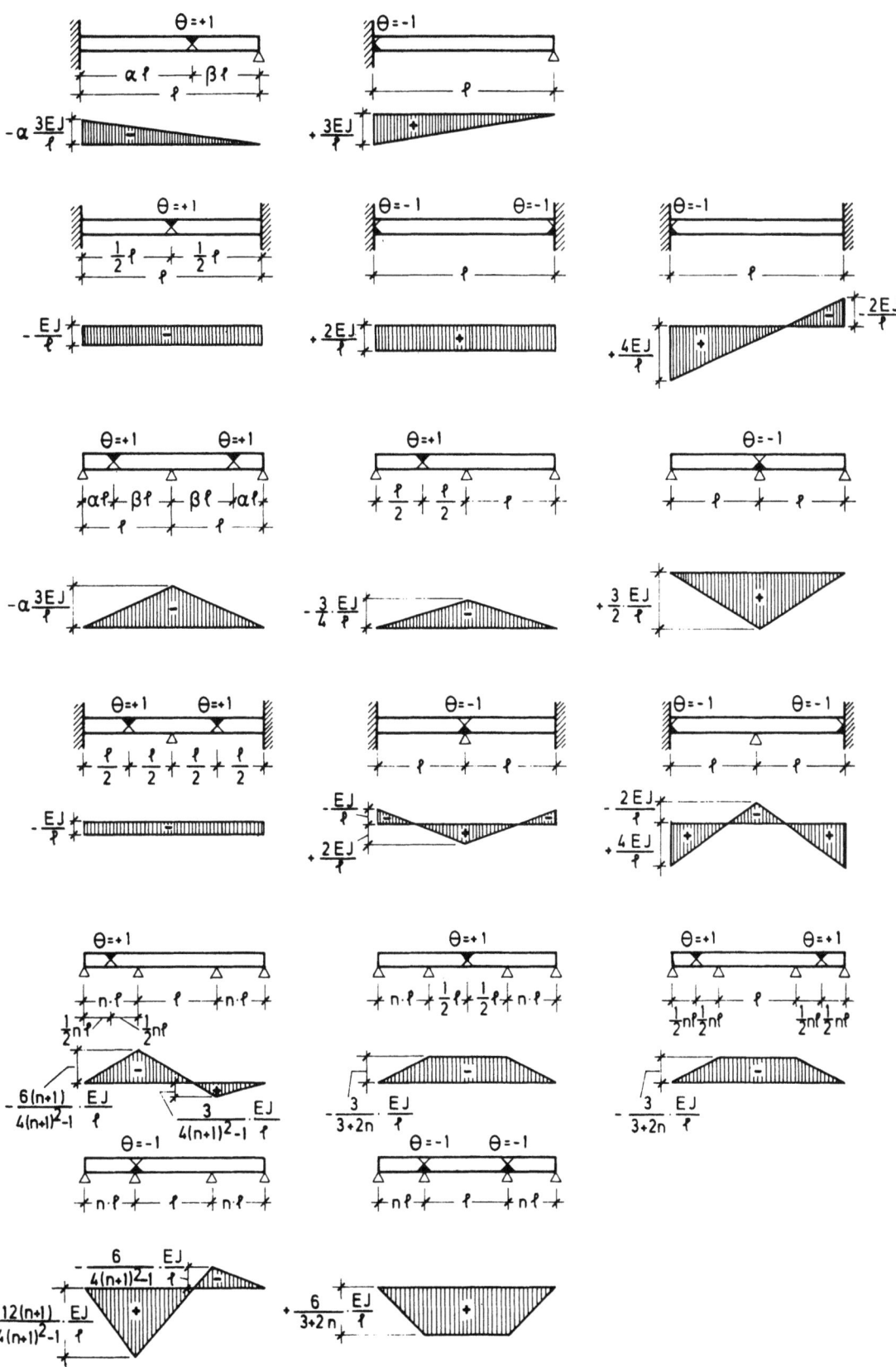

Bild 8.30   Momente $\bar{M}_i$ infolge der Rotation $\theta_i = 1$ (J = konst.)

8. Formänderungen im plastischen Bereich (Zustand III)

Diese Arbeit ist nach dem Energiesatz gleich der Formänderungsarbeit der inneren Kräfte des Systems

$$A_i = \frac{1}{2} \int \frac{M^2}{EJ}\,ds, \qquad (8.4)$$

wobei M die Biegemomente des Systems infolge der Wirkung von M_i sind.

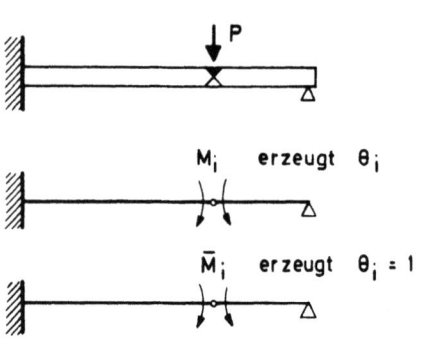

Bild 8.31 Ansatz der Momente M_i zur Bestimmung der zugehörigen Rotation θ_i

Die Biegemomente M sind proportional den durch ein Momentenpaar der Größe "1" am Gelenk hervorgerufenen Biegemomenten $M_{"1"}$, also

$$M = M_i \cdot M_{"1"}. \qquad (8.5)$$

Für $\theta = 1$ wird $M_i = \bar{M}_i$, und man erhält aus den Gleichungen (8.3) und (8.4) für EJ = konst.

$$\bar{M}_i = \frac{n \cdot EJ}{\int M^2_{"1"}\,ds} \qquad (8.6)$$

Ein Beispiel soll den Rechnungsgang erläutern.

Bei einem Träger auf 3 Stützen soll im Abstand $\alpha \ell_1$ vom linken Endauflager ein plastisches Gelenk auftreten, Bild 8.32. Dort wird das Momentenpaar $M_{"1"}$ angesetzt.

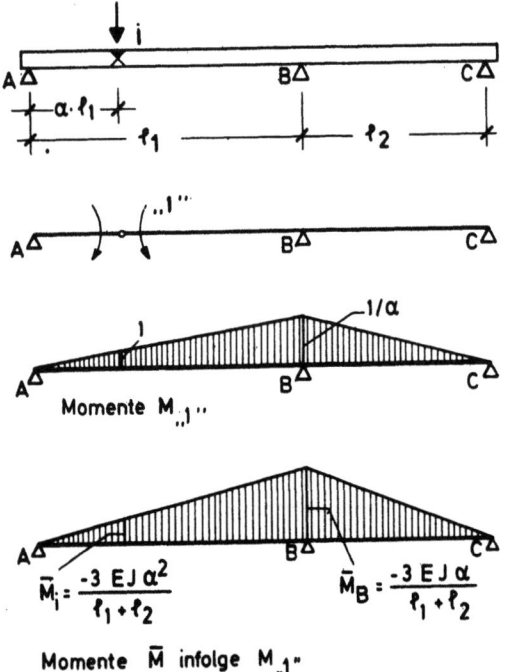

Bild 8.32 $\bar{M}_i$ für ein Gelenk im Feld eines Zweifeldbalkens

8.5 Momentenumlagerung in statisch unbestimmt gelagerten Tragwerken

Für die Größe $\bar{M}_i$ erhält man mit n = 1

$$\bar{M}_i = \frac{1 \cdot EJ}{\frac{1}{3} \cdot \left(\frac{1}{\alpha}\right)^2 \cdot \left(\ell_1 + \ell_2\right)} = \frac{3\,EJ\,\alpha^2}{\ell_1 + \ell_2}$$

und daraus die zur Rotation $\theta = 1$ gehörige Momentenlinie $\bar{M}$.

Verträglichkeitskontrolle

Am gleichen Beispiel sei auch der weitere Rechnungsgang gezeigt. Bei gleichen Feldweiten $\ell_1 = \ell_2 = \ell$ und $\alpha = \frac{1}{2}$ wird

$$\bar{M}_i = \frac{3}{8} \frac{EJ}{\ell} \quad \text{und} \quad \theta_i = \frac{\Delta M_i}{\bar{M}_i} = \frac{8\,\ell}{3\,EJ} \cdot \Delta M_i,$$

wobei die sich bei dem untersuchten Lastgrad einstellenden EJ-Werte, also die EJ^{II}-Steifigkeiten, eingesetzt werden dürfen.

Dieses θ_i muß mit einem Sicherheitsabstand kleiner sein als max θ_i nach Abschnitt 8.3. Ist $\theta_i >$ max θ_i, dann tritt in i der Bruch vorzeitig ein, falls nicht noch eine Rotation an einem zweiten benachbarten, schon hoch beanspruchten Schnitt, z.B. an der Stütze B, zu Hilfe kommen kann. Ob dies geschieht, hängt davon ab, ob die Verträglichkeit der Verformungen am Punkt B ein Fließgelenk erzwingt, bevor max θ_i erreicht ist.

Wir erfüllen also die Verträglichkeit durch den Nachweis, daß die notwendige Momentenverlagerung zur Einhaltung der M_{pl} an allen maßgebenden Stellen keine unerträglichen Gelenkrotationen hervorruft.

Die Mechanismus-Methode

oder das Traglastverfahren mit plastischen Gelenken, Fließgelenken mit oberer und unterer Schranke der Tragfähigkeit, wurde zunächst für Stahltragwerke (Beginn durch Prof. Maier-Leibnitz in Stuttgart etwa 1932) entwickelt. Für Stahlbeton- und Spannbetontragwerke hat B. Thürlimann diese Methode anwendungsreif gemacht und sie durch zahlreiche Versuche unterbaut. Es sei hier auf seine Zürcher Vorlesungen [80] verwiesen, die als Skripten bezogen werden können. Auch R. Walther, Stuttgart [81], führt in seiner Vertiefungsvorlesung "Spannbeton" in diese Methode ein.

8.5.3 Vereinfachte, linearisierte Methode für Momentenumlagerung

Für die Praxis sind in den meisten Fällen Nachweise mit der nicht linearen Plastizitätstheorie zu kompliziert. Es besteht daher ein Bedürfnis nach einfachen Regeln, die eine Veränderung der Momentenverteilung bei Anwendung der üblichen Bemessungsmethoden erlauben. Eine solche Methode haben G. Macchi und Mitarbeiter [82] für die CEB-FIP-Richtlinien ausgearbeitet.

Demnach kann bei Durchlaufträgern mit Rechteckquerschnitt (Bild 8.33) das Stützenmoment M_{St} abgemindert werden auf

$$\eta\,M_{St} \quad \text{mit } \eta = 0{,}44 + 1{,}25\,k_x \quad \text{mit den Grenzen } 0{,}75 \leq \eta \leq 1 \quad (8.7)$$

Das Feldmoment muß den Gleichgewichtsbedingungen entsprechend vergrößert werden. Der Umlagerungsfaktor η wird also von der Nullinienlage $x = k_x h$ und damit vom mechanischen Bewehrungsgrad
$\omega = \dfrac{F_e}{bh} \dfrac{\beta_{0,2}}{\beta_p}$ am Stützenquerschnitt abhängig gemacht und ist so gewählt, daß die jeweils erforderliche Gelenkrotation θ_{St} und θ_F bei üblichen Aufteilungen gerippter Bewehrung mit ausreichender Sicherheit gewährleistet ist. k_x ist für Erreichen der Dehnung ϵ_s bzw. $\epsilon_{0,2}$ im Stahl bei dem zur kritischen Beanspruchung gehörigen ϵ_b zu ermitteln.

Macchi gibt für Durchlaufträger mit Rechteckquerschnitt und gleichen Spannweiten die in Bild 8.34 dargestellten erforderlichen Gelenkrotationen $\Delta \theta_{St}$ an der Stütze an, die bei verschiedenen η nötig werden. Die Linie der möglichen Rotation zeigt, daß die Begrenzung des k_x-Wertes nötig ist.

Die in Bild 8.35 aufgetragenen erforderlichen Rotationswinkel bei Plattenbalken, die für zwei verschiedene k_x an der Stütze dargestellt sind, zeigen andererseits, daß sich bei Plattenbalken die erforderliche Rotation mit zunehmendem b/b_o vom Stützenbereich in den Feldbereich verschiebt und daß die erf. Rotation im Feld $\Delta \theta_F$ mit abnehmendem η sogar kleiner wird. Damit werden die Stuttgarter Versuche [42] bestätigt, wonach bei Plattenbalken mit $b/b_o > 2$ das Stützenmoment mit $\eta \to 0,5$ abgemindert werden kann, selbst wenn $k_x \approx 0,5$ ist, was bei B St 42/50 und Bn 350 etwa $\mu_{St} = 2,1$ % entspricht.

Diese sehr einfache Methode läßt sich mit der Zeit noch weiter ausbauen.

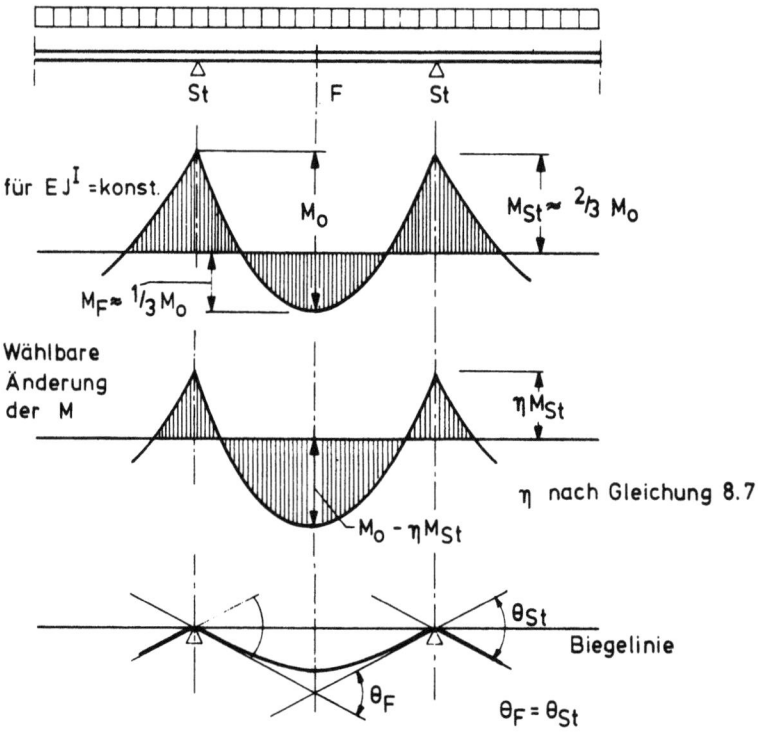

Bild 8.33 Ohne besonderen Nachweis mögliche Veränderung der Momentenverteilung an Durchlaufträgern mit Rechteckquerschnitt, wenn η nach G. Macchi eingehalten ist.

8.5 Momentenumlagerung in statisch unbestimmt gelagerten Tragwerken

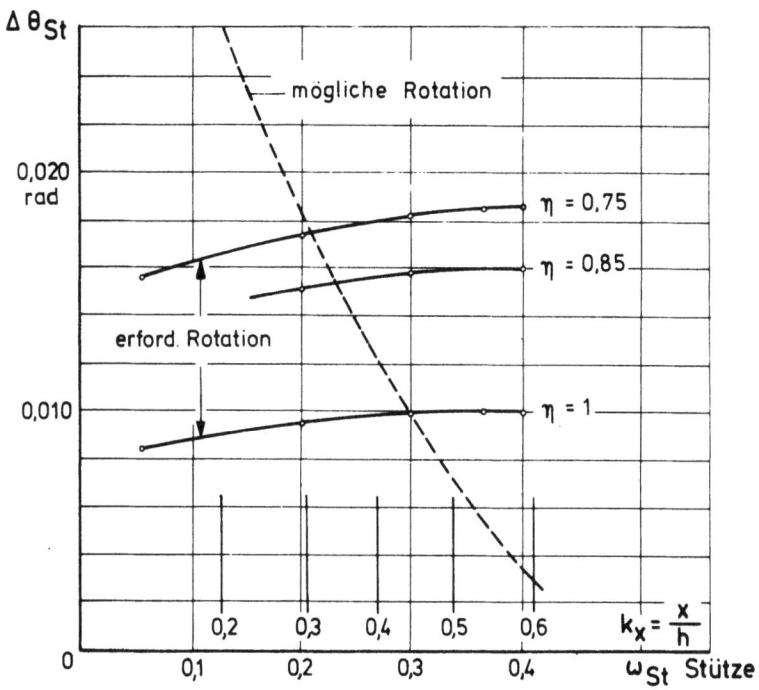

Bild 8.34 Erforderliche Gelenkrotationen $\Delta \theta_{St}$ in Abhängigkeit von η für Durchlaufträger mit Rechteckquerschnitt [82]

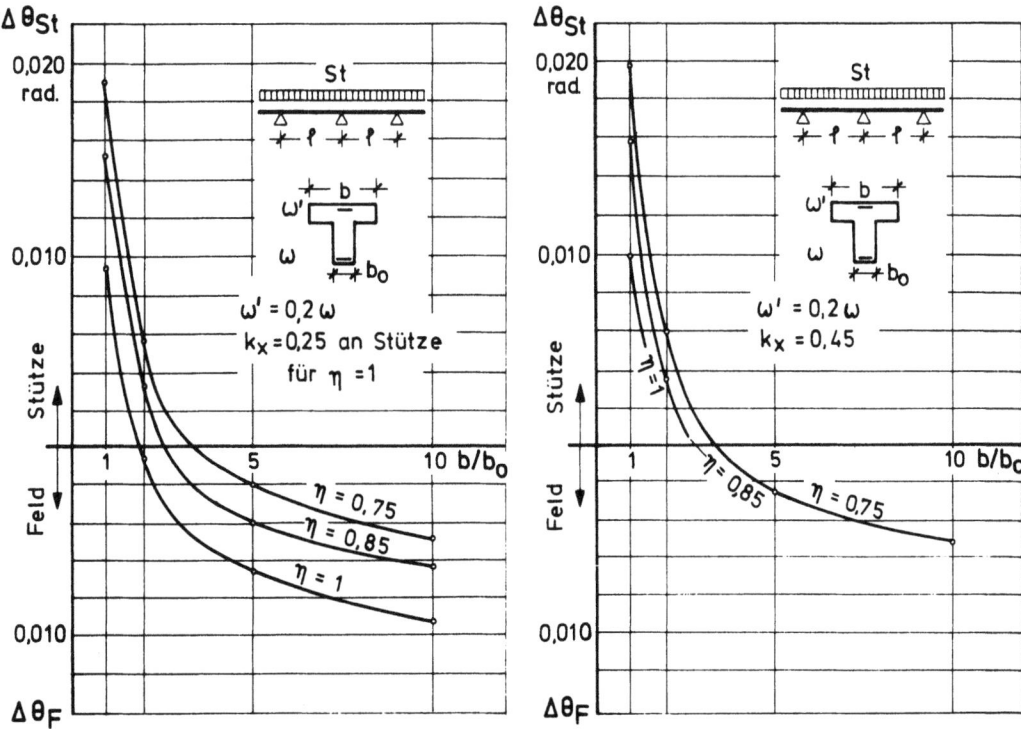

Bild 8.35 Erforderliche Gelenkrotationen $\Delta \theta_{St}$ in Abhängigkeit von η für Durchlaufträger mit Plattenbalkenquerschnitt und unterschiedlichen k_x und b/b_o [82]

9. Bruchlinientheorie für Flächentragwerke, vorzugsweise für Platten (Yield line theory). Von E. Mönnig.

9.1 Vorbemerkung

Die Bruchlinientheorie für Platten entstand zu einer Zeit (etwa 1930) als noch keine Plattentheorie für die Praxis verfügbar war und als noch weitgehend glatter Rundstahl mit ausgeprägter Streckgrenze β_S = 2400 kp/cm^2 als Bewehrung verwendet wurde. Bruchversuche an Platten zeigten damals schmale Zonen der Plastizierung l_{pl} entlang der Haupt-Biegerisse, die sich wegen des mangelhaften Verbundes und der niedrigen Streckgrenze so bildeten (Bild 9.1). Bei heute üblichen gerippten Stäben mit hoher $\beta_{0,2}$-Grenze und ohne ausgeprägtes Fließen bilden sich dagegen unter verteilter Last breite "Bruchmulden" aus, die über eine größere Länge die Krümmung am Beginn des plastischen Bereiches zeigen (vgl. auch Bild 8.17). Dies ist umso mehr der Fall, wenn nach heutigen Anforderungen die Bewehrung so gewählt wurde, daß die Rißbreiten unter Gebrauchslast beschränkt bleiben. Damit ist eine Voraussetzung der Bruchlinientheorie nicht mehr erfüllt.

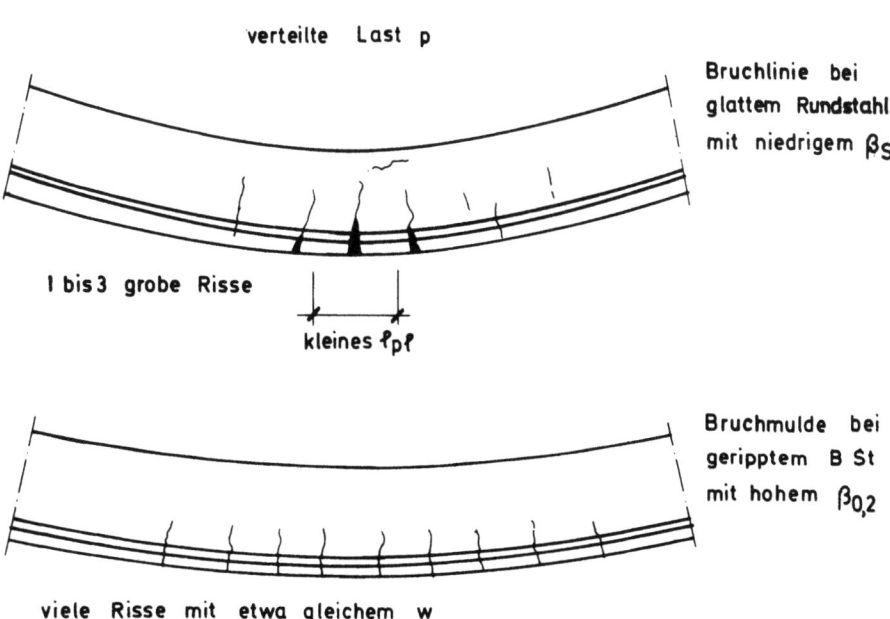

Bild 9.1 Bruchlinien und Bruchmulden

Ferner stehen heute genügend Hilfsmittel zur Bestimmung der maßgebenden Biegemomente in Platten nach der Elastizitätstheorie für übliche Plattenformen und Lagerbedingungen zur Verfügung. Für Sonderformen der Platten können wir die Schnittkräfte mit Finiten-Element-Programmen elektronisch rechnen. Damit ist es möglich, Platten für die Schnittkräfte zu bemessen, die sich aus der E-Theorie ergeben. Es besteht also kein Bedürfnis mehr dafür die Bruchlinientheorie anzuwenden. Sie wird hier dennoch vorgestellt, weil sie außerhalb der BRD weit verbreitet ist und weil ein im Massivbau tätiger Ingenieur wenigstens wissen muß, was man unter "Bruchlinientheorie" zu verstehen hat und wie sie angewandt wird.

In der BRD war die Anwendung der Bruchlinientheorie nie zugelassen, dies forderte die Erarbeitung von Hilfsmitteln zur Bestimmung der m_x, m_y und m_{xy} von Platten nach der Elastizitätstheorie heraus. Durch die Bemessung der Bewehrungen für die nach E-Theorie sich einstellenden Verhältnisse der Hauptmomente werden im Gebrauchszustand die Anforderungen an Rißbeschränkung, kleine Durchbiegungen usw. zuverlässiger erfüllt als andere Aufteilungen der Bewehrungen, wie sie die Bruchlinientheorie erlaubt.

Der folgende Abschnitt gibt deshalb nur eine knappe Einführung in die Bruchlinientheorie ohne Ableitung der Formeln. Ferner wird das wichtigste Schrifttum angegeben [90] bis [96], das 1975 durch ein zweibändiges Werk zu diesem Thema von Prof. Telemaco van Langendonck, Rio de Janeiro [97], gekrönt wurde.

9.2 Einleitung

Versuche an vierseitig gelagerten Platten unter Gleichlast zeigen kurz vor dem Versagen, also unter Traglast, ausgeprägte "Bruchlinien" (breite Risse des Betons), in denen der Stahl zum Fließen kommt (Bild 9.2). Entlang der Bruchlinien bilden sich plastische Gelenke.

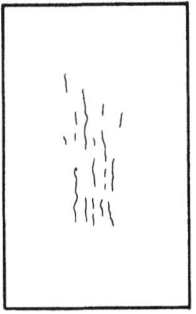
P = 15 000 kp

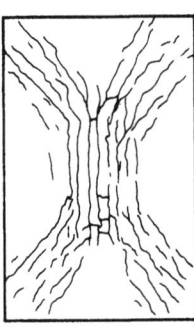
P = 18 000 kp

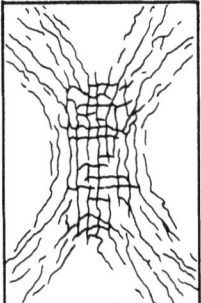
P = 21 000 kp

Bild 9.2 Unterseite einer Platte von 2,0 m x 3,0 m bei verschiedenen Laststufen unterhalb der Höchstlast (gleichmäßig verteilte Last) aus Mörsch [98]

Richtung und Verlauf der Bruchlinien sind von der Belastung, Lagerung, vom Seitenverhältnis $\ell_x : \ell_y$ und von Art, Richtung und Querschnitt der Bewehrung abhängig. In der von K.W. Johansen [99, 100] aufgestellten "Bruchlinientheorie" wird das auf die Längeneinheit bezogene "Bruchmoment" entlang dieser Bruchlinien ermittelt und mit dem Sicherheitsfaktor dividiert, um die Tragfähigkeit der Platte zu bestimmen (Gleichgewichtsbedingungen).

Als "Bruchmoment" wird das Biegemoment angesetzt, bei dem σ_e im Stahl die Streckgrenze erreicht. Bei kalt verformtem Stahl kann auch - abweichend von den Rechengrundlagen der DIN 1045 - die Spannung eingesetzt werden, die einer Grenzdehnung ϵ_e = 5 ‰ entspricht.

Außerhalb der Bruchlinien sind die Verformungen des Stahls und des Betons noch elastisch und relativ klein, sie werden deshalb in der Bruchlinientheorie vernachlässigt. Während bei der Elastizitätstheorie nur elastische Verformungen betrachtet werden, werden diese in der Bruchlinientheorie ganz außer acht gelassen und nur die in den Bruchlinien auftretenden Verdrehungen, Momente und Querkräfte in Rechnung gestellt.

Die Bruchlinientheorie ist einfach und für alle Plattenarten anwendbar, sie sagt aber nichts aus über das Verhalten unter Gebrauchslasten, über Rißbildung und Durchbiegungen. Man ist nicht einmal sicher, ob man tatsächlich den unteren Grenzwert der Traglast errechnet hat.

9.3 Die Bruchlinien

Die wirklichen Scharen von Rissen im Bereich der größten Beanspruchungen werden zu geraden Linienzügen gedanklich zusammengefaßt, die Plattenteile zwischen ihnen als eben bleibend angenommen.

Bei frei drehbarer Lagerung auf durchgehenden Rändern müssen sich die Teile der Platte um die Auflagerlinien drehen (Bild 9.3, links). Die Bruchlinie zwischen zwei Rändern geht also durch den Schnittpunkt der Auflager-Drehachsen. Bei Auflagerung auf einer Stütze ist die Richtung der Drehachse unbestimmt. Ist die Platte entlang eines Auflagers eingespannt, dann entsteht entlang der Einspannung eine Bruchlinie.

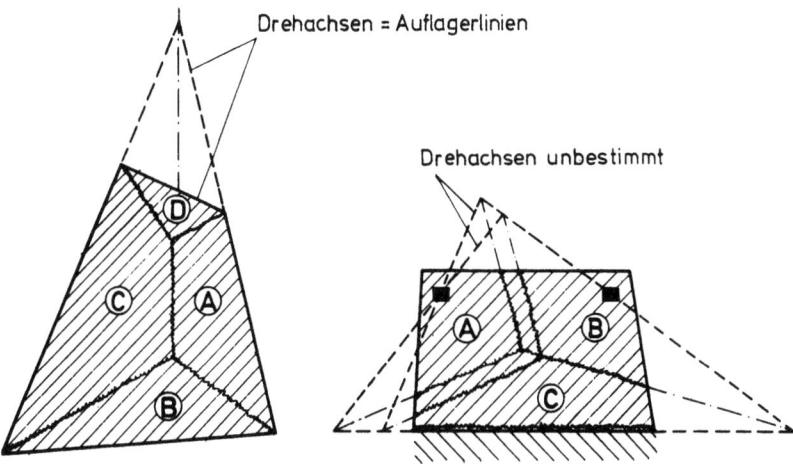

Bild 9.3 Zum Verlauf der Bruchlinien
l i n k s : zwischen Linien-Auflagern verläuft die Bruchlinie durch den Schnittpunkt dieser Linienlager
r e c h t s : über punktförmigen Lagern ist die Richtung der Auflagerdrehung unbestimmt

Die Drehungen φ_i der Plattenteile und die Einsenkungen v_i der Punkte i der Bruchlinien sind den Abständen h_i dieser Punkte von den Drehachsen proportional. Nimmt man in Bild 9.4 die Einsenkung an der Bruchlinie zu v = 1 an, dann sind die Drehungen der Plattenteile A und B

$$\varphi_A = \frac{1}{h_a} \quad ; \quad \varphi_B = \frac{1}{h_b} \tag{9.1}$$

Die Drehfähigkeit des Fließgelenkes um den Winkel $\theta = \varphi_A + \varphi_B$ müßte eigentlich nach Abschnitt 8 nachgewiesen werden, doch werden solche Nachweise in der Regel nicht verlangt. Die Regeln der Länder, in denen die Bruchlinientheorie zugelassen ist, geben stattdessen konservative Begrenzungen der Bewehrungsgrade oder des Verhältnisses $k_x = x/h$.

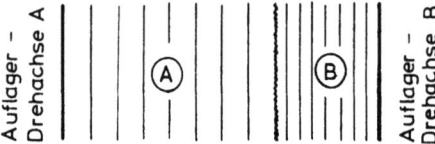

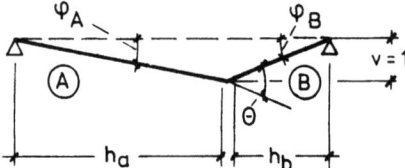

Bild 9.4 Drehungen φ, Einsenkungen v und Schichtlinien

Sind andererseits die Drehungen bekannt, so können die Bruchlinien als Grate oder Kehlen aus den Schnittpunkten gleich hoher Schichtlinien ermittelt werden. Die Bruchlinien werden nach dem Vorzeichen der zugehörigen Momente positiv oder negativ genannt.

9.4 Die Schnittgrößen

Als Schnittkräfte treten in den Bruchlinien Bruchmomente, Querkräfte und Knotenkräfte auf. Längs den Bruchlinien werden die Querkräfte = Null gesetzt, weil hier das Moment ein Maximum ist. Querkräfte können jedoch an den Auflagern und in den Schnittpunkten von Bruchlinien auftreten. Die in den Schnittpunkten (= Knoten) von Bruchlinien herrschenden Querkräfte werden Knotenkräfte genannt.

Für die folgenden Betrachtungen wird zur Vereinfachung vorausgesetzt: 1. konstante Plattendicke d; 2. Näherung $h_x = h_y$; 3. orthogonale Bewehrung mit gleichmäßiger Verteilung von f_{ex} und f_{ey}.

Man bezeichnet die auf die Längeneinheit bezogenen **Bruchmomente** mit m (positiv) und m' (negativ) und stellt sie zweckmäßig als Vektoren dar.

Verläuft die Bruchlinie nicht rechtwinklig zu einer der beiden Bewehrungsrichtungen x und y, dann entsteht neben dem **Biegebruchmoment** m_b auch ein **Drillmoment** m_d. Das Verhältnis der Bewehrungen bzw. der zugehörigen Bruchmomente wird mit

$$\xi = f_{ey} : f_{ex} = m_y : m_x \tag{9.2}$$

9.4 Die Schnittgrößen

und der Winkel zwischen der Richtung f_{ey} und der Bruchlinie mit α bezeichnet (Bild 9.5)

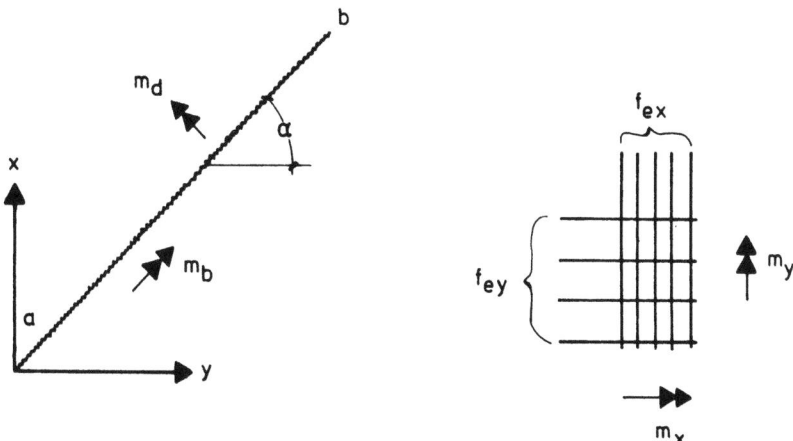

Bild 9.5 Momente m_b und m_d bei Winkelabweichungen α zwischen der Bewehrung f_{ey} und der Bruchlinie

Dann ist das Biegemoment m_b in der Bruchlinie $\overline{ab}$:

$$m_b = m_x \cdot \cos^2\alpha + \xi \cdot m_x \sin^2\alpha \qquad (9.3)$$

und das Drillmoment m_d rechtwinklig zu $\overline{ab}$:

$$m_d = (1 - \xi) m_x \sin\alpha \cdot \cos\alpha \qquad (9.4)$$

Bei Bewehrungen, die in beiden Richtungen gleich stark sind ($f_{ey} = f_{ex}$) wird mit $m_x = m_y = m$, (also $\xi = 1$) auch $m_b = m$ und $m_d = 0$!

Daraus folgt, daß bei gleichstarken Bewehrungen die Richtung der Bruchlinie ohne Belang ist, und folglich die Bruchmomente nach dem Krafteck in verschiedene Richtungen zerlegt werden können. Man wählt deshalb bei Platten, die nach der Bruchlinientheorie berechnet werden, zur Vereinfachung bevorzugt $f_{ex} = f_{ey}$.

Auch wenn der Winkel α die Größen 0 oder 90° annimmt, wird $m_d = 0$ und m_b entweder gleich m_x oder gleich $m_y = \xi m_x$.

Nach diesen Ansätzen von Johansen [99, 100] werden also die Stäbe in ihrer **ursprünglichen** Richtung plastisch gedehnt, Bild 9.6a.

a) 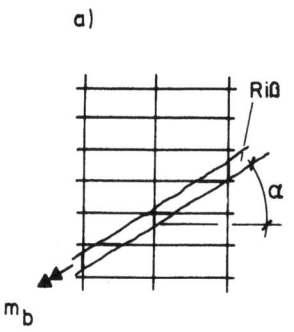 b)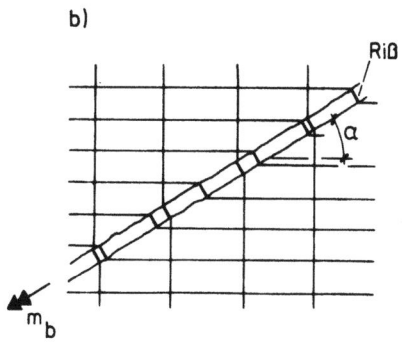

Bild 9.6 Annahmen für die Verformung der Bewehrung in Rissen
     a) Stabrichtung bleibt   b) Stäbe werden rechtwinklig zum Riß verbogen

Man könnte aber auch voraussetzen, daß sich die Bewehrungsstäbe rechtwinklig zum Riß (Bruchlinie) verformen, Bild 9.6 b. Dann wird

$$m_b = m_x \cos \alpha + \xi\, m_x \sin \alpha .$$

Diese Annahme liefert für $\alpha = 0$ und $\alpha = 90^o$ die gleichen Ergebnisse wie Gl. (9.3), für andere Winkel aber bis zu 40 % größere m_b. Dieser Ansatz ist somit zu günstig. Um den unteren Grenzwert (lower bound) zu finden, müßte man die echte Plastizitätstheorie zu Hilfe nehmen (z.B. [101]), was in der Bruchlinientheorie zur Vereinfachung in der Regel nicht geschieht.

Die Ermittlung der rechnerischen Drillmomente bei ungleichen Bewehrungen kann vermieden werden, wenn man der Rechnung eine **verzerrte Platte** zugrunde legt. Beschränkt man sich hier auf Rechteckplatten, bei denen für die Momente bzw. Bewehrungen gilt

$$\xi = \frac{m_y}{m_x} = \frac{m'_y}{m'_x} = \frac{f_{ey}}{f_{ex}} = \frac{f'_{ey}}{f'_{ex}} ,$$

dann erhält man die affin verzerrte Platte, indem man die zur Richtung von f_{ey} parallelen Ausdehnungen (Längen), im Verhältnis $1/\sqrt{\xi}$ verzerrt (Bild 9.7).

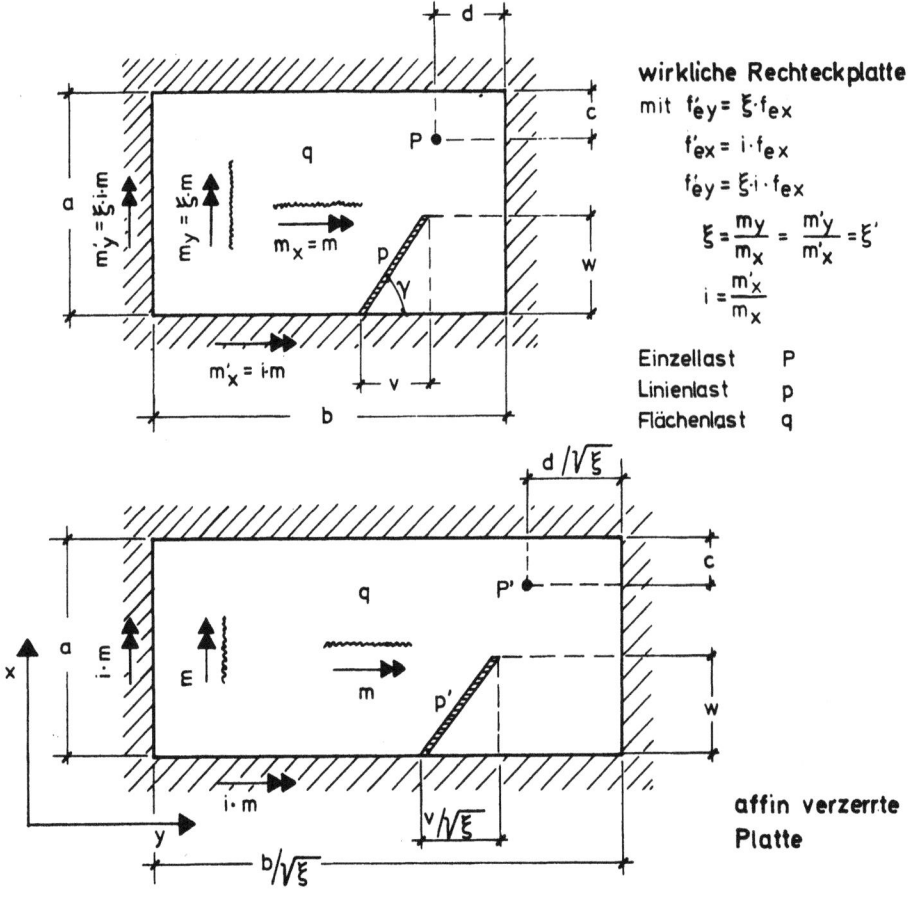

Bild 9.7 Affin verzerrte Platte und verzerrte Lasten P' und p' (q unverändert) bei ungleich starken Bewehrungen $f_{ey} = \xi f_{ex}$ (gezeichnet für $\xi < 1$)

9.4 Die Schnittgrößen

Die auf die Flächeneinheit bezogene Last q bleibt unverändert, während man für eine Einzellast P, da sie auf eine kleine verzerrte Fläche zu beziehen ist, die Größe $P' = P/\sqrt{\xi}$ einführen muß. Linienlasten p mit dem Winkel γ zur Richtung f_{ey} entsprechen nach der Verzerrung dem Wert

$$p' = p : \sqrt{\cos^2 \gamma + \xi \sin^2 \gamma} \ .$$

Ist das Verhältnis der Stützmomente bzw. der Stützbewehrungen zueinander anders als die Verhältnisse im Feld, dann sind andere Verzerrungsgrößen zu verwenden. Die Summe der Knotenkräfte aller an einem Knoten zusammentreffenden Plattenteile ist immer gleich Null, $\Sigma K = 0$. Positive Kräfte K wirken nach oben, negative nach unten, sofern unter einem positiven Biegemoment, dasjenige verstanden wird, das an der Unterseite der Platte Zug erzeugt. Für die allgemeinen Fälle beliebiger Winkel zwischen den im Knoten zusammentreffenden Bruchlinien bzw. Drehachsen und den Bewehrungsrichtungen wird auf die Arbeit von H. Haase [102] verwiesen.

Ist $f_{ex} = f_{ey}$ (also $\xi = 1$) oder sind die Plattenabmessungen bereits affin verzerrt wie oben erläutert, dann gilt für einen Knoten nach Bild 9.8, bei dem z. B. die Linien 0 - 1 und 0 - 3 der negativen Momente m' Bruchlinien über Auflagern mit Einspannungen und die Linie 0 - 2 eine durch die Platte verlaufende Bruchlinie für das positive Moment darstellen:

$$\left. \begin{array}{l} K_a = -\left(m^{01} + m^{02}\right) \cot \alpha \\ K_b = -\left(m^{02} + m^{03}\right) \cot \beta \\ K_c = -(K_a + K_b) \end{array} \right\} \qquad (9.5)$$

Sind alle Bruchlinien, die sich in einem Knoten treffen, positiv (z. B. innerhalb einer Platte nach Bild 9.3 links) und $f_{ex} = f_{ey}$, dann sind

$$K_a = K_b = K_c = 0 \ . \qquad (9.5a)$$

An einem geraden freien oder frei drehbar gestützten Rand, an dem eine Bruchlinie endet (Bild 9.9), ist $\alpha + \beta = \pi$ und $m' = 0$. Damit wird $\cot \beta = - \cot \alpha$ und $K_a = -K_b$. Für den Fall, daß $f_{ex} = f_{ey}$, gilt

$$K_a = -K_b = -m \cot \alpha \qquad (9.6)$$

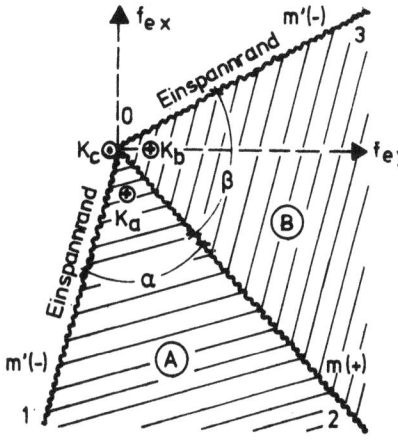 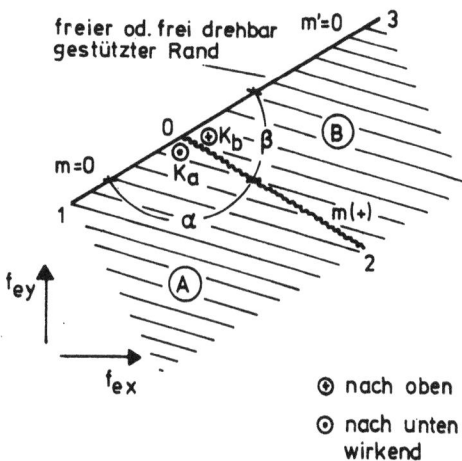

Bild 9.8 Knotenkräfte an Einspannrändern bei $f_{ex} = f_{ey}$

Bild 9.9 Knotenkräfte an einem freien Rand

9.5 Besondere Verhältnisse an Plattenecken

In einer Ecke zwischen zwei frei drehbar gelagerten Rändern 0 - 1 und
0 - 3 des Bildes 9.10 muß die Bruchlinie 0 - 2 zwischen den Plattenteilen Ⓐ und Ⓑ in die Ecke laufen, in der sich der Schnittpunkt der Drehachsen 0 - 1 und 0 - 3 befindet.

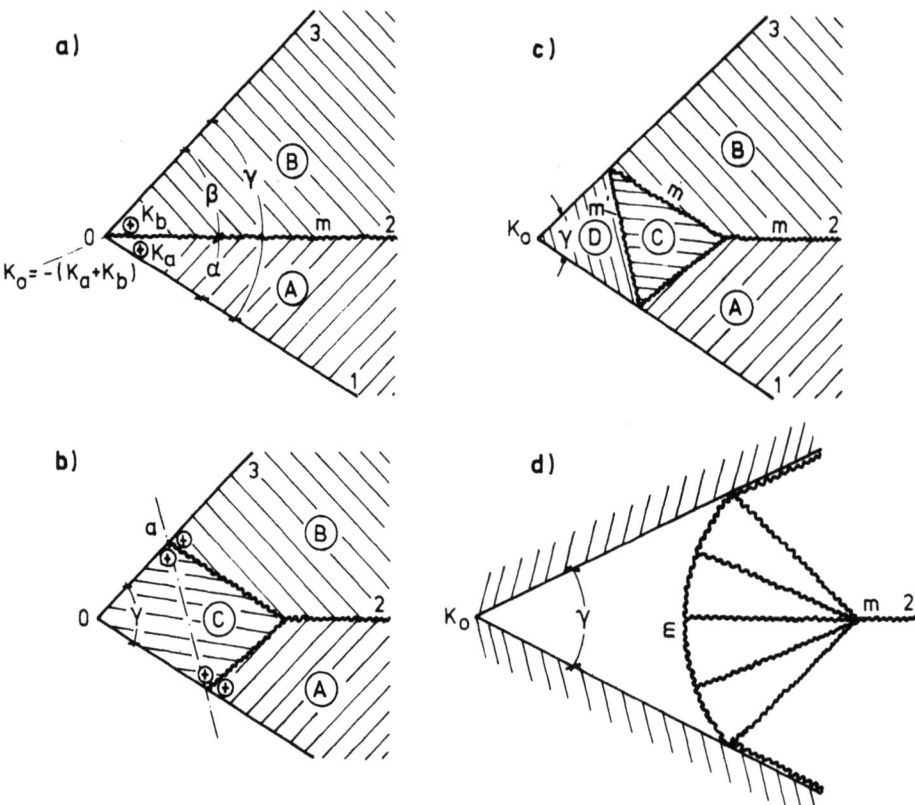

Bild 9.10   Bruchlinien in der Ecke einer frei drehbar gelagerten Platte
a) Knotenkräfte b) Bildung einer "Wippe" bei unzureichender Verankerung
der Platte für die Knotenkraft K_o c) Knotenkraft K_o erzwingt Bildung
einer oberen Bruchlinie m' d) Wippe mit Bruchlinienfächer bei eingespannter Randlagerung

Den Knotenkräften K_a und K_b muß eine Kraft $K_o = -(K_a + K_b)$ nach Gl.
(9.5) in der Ecke das Gleichgewicht halten. Die Ecke muß also für diese
Kraft bewehrt und verankert werden. Fehlt die Verankerung, dann spaltet sich die Bruchlinie gemäß Bild 9.10b, und anschließend bildet sich
eine weitere Bruchlinie nach Bild 9.10c. Den durch die Spaltung gebildeten Plattenteil C in Bild 9.10b nennt man eine "Wippe", weil er ohne
Verankerungskraft um die Linie a - b wippt. Die "Wippen" verringern
die aufnehmbare Bruchlast der Platte.

Stellt man die virtuelle Arbeit der inneren und äußeren Kräfte für die
Bruchfiguren bei a) und c) einander gegenüber, dann kann man daraus die
Bedingungen ermitteln, unter denen die Bildung von "Wippen" verhindert
- die Tragfähigkeit also nicht verringert - wird.

Bei gleichmäßiger Belastung q muß der Querschnitt der oben liegenden
(Eck-)Bewehrung f'_e in der Platte so groß sein, daß das aufnehmbare

9.5 Besondere Verhältnisse an Plattenecken

Bruchmoment m' zwischen Ⓒ und Ⓓ

$$m' \geqq m \cdot \cot^2\left(\frac{\gamma}{2}\right) \quad \text{ist.} \tag{9.7}$$

Für $\gamma = 90°$ der üblichen vierseitig gelagerten Rechteckplatten folgt daraus, daß m' = m sein muß! Bei der Ableitung der Gl. (9.7) wurde als Näherung angenommen, daß die Bruchlinie in der Winkelhalbierenden des beliebig großen Eckwinkels γ liegt, daß also $\alpha = \beta$ war. Außerdem muß diese Bewehrung, in der Richtung der Winkelhalbierenden des Eckwinkels gemessen, die Länge L_e haben:

$$L_e \geqq \sqrt{\frac{6\,m}{q}}\left(\sqrt{1 + \cot^2\left(\frac{\gamma}{2}\right)} - 1\right) \cdot \tag{9.8}$$

Diese Gleichungen zeigen, daß für spitze Winkel γ stärkere Eckbewehrungen von größerer Länge erforderlich sind als bei stumpfen Ecken, wenn man die Bildung einer "Wippe" vermeiden will.

Für Einzellasten P können solche Näherungsformeln wegen der Unbestimmtheit der Lage von P nicht aufgestellt werden.

Wird die Bildung der "Wippe" nicht verhindert, dann muß ein vergrößertes Moment m_W (Bruchlastmoment bei Eintritt einer Wippe) der Bemessung zugrunde gelegt werden:

$$m_W = \varkappa\, m,$$

wobei der Korrekturfaktor $\varkappa$ für $30° < \gamma < 90°$ die Größe hat (nach van Langendonck [103])

$$\varkappa = \frac{1}{1 - 0{,}45\left(1 - \frac{\gamma}{\pi}\right)^2} \tag{9.10}$$

mit γ im Bogenmaß.

9.6 Ermittlung der Traglast als maßgebendes Bruchmoment

Der Ermittlung der Traglast als Bruchmoment müssen Festlegungen über die Größenverhältnisse der positiven und negativen Bewehrung und damit der zugehörigen Bruchmomente vorausgehen, da hier nicht wie in der Elastizitätstheorie die Stütz- oder Einspannmomente als statisch Überzählige eindeutig ermittelt werden. Für jedes angenommene Verhältnis der beiden Bruchmomente m' und m zueinander wird die Rechnung ein anderes Bruchmoment m im Feld ergeben.

Da nur Querschnitte mit Bewehrungsgehalten unter der Grenzbewehrung in Betracht gezogen werden, bei denen also der Stahl die Streckgrenze erreicht, bevor der Beton versagt, sind die Momentenverhältnisse den Bewehrungsverhältnissen gleich. Wie vor setzen wir für Bewehrungen ungleicher Stärke in zwei zueinander rechtwinkligen Richtungen

$$f_{ey} : f_{ex} = \xi\,; \qquad f'_{ey} : f'_{ex} = \xi' \tag{9.2}$$

und für das Verhältnis der Einspann- zu den Feldbewehrungen:

$$\frac{f'_e}{f_e} = \frac{m'}{m} = i \tag{9.11}$$

Die folgende Bewehrungsweise geht davon aus, daß diese Verhältniswerte ξ, ξ' und i bekannt sind, auch wenn die Absolutgrößen der Bewehrungsquerschnitte noch gesucht sind.

Man nimmt nun zunächst eine wahrscheinliche Bruchlinienfigur an und erhält aus den damit festgelegten geometrischen Abmessungen der Plattenteile Verhältniszahlen der Drehungen und Einsenkungen der Lasten nach Gl. (9.1) und Bild 9.4, so daß sich die Arbeitsgleichung aufstellen läßt:

$$A_i = \Sigma m \, \ell_m \, \varphi = A_a = \Sigma P \cdot v \tag{9.12}$$

Dabei bedeutet:

$\Sigma m \, \ell_m \, \varphi$ = innere Arbeit = Summe der Produkte der Projektionen der angreifenden Momente $m \cdot \ell_m$ auf die Drehachsen von der Länge ℓ_m und den Drehungen φ der Plattenteile um die Drehachsen aller Teilflächen des Tragwerks

$\Sigma P \cdot v$ = äußere Arbeit = Summe der Produkte aller auf das Tragwerk wirkenden Kräfte P (und Knotenkräfte K) und ihrer Wege (Einsenkungen v).

Drückt man alle Beziehungen bei Anwendung der Gleichungen (9.2) und (9.11) mit bekanntem ξ und i durch das Hauptbruchmoment m aus, so kann dies in erster Näherung als $m^{(1)}$ aus Gleichung (9.12) errechnet werden. Man wird damit aber noch nicht das maßgebende Bruchmoment erhalten, da der Rechnung ja nur eine willkürlich angenommene Bruchfigur zugrunde lag.

Einen Anhalt über die in der angenommenen Bruchfigur enthaltenen Fehler bekommt man, wenn man für jeden Plattenteil n aus den Gleichgewichtsbedingungen $\Sigma M = 0$ und $\Sigma V = 0$ das ihm gemäße Bruchmoment $m_n^{(1)}$ errechnet und die so erhaltenen Werte untereinander und mit der ersten Näherung $m^{(1)}$ aus der Arbeitsgleichung vergleicht. Daraus schätzt man einen verbesserten Wert $m^{(2)}$ für das Hauptbruchmoment m, der bei stark ungleichen $m_n^{(1)}$ der Plattenteile mehr, bei fast gleichen $m_n^{(1)}$ wenig über $m^{(1)}$ angesetzt wird. Mit $m^{(2)}$ korrigiert man mit Hilfe der Gleichgewichtsbedingungen die Bruchfigur und wiederholt für diese den Rechnungsgang, aus dem man $m^{(3)}$ und $m_n^{(3)}$ erhält. Schon der zweite Gang wird annähernd zur Gleichheit zwischen den Momenten $m_n^{(3)}$ aus den Gleichgewichtsbedingungen und dem Moment $m^{(3)}$ der Arbeitsgleichung führen, so daß die Rechnung damit abgeschlossen ist.

In einfach gelagerten Fällen kann man auch in die Gleichgewichtsbedingungen die geometrischen Abmessungen der Bruchfigur als Unbekannte einführen. Man erhält dann immer für n Unbekannte n Gleichungen. Sie sind häufig nicht linear und daher nur selten allgemein lösbar.

9.7 Einschränkungen für die Anwendung der Bruchlinientheorie

Mit dem Verfahren der Bruchlinien können wir nach Abschnitt 9.5 für jedes beliebig gewählte Verhältnis der Bewehrungen $f_{ey} : f_{ex}$ und $f'_{ey} : f_{ex}$ usw. die Traglastermittlung (und damit eine Bemessung) durchführen. Die Gleichgewichtsbedingungen im Bruchzustand wären also z.B. auch dann in einer quadratischen vierseitig gelagerten Platte erfüllt, wenn $f_{ey} : f_{ex} = 0,1$ gewählt wurde, obschon nach der Elastizitätstheorie $m_y = m_x$ und $f_{ey} = f_{ex}$ sein müßte. Unter Gebrauchslast wird aber unabhängig von der Größe und Richtung der Bewehrungen tatsächlich $m_y \sim m_x$ sein, so daß in der Richtung f_{ey} die Bewehrung frühzeitig (schon unter $g+p$) bis zur Streckgrenze beansprucht werden kann und grobe Risse zu erwarten sind!

Um solche Schäden unter Gebrauchslast auszuschließen, soll man bemüht bleiben, die Bewehrungen entsprechend der vermuteten **elastischen** Tragwirkung aufzuteilen, wobei man aber nicht allzu ängstlich zu sein braucht.

Für vierseitig frei drehbar gelagerte Platten mit $\ell_y : \ell_x = \epsilon > 1$ hat R. Schellenberger [104] als Grenze

$$\min \xi = \frac{f_{ey}}{f_{ex}} = \frac{1}{\epsilon^2} \qquad \text{ermittelt.}$$

Für voll oder teilweise an den Rändern 1 bis 4 eingespannte Rechteckplatten soll mit $i_1 = m'_1 : m$; $i_2 = m'_2 : m$ usw. die Bedingung

$$\min \xi = \frac{f_{ey}}{f_{ex}} = \frac{10 - i_2 - i_4}{\epsilon^2 \left(10 - i_1 - i_3\right)}$$

eingehalten werden. (Bei voller Einspannung gilt hier $i = 2,0$).

Die hier vorausgesetzten Bruchlinien (= Fließgelenke) sind natürlich nur zu erwarten, wenn die Querschnitte nicht überbemessen sind ($\mu < \mu_{gr}$) und wenn der Stahl ausreichend großes Verformungsvermögen zwischen $\beta_{0,2}$ und β_Z besitzt. Wie T. Jäger in der Dissertation 1963 [105] nachgewiesen hat, ist diese Voraussetzung bei allen in Deutschland zugelassenen Stahlsorten erfüllt. Um jeweils Nachweise für $\mu < \mu_{gr}$ zu vermeiden, wird in den Empfehlungen des CEB $\mu [\%] < 12 \beta_W/\beta_S$ als Grenzbedingung angegeben.

Die Bruchlinientheorie erfaßt noch nicht den günstigen Einfluß der "Gewölbewirkung", die sich einstellt, wenn seitliches Ausweichen der Ränder belasteter Platten z.B. durch scheibenartig wirkende Nachbarplatten verhindert ist. Hierzu vgl. J. Schlaich [106, 107].

Zu bemerken ist auch, daß die Bruchlinientheorie Auflagerreaktionen ergibt, die z.T. weit (+ und -) von den Auflagerkräften unter Gebrauchslast abweichen und für Aufstellung der Lastabtragungen nicht brauchbar sind. Die hier vorgeführte Theorie von Johansen gibt die oberen Grenzwerte der Traglast (upper bound-values), die bis zu 20 % über den unteren Grenzwerten (lower bound) liegen können, wie sie die genauere Plastizitätstheorie ergibt. Deshalb ist bei außergewöhnlich geformten Platten eine gewisse Vorsicht am Platze.

9.8 Beispiel

Es sei die im Bild 9.11 gezeigte einachsig gespannte und einseitig eingespannte Platte gegeben, die an beliebiger Stelle $x = \alpha \cdot \ell$ eine quer zur Spannweite stehende Linienlast p zu tragen habe. Es soll festgestellt werden, in welcher Stellung von p sich die ungünstigsten Biegemomente ergeben und wie groß sie werden, wenn für $\dfrac{f'_{ex}}{f_{ex}} = \dfrac{m'}{m} = i = 2$ gelten soll.

Diese Aufgabe ist einfach und hier gewählt, weil die Lage und Art der Bruchlinien hier keinem Zweifel unterliegen können. Die Anwendung der Arbeitsgleichung wird dafür umso deutlicher.

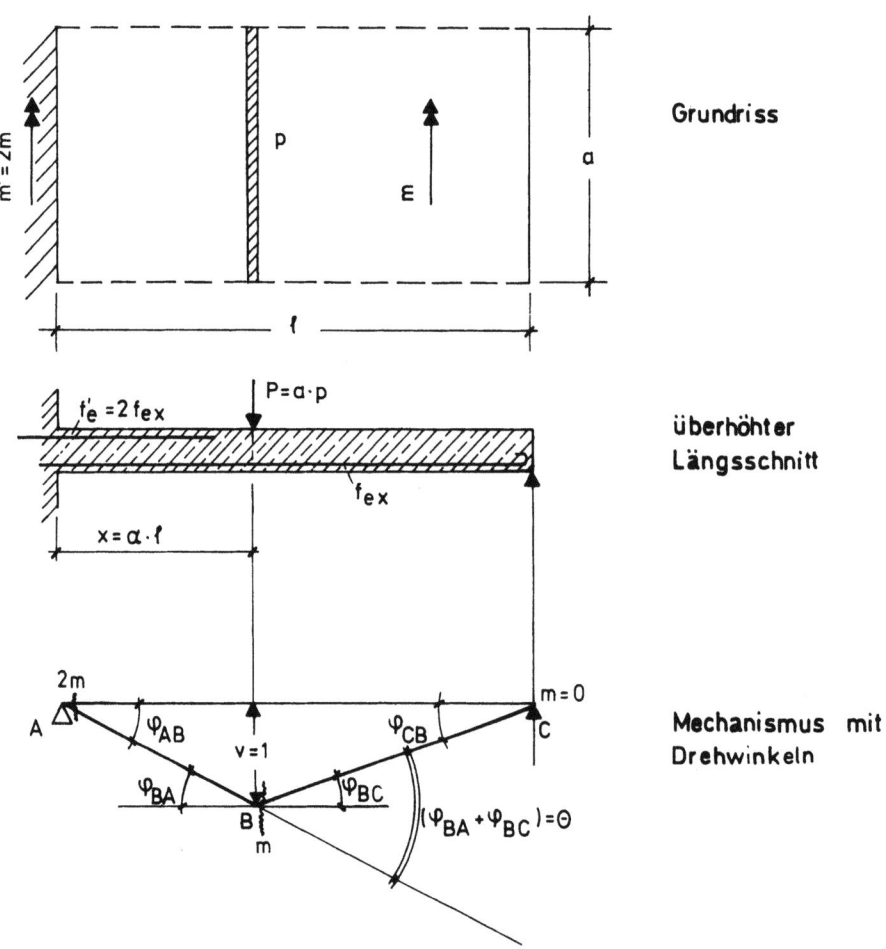

Bild 9.11 Belastung, Bewehrung und Drehwinkel der im Beispiel behandelten Platte

Die äußere und innere Arbeit lassen sich nach den Angaben im Bild 9.11 leicht anschreiben:

$$A_a = \Sigma P \cdot v = P \cdot 1 = p \cdot a \tag{9.13}$$

$$A_i = \Sigma m \cdot \ell \cdot \varphi = m' \cdot a \cdot \varphi_{AB} + m \cdot a (\varphi_{BA} + \varphi_{BC})$$

$$= [2m \cdot \varphi_{AB} + m(\varphi_{BA} + \varphi_{BC})]\, a$$

9.8 Beispiel

Da $\varphi_{AB} = \varphi_{BA} = \dfrac{1}{\alpha \ell}$

und $\varphi_{BC} = \varphi_{CB} = \dfrac{1}{\ell - \alpha \ell} = \dfrac{1}{(1-\alpha)\ell}$

wird aus A_i:

$$A_i = \left[2m\frac{1}{\alpha\ell} + m\left(\frac{1}{\alpha\ell} + \frac{1}{(1-\alpha)\ell}\right)\right]a = \frac{am}{\ell}\left[\frac{2}{\alpha} + \frac{1}{\alpha} + \frac{1}{1-\alpha}\right]$$

$$\underline{\underline{A_i = \left[\frac{3-2\alpha}{\alpha(1-\alpha)}\right]\frac{am}{\ell}}} \qquad (9.14)$$

Aus der Arbeitsgleichung (9.12) erhalten wir mit Gl. (9.13) und (9.14):

$$A_a = A_i = pa = \left[\frac{3-2\alpha}{\alpha(1-\alpha)}\right]\frac{am}{\ell} \qquad (9.15)$$

und nach m umgeformt:

$$m = p \cdot \ell \, \frac{\alpha - \alpha^2}{3 - 2\alpha} \qquad (9.16)$$

Zur Ermittlung des zu max m gehörenden Faktors α wird mit $\dfrac{dm}{d\alpha} = 0$ nach einiger Zwischenrechnung erhalten:

$$\alpha^2 - 3\alpha = -1,5 \,, \qquad \underline{\underline{\alpha = 0,634}} \qquad (9.17)$$

Die ungünstigste Stellung der Last p ist also im Abstand $0,634\,\ell$ vom eingespannten Auflager. Bei dieser Stellung ergibt sich nun als ungünstigstes Moment im Feld unter der Streifenlast

$$\underline{\underline{\max m}} = p \cdot \ell \, \frac{0,634 - 0,634^2}{3 - 2 \cdot 0,634} = \underline{\underline{0,134 \, p \ell}} \qquad (9.18)$$

Das Einspannmoment am Auflager A ist voraussetzungsgemäß

$$\underline{\underline{\min m'}} = -2m = \underline{\underline{-0,268 \, p\ell}} \qquad (9.19)$$

Es ist noch interessant, die gleiche Untersuchung für den Fall anzustellen, daß die Stützbewehrung nur ein Moment m' ermöglicht, das (statt doppelt) nur halb so groß ist wie das Feldmoment m, bei dem also i = 0,5 gilt. Es ergibt sich

$$\underline{\underline{\alpha = 0,55}} \qquad \underline{\underline{m = 0,202 \, p\ell}} \qquad \underline{\underline{m' = -0,101 \, p\ell}}$$

Bei gleicher Feldbewehrung f_{ex}, d.h. bei gleich großem m, sind in beiden Fällen die aufnehmbaren Lasten:

im ersten Fall mit $m' = -2m$ $\qquad p_U = 7,46 \, \dfrac{m}{\ell}$,

im zweiten Fall mit $m' = -0,5 m$ $\qquad p_U = 4,95 \, \dfrac{m}{\ell}$.

Der Nutzen und Vorzug der Bruchlinientheorie kommt hierbei gut zum Ausdruck: Sie ist ein Hilfsmittel, die Traglasten von plattenartigen Tragwerken auch in den Fällen abzuschätzen, in denen die Bewehrungen nicht dem Momentenverlauf nach der Elastizitätstheorie entsprechen.

So müßte für das gezeigte Beispiel nach der Elastizitätstheorie bei ungünstigster Stellung von p sein (vgl. z. B. Betonkalender):

$$\alpha = 0,634 \qquad m = 0,0735 \, p\ell \qquad m' = -0,1585 \, p\ell = -2,16 \, m.$$

Wie zu erwarten, lag die Annahme m' = - 2 m nahe bei dem Verhältnis m'/m nach Elastizitätstheorie. Die Rechnung für den 2. Fall zeigte, daß hinsichtlich der Traglast auch eine so starke Abweichung von der Elastizitätstheorie möglich ist - man muß allerdings mit sehr frühzeitig eintretenden Rissen am Einspannrand rechnen.

Schrifttumverzeichnis

1 a   Leonhardt, F.; Mönnig, E.: Vorlesungen über Massivbau. Erster Teil: Grundlagen zur Bemessung im Stahlbetonbau.
2. Aufl., Berlin, Springer 1973

   b   Leonhardt, F.; Mönnig, E.: Vorlesungen über Massivbau. Zweiter Teil: Sonderfälle der Bemessung im Stahlbetonbau.
2. Aufl., Berlin, Springer, 1975

   c   Leonhardt, F.; Mönnig, E.: Vorlesungen über Massivbau. Dritter Teil: Grundlagen zum Bewehren im Stahlbetonbau.
2. Aufl., Berlin, Springer, 1976

2   Wischers, G.; Manns, W.: Ursachen für das Entstehen von Rissen in jungem Beton.
beton 23 (1973), H. 4, S. 167 - 171; H. 5, S. 222 - 228

3   ACI-Comittee 224: Control of cracking in concrete structures.
Journal ACI, Proc. Vol. 69 (1972), No. 12, p. 717 - 752

4   Yokomichi, H.: Rheological behaviour of concrete under short-time loading.
Concrete Journal (Japan), Vol. 12 (1974), No. 11, p. 1 - 11

5   Sturman, G.; Shah, S.; Winter, G.: Microcracking and inelastic behavior of concrete.
in Symposium ASCE-ACI, Flexural Mechanics of Reinforced Concrete, 1965, p. 473 - 499

6   Bruy, E.: Über den Abbau instationärer Temperaturspannungen in Betonkörpern durch Rißbildung.
Schriftenreihe des Otto-Graf-Institutes, Heft 56, Stuttgart, 1973 bzw. Dissertation Universität Stuttgart 1972

7   Goto, Y.: Cracks formed in concrete around deformed tension bars.
Journal ACI, Proc. Vol. 68 (1971), No. 4, p. 244 - 251

8   Martin, H.: Zusammenhang zwischen Oberflächenbeschaffenheit, Verbund und Sprengwirkung von Bewehrungsstählen unter Kurzzeitbelastung.
DAfStb., H. 228, Berlin, W. Ernst u. Sohn, 1973

9   Bufler, H.: Ein neuer Ansatz zur Berechnung der Draht- und Haftspannungen im Stahlbeton.
Der Bauingenieur 33 (1958), H. 10, S. 382 - 388

10   Rehm, G.; Martin, H.: Zur Frage der Rißbegrenzung im Stahlbetonbau.
Beton- u. Stahlbetonbau 63 (1968), H. 8, S. 175 - 182

11   Nawy, E. G.: Crack control through reinforcement distribution in two-way acting slabs and plates.
Journal ACI, Proc. Vol. 69 (1972), No. 4, p. 217 - 219

12   Rao, P. S.: Die Grundlagen zur Berechnung der bei statisch unbestimmten Stahlbetonkonstruktionen im plastischen Bereich auftretenden Umlagerungen der Schnittkräfte.
DAfStb., H. 177, Berlin, W. Ernst u. Sohn, 1966

13   Rostásy, F. S.; Koch, R.; Leonhardt, F.: Zur Mindestbewehrung von Zwang von Außenwänden aus Stahlleichtbeton.
DAfStb, H. 267, Berlin, W. Ernst u. Sohn, 1976

14   Abeles, P. W.: Introduction to prestressed concrete.
Vol. 2, Concrete Publications Ltd., London, 1966

15   Falkner, H.: Zur Frage der Rißbildung durch Eigen- und Zwängspannungen infolge Temperatur in Stahlbetonbauteilen.
DAfStb., H. 208, Berlin, W. Ernst u. Sohn, 1969

16	Peter, J.:	Zur Bewehrung von Scheiben und Schalen für Hauptspannungen schiefwinklig zur Bewehrungsrichtung. Dissertation TH Stuttgart, 1964 und: Die Bautechnik 43 (1966), H. 5, S. 149 - 154, H. 7, S. 240 - 248
17	Ebner, F.:	Über den Einfluß der Richtungsabweichung der Bewehrung von der Hauptspannungsrichtung auf das Tragverhalten von Stahlbetonplatten. Dissertation TH Karlsruhe, 1963
18	Kehlbeck, F.:	Einfluß der Sonnenstrahlung bei Brückenbauwerken. Düsseldorf, Werner, 1975
19	Leonhardt, F.; Schelling, G.:	Torsionsversuche an Stahlbetonbalken. DAfStb., H. 239, Berlin, W. Ernst u. Sohn, 1974
20	Schiessl, P.:	Admissible crack width in reinforced concrete structures. Preliminary Reports Tome II of IABSE-FIP-CEB-RILEM-IASS-Colloquium Liège June 1975
21	Avram, C.; Mihaescu, A.:	Espacement et ouverture des fissures des éléments prismatiques en béton armé soumis à la compression excentrée. Estratto da Costruzioni i cemento armato - Studi e Rendiconti - Volume 7, 1970
22	Parameswaran, V.S.; Annamalai, G.:	Flexural behaviour of class 3 beams. Indian Concrete Journal 49 (1975), No. 7, p. 206 - 212
23	Deutsch, I.:	Allgemeine Theorie der Bildung von Schrägrissen infolge Querkraftbeanspruchung. Abhandlungen der IVBH, Band 33 - I (1973), S. 41 - 54

24 - 29 frei

30	Rüsch, H.:	Die Ableitung der charakteristischen Werte der Betonzugfestigkeit. beton 25 (1975), H. 2, S. 55 - 58
31	Rüsch, H.; Jungwirth, D.:	Stahlbeton, Spannbeton, Band 2 Berücksichtigung der Einflüsse von Kriechen und Schwinden auf das Verhalten der Tragwerke. Düsseldorf, Werner, 1976
32	Koch, R.:	Verformungsverhalten von Stahlbetonstäben unter Biegung und Längszug im Zustand II auch bei Mitwirkung des Betons zwischen den Rissen. Dissertation Universität Stuttgart, 1976
33	Trost, H.:	Auswirkungen des Superpositionsprinzips auf Kriech- und Relaxationsprobleme bei Beton und Spannbeton. Beton- u. Stahlbetonbau 62 (1967), H. 10, S. 230-238, H. 11, S. 261-269
34	Rüsch, H.; Jungwirth, D.; Hilsdorf, H.:	Kritische Sichtung der Verfahren zur Berücksichtigung der Einflüsse von Kriechen und Schwinden des Betons auf das Verhalten der Tragwerke. Beton- u. Stahlbetonbau 68 (1973), H. 3, S. 49 - 60; H. 4, S. 76 - 86; H. 6, S. 152 - 158
35	Dischinger, F.:	Elastische und plastische Verformungen der Eisenbetontragwerke und insbesondere der Bogenbrücken. Der Bauingenieur 20 (1939), H. 5/6, S. 53 - 63; H. 21/22, S. 286 - 294; H. 31/32, S. 426 - 437; H. 47/48, S. 563 - 572

36	Leonhardt, F.:	Anfängliche und nachträgliche Durchbiegungen von Stahlbetonbalken im Zustand II. Vorschläge für Begrenzungen und vereinfachte Nachweise. Beton- u. Stahlbetonbau 54 (1959), H. 10, S. 240 - 247
37 a	Grasser, E.; Thielen, G.:	Hilfsmittel zur Berechnung der Schnittgrößen und Formänderungen von Stahlbetontragwerken. DAfStb., Heft 240, Berlin, W. Ernst u. Sohn, 1976
b	Kraemer, U.; Thielen, G.; Grasser, E.:	Berechnung der Durchbiegung von biegebeanspruchten Stahlbetonbauteilen unter Gebrauchslast. Beton- u. Stahlbetonbau 70 (1975), H. 4, S. 87 - 95
38	Hajnal-Kónyi, K.:	Tests on beams with sustained loading. Magazine of Concrete Research, Vol. 15, No. 43, March 1963, p. 3-14
39	Mayer, H.:	Die Berechnung der Durchbiegung von Stahlbetonbauteilen. DAfStb., H. 194, Berlin, W. Ernst u. Sohn, 1967
40	Trost, H.; Mainz, B.:	Zweckmäßige Ermittlung der Durchbiegungen von Stahlbetonträgern. Beton- u. Stahlbetonbau 64 (1969), H. 6, S. 142 - 146
41	Leonhardt, F.; Walther, R.:	Versuche an Plattenbalken mit hoher Schubbeanspruchung. DAfStb., H. 152, Berlin, W. Ernst u. Sohn, 1967
42	Dilger, W.:	Veränderlichkeit der Biege- und Schubsteifigkeit bei Stahlbetontragwerken und ihr Einfluß auf Schnittkraftverteilung und Traglast bei statisch unbestimmter Lagerung. DAfStb., H. 179, Berlin, W. Ernst u. Sohn, 1966
43	Rothe, A.:	Statik der Stabtragwerke. Berlin, VEB Verlag für Bauwesen, 1965
44	Robinson, J.R.; Demorieux, J.M.:	Versuchsberichte aus dem U.T.I. - I.R.A.B.A., Paris a) Essais de traction-Compression sur modèles d'âme de poutre en béton armé, Teil I, Juni 1968 b) Teil II, Mai 1972 c) Résistance ultimé du béton de l'âme de poutres en double té en béton armé, Mai 1972
45	Heimgartner, E.; Krauss, R.; Bachmann, H.:	Langzeitversuche an teilweise vorgespannten Leichtbetonbalken. Institut für Baustatik und Konstruktion an der ETH Zürich, Bericht Nr. 6504 - 5, 1972

46 - 50 frei

51	Thürlimann, B.; Grob, J.; Lüchinger, P.:	Vorlesung - Torsion, Biegung und Schub in Stahlbetonträgern. Institut für Baustatik und Konstruktion an der ETH Zürich, 1975
52	Lampert, P.; Thürlimann, B.:	Torsionsversuche an Stahlbetonbalken. Institut für Baustatik und Konstruktion an der ETH Zürich, Bericht Nr. 6506-2, 1968
53	Karlsson, I.:	Torsional stiffness of reinforced concrete structures in pure torsion. Chalmers University of Technology, Report 71:1, 1971
54	Thürlimann, B.; Lüchinger, P.:	Steifigkeit von gerissenen Stahlbetonbalken unter Torsion und Biegung. Beton- und Stahlbetonbau 68 (1973), H. 6, S. 146 - 152

55 Lampert, P.; Thürlimann, B.: Torsions-Biege-Versuche an Stahlbetonbalken.
Institut für Baustatik und Konstruktion an der ETH Zürich,
Bericht Nr. 6506-3, 1969

56 Lampert, P.: Postcracking stiffness of reinforced concrete beams in torsion and bending.
University of Toronto, Department of Civil Engineering, Publication 71 - 20, 1971

57 Bornscheuer, F. W.: Systematische Darstellung des Biege- und Verdrehungsvorgangs unter besonderer Berücksichtigung der Wölbkrafttorsion.
Der Stahlbau 21 (1952), H. 1, S. 1 - 9

58 Mehlhorn, G.; Rützel, H.: Wölbkrafttorsion bei dünnwandigen Stahlbetonträgern.
Der Bauingenieur 47 (1972), H. 12, S. 430 - 438

59 Karlsson, I.; Elfgren, L.; Losberg, A.: Long-time behavior of reinforced concrete beams subjected to pure torsion.
ACI Journal 71 (1974), No. 6, p. 280 - 283

60 Leonhardt, F.; Walther, R.; Vogler, O.: Torsions- und Schubversuche an vorgespannten Hohlkastenträgern.
DAfStb., H. 202, Berlin, W. Ernst u. Sohn, 1968

61 Kordina, K. u. a.: Versuche an Stahlbeton- und Spannbetonbalken unter kombinierter Beanspruchung aus M, Q und T.
Unveröffentlichter Forschungsbericht des Institutes für Baustoffkunde und Stahlbetonbau an der Technischen Universität Braunschweig, 1975

62 - 69 frei

70 Rüsch, H.; Stöckl, S.: Der Einfluß von Bügeln und Druckstäben auf das Verhalten der Biegedruckzone von Stahlbetonbalken.
DAfStb., H. 148, Berlin, W. Ernst u. Sohn, 1963

71 Bachmann, H.: Zur plastizitätstheoretischen Berechnung statisch unbestimmter Stahlbetonbalken.
Dissertation ETH Zürich, 1967

72 Macchi, G.: Limit-states design of statically indeterminate structures composed of linear members.
Costruzioni in cemento armato - Studi e Rendiconti
Politecnico di Milano Italcemento, 1969

73 Potyondy, I. G.; Nawy, E. G.: Deflection behavior of spirally confined prestressed concrete flanged beams.
PCI Journal 16 (1971), No. 3, p. 44 - 59

74 Baker, A. L. L.: The ultimate load theory applied to the design of reinforced and prestressed concrete frames.
London, Concrete Publications Ltd., 1956

75 Baker, A. L. L.; Amarakone, A. M. N.: Inelastic hyperstatic frames.
Flexural Mechanics of Reinforced Concrete, Proceedings of the int. symposium in Miama 1964, ASCE - 1965 - 50, ACI SP - 12, p. 85-142

76	Lippoth, W.:	Theoretische Untersuchung des Spannungs- und Verformungszustands von Stahlbetonträgern im Biegeschubrißbereich. Dissertation, Universität Stuttgart, 1973
77	Yamada, M.:	Drehfähigkeit plastischer Gelenke in Stahlbetonbalken. Beton- u. Stahlbetonbau 53 (1958), H. 4, S. 85 - 91
78	Macchi, G.; Siviero, E.:	Deformability of prismatic reinforced concrete members with rectangular cross-section under combined bending and axial load. Costruzioni in cemento armato - Studi e Rendiconti, Vol. 11, 1974, S. 283 - 294
79	Macchi, G.:	Calcul des structures hyperstatiques par la méthode des rotations imposées. Annexe 6 aux Recommandations CEB, Tome 3, 1972
80	Thürlimann, B.; Ziegler, H.:	Plastische Berechnungsmethoden. Vorlesungsmanuskript eines Fortbildungskurses für Bau- und Maschineningenieure, ETH Zürich, 1963
81	Walther, R.; Bhal, N.S.:	Teilweise Vorspannung (Vorgespannter Stahlbeton). Übersicht und Beurteilung der bisherigen Entwicklung. DAfStb., H. 223, S. 54 f., Berlin, W. Ernst u. Sohn, 1973
82	Macchi, G.:	Ductility condition for simplified design without check of compatibility. CEB Bull. No. 105, Paris, 1974

83 - 89   frei

90	Dimitrov, N.:	Festigkeitslehre in: Beton-Kalender 1975, I. Teil, S. 357 - 452, Berlin, W. Ernst u. Sohn, 1975
91	Sawczuk, A.; Jäger, T.:	Grenztragfähigkeits-Theorie der Platten. Berlin, Springer, 1963
92	Jones, L.L.; Wood, R.H.:	Yield-Line analysis of slabs. London, Thames and Hudson, 1967
93	Sobotka, Z.:	Etude de la capacité de résistance des dalles biaises en béton armé. CEB-Bulletin No. 38 (1962), p. 84 - 133
94	Edelmann, H.J.:	Schnittkraftermittlung nach der Bruchlinientheorie für orthotrop bewehrte Stahlbetonplatten mit rechteckigen Öffnungen. Bauplanung - Bautechnik 23 (1969), H. 5, S. 237 - 241
95	Holmes, M.; Steel, K.A.:	Upper and lower bound solutions to the collapse of a continuous slab under uniform load. Magazine of Concrete Research, Vol. 16 (1964), No. 47, p. 83 - 88
96	Herzog, M.:	Die Bruchlast ein- und mehrfeldriger Rechteckplatten aus Stahlbeton nach Versuchen. Beton- u. Stahlbetonbau 71 (1976), H. 3, S. 69 - 71
97	van Langendonck, T.:	Teoria elementar das charneiras plásticas. São Paulo, Associação Brasileira de Cimento Portland, Bd. I 1970, Bd. II 1975
98	Mörsch, E.:	Der Eisenbetonbau - Seine Theorie und Anwendung. 6. Auflage, 1. Band, 2. Teil, Stuttgart, Konrad Wittwer, 1929

99	Johansen, K.W.:	Bruchmomente der kreuzweise bewehrten Platten. Abhandlungen der IVBH, I. Band (1932), S. 277 - 296
100	Johansen, K.W.:	Yield-line Theory. London, Cement and Concrete Association, 1962
101	Thürlimann, B.:	Plastische Berechnung von Platten. Vorlesungsmanuskript der Abteilung für Bauingenieurwesen, ETH Zürich, 1974
102	Haase, H.:	Bruchlinientheorie von Platten. Düsseldorf, Werner, 1962
103	van Langendonck, T.:	Charneiras plásticas em lajes de edificios. São Paulo, Associação Brasileira de Cimento Portland, 1966
104	Schellenberger, R.:	Beitrag zur Berechnung von Platten nach der Bruchtheorie. Dissertation, TH Karlsruhe, 1958
105	Jäger, T.:	Untersuchungen zur Grenztragfähigkeit von Stahlbetonplatten. Dissertation, TU Berlin, 1963
106	Schlaich, J.:	Die Gewölbewirkung in durchlaufenden Stahlbetonplatten. Dissertation, Universität Stuttgart, 1963
107	Schlaich, J.:	Gewölbewirkung in durchlaufenden Stahlbetonplatten. Beton- u. Stahlbetonbau 59 (1964), H. 11, S. 250 - 256; H. 12, S. 280 - 285

If you have any concerns about our products,
you can contact us on
ProductSafety@springernature.com

In case Publisher is established outside the EU,
the EU authorized representative is:
Springer Nature Customer Service Center GmbH
Europaplatz 3, 69115 Heidelberg, Germany

Printed by Libri Plureos GmbH
in Hamburg, Germany